漓江流域上游水质变化与面源污染研究

代俊峰　张红艳　徐保利 等　著

中国水利水电出版社
www.waterpub.com.cn
·北京·

内 容 提 要

本书是漓江流域上游水环境和面源污染方面相关研究成果的总结，共分6章。从水量和水质两个角度分析了漓江上游水资源变化，采用污染源调查法、数学方法和水文方法进行了漓江断面面源污染的定量分割。考虑径流和污染物浓度对污染负荷（污染通量）的影响，基于水量-水质平衡方程，构建了漓江上游污染物运移计算模型。开展野外监测试验，分析农业试区不同尺度氮磷排放浓度和污染负荷的变化规律。基于SWAT（Soil and Water Assessment Tool）模型，计算了水肥管理、下垫面属性和气候变化对氮磷排放的影响。

本书可供水文、农业水利、环境科学等相关领域的科技人员及高校师生参考。

图书在版编目（CIP）数据

漓江流域上游水质变化与面源污染研究 / 代俊峰等著. -- 北京 : 中国水利水电出版社, 2022.11
ISBN 978-7-5226-1129-7

Ⅰ. ①漓… Ⅱ. ①代… Ⅲ. ①漓江一流域一上游一水质一研究②漓江一流域一上游一面源污染一研究 Ⅳ. ①X321.267②X501

中国版本图书馆CIP数据核字(2022)第220475号

书　　名	漓江流域上游水质变化与面源污染研究 LI JIANG LIUYU SHANGYOU SHUIZHI BIANHUA YU MIANYUAN WURAN YANJIU
作　　者	代俊峰　张红艳　徐保利　等 著
出版发行	中国水利水电出版社 （北京市海淀区玉渊潭南路1号D座　100038） 网址：www.waterpub.com.cn E-mail：sales@mwr.gov.cn 电话：（010）68545888（营销中心）
经　　售	北京科水图书销售有限公司 电话：（010）68545874、63202643 全国各地新华书店和相关出版物销售网点
排　　版	中国水利水电出版社微机排版中心
印　　刷	北京中献拓方科技发展有限公司
规　　格	184mm×260mm　16开本　11.5印张　280千字
版　　次	2022年11月第1版　2022年11月第1次印刷
印　　数	001—400册
定　　价	**68.00**元

前言

在变化环境背景下，随着社会经济发展，人类对生态环境造成了前所未有的干扰，一方面为追求经济发展而高强度开发利用自然资源，另一方面生产生活等人类活动产生的污染物被大量地排放到生态环境系统中，使脆弱的生态系统急剧退化和受损，对自然生态系统稳定性产生巨大的威胁。

漓江流域是珠江重要的水源涵养地、长江水系湘江源头保护地。漓江上游与南岭山地及森林生物多样性生态功能区（国家重点生态功能区）共同构成连片的桂北生态屏障，是“两屏三带”中“南方山地丘陵带”的重要组成部分，在全国的生态区位非常重要。漓江上游分布着岩溶地貌，生态环境系统脆弱而复杂，在气候变化和极端气候事件频发的背景下，漓江上游水资源时空分布不均问题日益突出，而且社会经济发展和人口增长致使水资源消耗和污染物排放急剧增加。在气候变化和人类活动的双重作用下，漓江上游水资源、水环境保护面临着前所未有的挑战。桂林市先后被批准为建设国际旅游胜地和国家可持续发展议程创新示范区，为落实建设方案和可持续发展要求，将桂林市建设成为经济繁荣发达、社会和谐稳定、人民殷实安康的可持续发展样板城市，对漓江流域水资源开发利用、水环境和生态功能的保护和修复提出了新的要求。

漓江，桂林山水之魂，是国家重点保护的河流。近年，漓江干流国考断面水质达到国家地表水Ⅱ类标准。牢记习总书记“抓好漓江流域生态环境保护，让这一人间美景永续保存下去”的嘱托，桂林市“重点流域水生态环境保护‘十四五’规划”提出，保护水生态环境，守护最美漓江，力争实现“水清、河畅、岸绿、景美”的绿色生态目标。但是，随着桂林市经济社会的高质量发展，漓江水质也面临着一定的污染风险。基于上述背景，本书以漓江流域上游为研究对象，在分析水文气象、干支流径流和典型水库径流及其成分的基础上，探明了漓江上游流域水资源时空演变规律及气象因子驱动作用；评估了流域主要干支流水质变化特征及主要污染因子，分析了干支流水质指标与径流的相关关系，提出了流域面源污染物估算及定量分割方法，建立了河流污染物运移模拟模型；针对漓江上游流域农业种植范围广、强度大的特点，本书选择典型农业试区，揭示了农业试区氮磷等污染物排放时空特征及影响因素，阐明了农业试区氮磷排放的空间尺度变化规律；为进一步研究漓江上游农业试区氮磷等面源污染物排放规律和影响因素，本书以会仙农业试区为对象，应用SWAT模型并结合情景模拟方法，探究了水肥管理、岩溶发育情况和气候变化模式对会仙农业试区面内源污染排放的作用规律，为研究同类地区变化条件下面源污染预测、完善水环境保护措施提供了可靠的工具和科学支持。本书的研究成果，对变化条件下漓江流域水资源演变、面源污染防控与管理和流域生态安全保障具有十分重要的理论意义，也为桂林市可持续发展提供了科学参考。

本书是作者和团队近年来主要研究成果的总结，研究工作得到了国家重点研发计划课题（2019YFC0507502）、国家自然科学基金（51979046、51009031）和广西自然科学基金（AA20161004－1、2015GXNSFCA139004、AD19245056）等项目的资助。全书共6章，第1章由代俊峰、张红艳、徐保利、潘林艳撰写；第2章由韩培丽、傅梦嫣、代俊峰、徐保利撰写；第3章由许景璇、莫磊鑫、代俊峰、张红艳、徐保利撰写；第4章由张振宇、代俊峰、李张楠撰写；第5章由张丽华、苏毅捷、俞陈文炅、谢晓琳、代俊峰、徐保利撰写；第6章由俞陈文炅、代俊峰、徐保利撰写。

代俊峰、张红艳、徐保利、潘林艳对全书内容的文字和图表进行了编辑，全书由代俊峰、张红艳和徐保利统稿和定稿。

本书出版受到岩溶地区水污染控制与用水安全保障协同创新中心、广西环境污染控制理论与技术重点实验室和环境科学与工程广西一流学科的支持和资助。本书在科学研究、内容撰写和书稿出版的过程中，得到了桂林市水文水资源局、桂林市水利局、桂林市青狮潭水库灌区管理站、桂林市环境保护科学研究所等单位和相关专家的支持和帮助，在此表示衷心的感谢！

由于作者水平有限，书中不妥之处在所难免，敬请广大读者和同仁批评指正。

作者

2021年12月

目录

前言

第 1 章　绪论 …… 1

1.1　研究背景 …… 1

1.2　漓江流域上游概况 …… 2

1.3　研究现状 …… 6

1.4　研究内容 …… 10

参考文献 …… 11

第 2 章　漓江流域上游主要水文气象因子变化 …… 14

2.1　漓江上游主要气象因子变化分析 …… 15

2.2　漓江上游干支流径流变化分析 …… 22

2.3　典型水库入库径流变化分析 …… 31

2.4　入库径流成分划分及其变化分析 …… 47

2.5　基于水箱模型的半岩溶发育地区入库径流模拟研究 …… 53

2.6　本章小结 …… 57

参考文献 …… 58

第 3 章　漓江流域上游水质变化与面源污染分割 …… 60

3.1　漓江上游干支流水质变化分析 …… 60

3.2　漓江上游干支流径流与水质综合分析 …… 64

3.3　漓江上游不同空间尺度水质变化分析 …… 73

3.4　漓江上游面源污染比例计算 …… 76

3.5　面源污染负荷估算 …… 83

3.6　本章小结 …… 87

参考文献 …… 88

第 4 章　漓江上游污染物运移模拟 …… 90

4.1　污染负荷（污染通量）计算 …… 90

4.2　污染物入河量计算 …… 99

4.3　污染物运移计算模型构建与应用 …… 103

4.4 本章小结 …… 107
参考文献 …… 108

第5章 漓江流域上游典型农业区氮磷排放时空分布 …… 109
5.1 典型农业试区选取和试验监测 …… 109
5.2 会仙试区氮磷排放浓度时空变化 …… 114
5.3 金龟河试区氮磷排放浓度时空变化 …… 120
5.4 农业试区不同空间尺度氮磷排放特征 …… 130
5.5 本章小结 …… 144
参考文献 …… 145

第6章 漓江上游农业试区氮磷排放对变化环境的响应 …… 147
6.1 基于SWAT模型的会仙试区氮磷排放模拟 …… 147
6.2 基于SWAT模型的氮磷排放对变化环境的响应模拟 …… 160
6.3 本章小结 …… 172
参考文献 …… 173

第1章

绪　　论

1.1　研究背景

当前，水安全与生态环境安全备受关注，作为全球15条最美河流之一的漓江面临局部地区水土环境退化、植被衰减、生物多样性减少等生态问题。近几十年来，以桂林市为中心的漓江流域上游人口显著增长，经济社会取得了巨大的发展，伴随而来的用水量和污染排放增加，使漓江流域上游水环境受到威胁。在气候变化和极端气象事件频发的背景下，研究漓江流域上游水文和水质演变规律，探明面源污染排放特点，提出变化环境下面源污染定量分割和变化预测计算方法，对于漓江上游面源污染防控与管理、河流生态安全保障具有十分重要的理论意义和实践价值。

《第二次全国污染源普查公报》显示，2017年中国面源污染总量远大于工业污染，面源污染中两个指标总氮和总磷的农业源排放量为141.49万t和21.20万t，分别占全国排放总量的46.52%和67.22%。氮、磷会通过降雨径流和灌溉排水、淋溶流失等方式进入地表水体和地下水体，易使地表水系富营养化，加剧流域水体污染，使氮磷面源污染成为地表水和地下水污染物的主要来源。因此，不同典型区域氮磷污染排放特征已成为国内外面源污染研究的热点和重点之一。

以漓江流域为典型代表的桂林岩溶（喀斯特）地貌，作为“中国南方喀斯特二期”重要提名地，于2014年6月成功入选世界自然遗产名录。漓江流域以岩溶地貌为主，岩溶地貌与非岩溶地貌并存，造就了区域生态环境的特殊性、复杂性和脆弱性，也使得化学元素的迁移具有时空多变性和多样性，在此基础上形成的面源污染问题尤其值得关注和重视。漓江流域地处湿润地区，沟渠、塘堰、河流等地表水系较为发育，利于水分和氮磷的快速流动，也促使氮磷在局部区域聚集或被重复利用，影响着流域氮磷污染物的排放、迁移转化及其控制，进而可能危及地区水安全和生态环境。岩溶地区成土过程缓慢，土壤养分储量低，为维持作物产量而大量施加的氮磷肥料未被吸收利用后易产生养分流失，加剧地表水体、土壤和地下水污染风险。加之流域内强烈的岩溶作用和特殊的地质环境，形成的岩溶区石灰岩裸露、裂隙发育、土壤厚度薄（1～2m）和土壤不连续等独特现象，天然的防渗层和过滤层缺少或不足，径流排水可快速入渗补给地下水，将其携带的氮磷污染物以及土壤中的氮磷淋洗进入地下水，诱发区域地下水污染，危害区域生态安全。

漓江流域特殊的气候条件和地貌类型，使得水分运动和氮磷迁移过程复杂，在土壤浅薄或不连续、裸露型岩溶地貌以及岩溶裂隙的影响下，地表—土壤—地下水的水分和氮磷交互作用强烈。非岩溶地貌和岩溶地貌并存、土地利用方式多样化的漓江流域，氮磷面源污染排放规律、尺度效应、对变化环境的响应机理等科学问题急需进一步深入研究。

在人类活动干扰剧烈、全球气候变化的背景下，开展漓江流域氮磷面源污染排放研究，分析漓江流域不同下垫面条件下的氮磷面源污染排放的时空变化特征，揭示不同尺度氮磷污染物的产出、输移和转化规律，有助于应对人类活动和气候变化对农业水环境的不利影响。研究结果可为漓江流域农业面源污染防控提供依据，对漓江水环境保护和生态安全保障等具有重要意义。

1.2 漓江流域上游概况

漓江，属珠江流域西江水系，为西江支流桂江上游河段的通称，发源于广西壮族自治区桂林市兴安县华江乡越城岭主峰猫儿山东北支老山界东南侧，曲折南流，河源高程1400m。漓江主源乌龟江向南与黑洞江、龙塘江汇合后称为六洞河，继续往南流至司门前与黄柏江、川江汇合称为大溶江，至溶江镇附近与灵渠汇合，始称漓江。漓江干流流经兴安、灵川、桂林、阳朔、平乐等县（区），全长214km，与荔浦河、恭城河汇合后称桂江，全流域总面积12285km^2。

本书研究区为漓江流域上游，为漓江桂林水文站以上河段，主要由干流漓江、大溶江和支流小溶江、甘棠江、桃花江、灵渠等组成，干流长105km，集水面积2762km^2，河道比降0.9‰，平均海拔150m，漓江流域上游主要水系如图1-1所示。

1.2.1 地形地貌

漓江上游位于南岭山脉的西南部，总体地势北高南低，东西两侧偏高，中部偏低。漓江上游北部是南岭山脉的越城岭，其主峰猫儿山是华南的最高峰，山南麓为漓江发源地；东部为海洋山，西侧为天平山与驾桥岭，主峰均在千米以上。这些山脉走向受构造控制，呈北东向及近南北向展布。山体主要由碎屑岩及岩浆岩组成，山势陡峻绵亘。

流域山脉之间是漓江谷地。漓江谷地由许多峡谷和山间盆地组成，谷宽一二百米至上千米。山脉由北而南有以下的盆地：严关、溶江、三街、灵川、桂林、福利等，这些盆地地势都比较平坦，许多河流都汇集在一起。桂林以南盆地属峰林平原，基本由纯碳酸盐岩组成；桂林以北的盆地有许多岗垄状的低缓丘陵，其主要是由碎屑岩夹少许碳酸盐岩组成的。

漓江流域上游的地貌类型多样，分为非岩溶地貌和岩溶地貌。非岩溶地貌有侵蚀地貌和堆积地貌，前者主要为中低山和丘陵，如尧山等地；后者主要有阶地和洪积裙（扇）：阶地主要发育于漓江两岸，可分为一级、二级阶地，一级阶地标高为143～160m，前缘发育有河漫滩，洪水期会被淹没，二级阶地标高为156～180m，阶面呈缓丘状，凸立于峰林平原与一级阶地之间。洪积裙主要分布在非碳酸盐岩山前，如尧山西坡、南坡，地面受水流侵蚀作用常呈岗丘状。岩溶地貌分为溶蚀侵蚀地貌和溶蚀地貌两种类型。前者发育在下

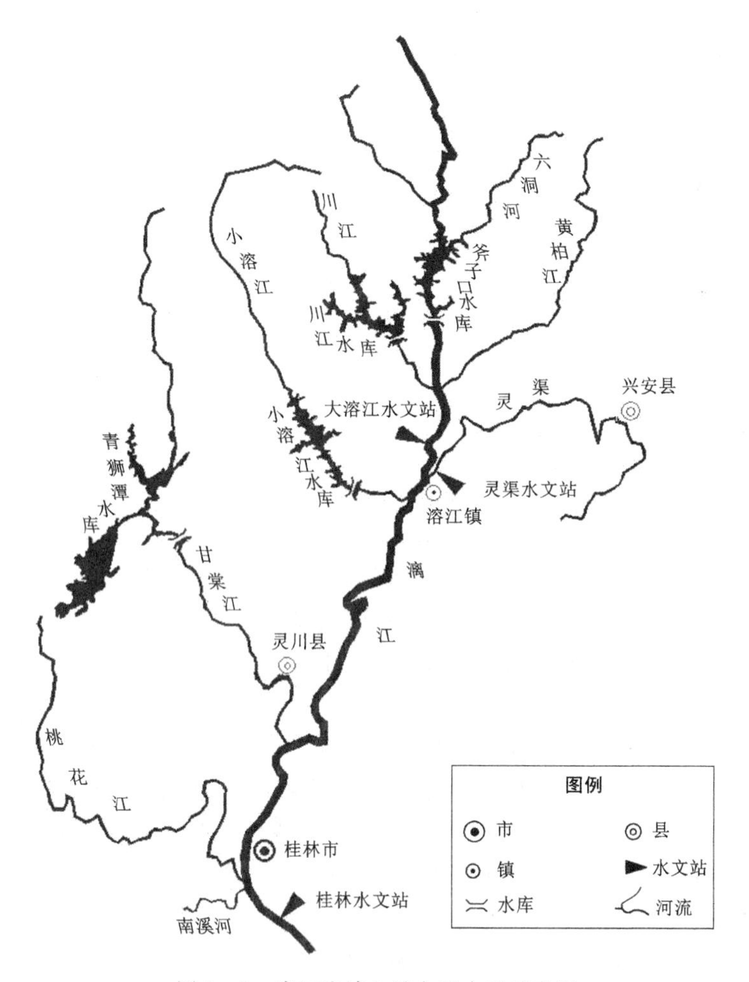

图 1－1　漓江流域上游主要水系示意图

石炭统岩关阶和大塘阶的碳酸盐岩与碎屑岩互层和中泥盆统东岗岭组的泥质灰岩中，主要分布于兴安城经崔家、高尚一线，三街至桂林市北，桂林东面的马安村、铁山一带等处，可分为丛丘谷地、岭丘谷地、缓丘谷地及波状平原等；后者发育在质纯的碳酸盐岩中泥盆统东岗岭组、上泥盆统融县组以及部分下石炭统岩关阶和大塘阶之中，区内分布广泛，表现为典型的热带岩溶峰林地貌。岩溶极为发育，岩溶形态较齐全，按地表岩溶形态及组合特征，可分为峰林平原、孤峰平原和峰丛洼地等（朱银红，2004）。

1.2.2　地质环境

漓江流域上游区属扬子地台区，在加里东运动期间为一强烈拗陷的褶皱地带，经加里东运动后逐渐稳定转化为地台区，然而其在燕山运动和印支运动期间仍然出现了强烈的构造运动。漓江流域上游出露地层从寒武系到第四系，中间除缺失二叠系、侏罗系、白垩系外，均有分布（郭纯青 等，2011），按岩性大致可以划分为 4 个层组（表 1－1）。

1.2.3　气候特征

漓江流域上游地处亚热带大陆性季风气候带，为湿润型气候区。漓江流域雨量充沛，多年平均降雨量 2200mm，是广西暴雨中心之一。降雨时空分布不均，雨量主要集中于

表 1-1 漓江流域上游出露地层层组

层组类别		层组厚度	分布区域
下部古生界浅变质碎屑岩系		大于 2000m	主要分布于越城岭等中低山地
下泥盆统至中泥盆统下组红色碎屑岩系		约 900m	主要分布于越城岭的山麓以及其他低山、丘陵地带。局部因断层抬升，出露于岩溶谷地中
中泥盆统东岗岭组、上泥盆统融县组、下石炭统岩关阶和大塘阶碳酸盐岩		总厚约 3000m	主要出露于漓江岩溶谷地中，是本区岩溶发育的主要层位，地貌上反映为岩溶峰林、峰丛
第四系松散堆积层	中更新统	10～30m，局部可达 50m	分布广泛，自兴安严关一带至桂林市广泛地出现在岩溶谷地内，常成垄岗或二级阶地
	上更新统	总厚约 25m	漓江及其支流的河床
	全新统		现代漓江及其支流的河床，河漫滩以及一级阶地的堆积物，具明显的二元结构，下部为砂砾层，上部为粉砂质黏土

3—8 月，占全年总雨量的 70％～85％。漓江流域多年平均气温为 18～21℃，最高气温为 39.7℃，最低气温为－5℃，多年平均年相对湿度为 76％～80％，春季湿度最大，秋季湿度最小；多年平均年水面蒸发量为 750～1000mm，多年平均日照时数为 1500～1750h。

漓江流经的兴安县和灵川县是广西的两大风区之一，多年平均风速为 2.0～3.0m/s。对各季节而言，春季阴雨绵绵、低温潮湿和烟雾朦胧，有时伴有冰雹灾害性天气；夏季气温炎热，暴雨频繁、雨量集中；秋季相对比较干旱少雨，易发生秋旱；冬季相对比较湿冷，北部有时会出现雨雪天气，多偏北风，常有冷空气侵入。

1.2.4 水文条件

漓江流域是广西三大暴雨中心之一。据桂林水文站 1958—2003 年水文资料显示，漓江年平均降雨量为 1853.7mm，年平均径流量 40.9 亿 m^3，年平均径流深 1510mm，径流系数 0.63，径流模数 48.2L/(s·km^2)（蔡德所和马祖陆，2008）。实测最大流量超过 5000m^3/s，而最小流量还不足 4m^3/s，漓江历史最大流量为 1885 年的 7810m^3/s（黄宗万，2005）。实测最大年平均径流量超过 180m^3/s，而实测最小年平均径流量不到 90m^3/s，丰水年的径流量要比枯水年的径流量的 2 倍还多（广西壮族自治区水利厅，2006）。漓江的泥沙主要来源于上游的兴安、灵川和桃花江，由暴雨洪水冲刷形成，泥沙主要类型为悬沙，河床主要由卵石、沙等组成。漓江含沙量少，年输沙量约 172 万 t，是广西含沙量最小的河流。

1.2.4.1 主要水文站

1. 桂林水文站

桂林水文站为漓江流域上游干流上重要的水文站点，设立于 1915 年 12 月，位于广西壮族自治区桂林市七星区穿山乡渡头村漓江左岸。桂林水文站站址上距河源 105km，下距西江河口 326km，控制集水面积 2762km^2。桂林水文站承担着桂江上游漓江河段的水文监测任务，是珠江流域西江水系桂江的重要控制水文站，属国家重要报汛水文站，其主要的测验项目有水位、流量、降雨量、蒸发、水温、岸温、水质和泥沙等（王庆婵，2013）。

桂林水文站建站以来（至2018年）24h实测最大降雨量238mm，实测最大流速为3.63m/s，实测最高水位为148.40m（85黄海基面），实测最大流量为5890m^3/s（发生于1998年6月24日），调查最高水位148.60m，对应流量为7780m^3/s（发生于1885年6月14日）。桂林水文站设立的时间较早，实测径流资料序列较长，且资料精度较高，具有较好的可靠性和代表性。

2. 大溶江水文站

大溶江水文站位于广西壮族自治区桂林市兴安县溶江镇盐广村，是流域上游干流大溶江上的水文站，控制集水面积为719km^2，下游约800m处有支流灵渠从左岸汇入，干流的下游有桂林水文站。大溶江水文站在建国之后的资料比较连续，且资料序列较长，资料精度高，代表性好。

3. 灵渠水文站

灵渠水文站设立在漓江流域上游支流古运河灵渠上，位于广西壮族自治区桂林市兴安县溶江镇，集水面积248km^2，实测最高水位为189.6m，灵渠水文站下游约550m处与干流大溶江汇合。经调查分析，灵渠水文站径流资料具有较好的可靠性、一致性和代表性。

1.2.4.2 典型水库

漓江流域上游现共有各类水利工程18处，其中大中型水库有甘棠江上的青狮潭水库、小溶江上的小溶江水库、川江上的川江水库和六洞河上的斧子口水库，这4座水库形成桂林市堤防工程枢纽，共同承担着桂林市的防洪、灌溉、供水、发电以及补水等任务。4座水库联合运行调度，汛期防洪削峰调度，枯水期补水调度，可使桂林市的防洪标准提高至100年一遇。

1. 青狮潭水库

青狮潭水库位于漓江上游甘棠江中游的青狮潭峡口处，1958年动工修建，是一座以灌溉为主，结合调水、供水、防洪、发电等综合利用的大（2）型水库，水库总库容6×10^8m^3，为多年调节水库。水库流域呈扇形，流域内河道狭窄，坡降陡，山高林密，植被良好，属山区河流，河床坡降5‰，控制集雨面积474km^2，约占漓江流域上游面积的17.2%（广西水电厅青狮潭水库管理局和桂林市水电建筑设计室，1992）。

青狮潭水库流域为华南暴雨中心之一，雨量丰富，暴雨集中。受亚热带季风气候影响，水库年平均气温18.6℃，流域多年平均降雨量2400mm，多年平均蒸发量1682mm，多年平均径流量8.4×10^8m^3，但来水时空分布极不均匀，丰水期来水占全年的70%～80%。

青狮潭水库库区的地貌类型主要为非岩溶地貌（80%左右）和半岩溶地貌（20%左右），非岩溶地貌为侵蚀类型的低山和中山，半岩溶地貌主要是侵蚀-溶蚀类型的缓丘谷地。岩土组类型主要是碎屑岩组、不纯碳酸盐组以及火成岩组。水库的地下水主要以裂隙岩溶水和孔隙裂隙水为主。裂隙岩溶水的地下水蕴藏量丰富，其水位高出水库正常的蓄水位8m以上。孔隙裂隙水一般埋藏于风化岩石的孔隙和裂隙里，受大气降雨直接补给，该岩层的透水性极弱，使得地下水下渗受阻，地下水水位较高，泉水出露较多，因此孔隙裂隙水是水库补水来源之一。

2. 金陵水库

金陵水库建于1958年，为多年调节的中型水库，位于桂林市临桂、灵川两县交界处，在桃花江支流金龟河上游，控制流域面积 $22.5km^2$，多年平均降雨量 1900mm，总库容 $2420\times10^4m^3$。金陵水库集水区的地貌类型主要为半岩溶地貌（60%左右）和非岩溶地貌（40%左右），其中，半岩溶地貌主要是侵蚀-溶蚀类型的缓丘谷地，非岩溶地貌主要是侵蚀类型的低山。岩土组类型主要是碳酸盐岩与碎屑岩互层和碎屑岩组，以及不纯碳酸盐组。金陵水库库区内有3条宽阔V形谷。库区地质岩性主要为泥盆纪上中统、石炭纪下统和第四系的地层，库区内有些地区为破碎的易风化页岩间有石灰岩和石灰石岩溶地区，岩溶发育，地下水变动频繁，水位埋深不大，灰岩以上黏土覆盖薄，溶沟较多。

1.2.5　生态环境

漓江上游生态环境良好，动植物物种丰富，植被覆盖度高，水生生物种类较多。区域内有野生动物5000多种，其中脊椎动物500多种，主要水生生物类型有浮游植物、浮游动物、底栖生物以及各种鱼类资源。

漓江上游三大水源林有青狮潭水库水源林、兴安华江猫儿山自然保护区和海洋山水源林自然保护区。

漓江上游以山地为主，地势起伏大。土壤类型主要为红壤、黄壤、水稻土、紫色土和少量裸岩，土地利用程度不高。红壤分布普遍，主要分布在海拔800m以下的低山、丘陵、谷地和台地，富铝化强烈，偏酸性，土层较厚；黄壤主要分布于海拔800～1400m的山地，是一种在温暖而湿润的气候条件下形成的土壤，土壤呈酸性～强酸性，富铝化作用较红壤弱；水稻土是主要的耕作土壤，分布普遍，多为潴育性水稻土，熟化程度高，养分状况及理化性状和生产性能好，并有水利保证。总体上看，漓江流域上游土壤肥力相对较高，土壤有机质含量多在2%以上，全磷含量多在0.02ppm以上，全钾含量在0.5ppm以上。

漓江是国家重点保护河流之一，是桂林市工农业用水、生活饮用水和经济活动的主要水源地，也是沿程城镇、乡村等区域的最终纳污水体。漓江流域上游的点源污染主要是工业废水和城市生活废水，其中工业污染源主要来自纸品、水泥、矿业、医药、电子等行业，以及污水处理厂尾水排放。漓江流域上游的主要生产活动是农业与渔业，粮食作物以水稻为主，漓江沿岸也种植水果、苗木等经济作物和以蔬菜为主的特色农业。漓江流域农田内施用的农药化肥、农村水产家禽养殖和生活污水等，随地表水、地下水运动而进入漓江，威胁漓江水环境。

1.3　研究现状

1.3.1　漓江流域上游径流和水质研究

漓江流域上游的生态，环境关系其自然资源景观的可持续利用以及桂林市社会经济的可持续发展。围绕漓江流域径流水质问题，许多专家学者进行了研究。缪钟灵（1997）分析了漓江流域近20年来出现的主要问题，包括枯水期水量不足、洪涝灾害频发、水污染加剧、土地资源减少、地面塌陷等，并指出导致问题产生的主要原因是社会经济发展、旅游业兴起等。黄坤安（2008）针对漓江水资源的现状，从漓江水资源历史演变过程入手，分析水资源变化特征、规律和趋势。赵湘桂等（2009）针对漓江流域上游青狮潭水库对漓江的补水作用，通过对比典型水文年中漓江的自然径流与青狮潭水库补水后的效果，研究河道内主要水环境因素发生的变化，进而分析水库补水调度对漓江水环境状况产生的影响。

漓江上游水资源丰枯水量悬殊问题一直影响着桂林市社会经济的发展，在过去的十几年里，漓江水量减少，枯水期越来越长，但枯水原因目前还无定论。罗书文等（2014）分析桂林水文站1942—1996年的径流数据，结果显示，漓江最枯径流量呈现减少趋势。戴新（1994）指出漓江流域降雨和径流时空分布不均，漓江径流调控的水利工程能力不足，沿江河道用水量增长过快。何观德（1998）认为漓江枯水是由降雨量减少、青狮潭水库拦蓄水量、漓江上游森林蓄水保水性能减弱、桂林市工业用水和生活用水量增大和河床抬高5个因素造成的。黄丹等（2015）研究了漓江降雨量、植被变化以及生态需水量与径流量间的关系，发现漓江旱涝灾害与降雨和径流的分布不均、补给区植被覆盖率变化以及流域生态需水量的增加有关。

漓江是桂林的“母亲河”，但其水环境现状不容乐观。梁小红（1998）评估了漓江桂林至阳朔段的水体污染情况以及水环境质量情况，认为应在目前已实施的兴建污水净化处理厂以及漓江一期和二期补水工程等工程治理措施的基础上，实行企业清洁生产、引入污水处理管理体系监督机制、控制上游污染物排放、调整漓江上游区域有关政策等非工程治理措施意见。叶桂忠和刘俊（2003）结合桂林市水资源规划研究，针对南方河流污染特征，选用COD、氨氮等污染物指标，分析漓江桂林市段水环境容量，结果表明目前大面断面的来水水质良好，但要加强氨氮排放控制。在水环境容量利用过程中，不能局部考虑或利用某一分段的水环境容量，应坚持对大面—净瓶山河段整体调配，同时建议尽快实施青狮潭水库管道供水工程，以确保供水质量。孙湘艳和王勇（2014）针对长期以来漓江流域上游水环境保护重视度不够的问题，提出提升水环境保护意识、改进绿色植被整治措施和加强备用水源的治理力度等建议。

1.3.2 漓江流域上游氮磷面源污染研究

漓江流域水土资源丰富，是桂林市重要的粮食、林业产业基地，也是工农业用水及居民生活用水的主要水源地。近年来，桂林市经济快速发展，给流域水环境带来巨大压力，而且生活、农业污水排放量大和缺乏管理，导致流域氮磷面源污染问题较为突出。诸多学者针对漓江流域氮磷污染及其治理情况，进行调查并做出大量研究。文建辉等（2018）利用主成分分析和聚类分析方法，分析漓江流域生活污水、农业污水、工业污水、人口密度和企业密度对水质的影响，结果显示，漓江流域水污染主要由生活污水引起，其次是农业污水，水质与人口和企业分布呈负相关关系。林鹏等（2016）利用综合水质标识指数法对漓江水质情况进行评价，并对比分析不同土地利用方式下污染类型与成因，结果表明：漓江上游以林地为主，污染程度轻；中游以城市用地和耕地为主，受工业污水和生活污水影响，污染较其他河流严重；下游河流耕地面积比重大，以农业面源污染为主。郭攀和李新建（2017）提出面源污染综合治理体系，并以漓江支流桃花江流域内的莒塘村典型小流域为研究区，综合评价2014—2016年农田排水经过源头减量、过程阻拦、营养物质再利用、植物修复“四道防线”后污染物削减效果，总氮、氨氮、硝态氮、总磷的综合削减率分别达到78.44%、55.2%、74.54%、75.72%，为漓江流域农业面源污染治理提供了可选模式。

会仙湿地是漓江流域最大的典型喀斯特湖泊型湿地，被誉为“桂林之肾”，具有巨大的环境净化功能及社会经济效益。会仙湿地面积已由20世纪50年代的25km^{2}萎缩到不足6km^2。随着气候变化和人类活动的影响，湿地来水量减少、周边工农业污染加重，会仙湿地天然湿地急剧减少，水生态环境有恶化的风险。近年来，对于会仙湿地氮磷污染方面的研究增多。邵亚等（2014）对会仙湿地中沉积物的磷形态及分布特征进行研究，研究表明：会仙湿地地表沉积物全磷含量为161.14～555.48mg/kg，在空间分布上，从表层到底层含量逐渐减小并趋于平衡。会仙湿地土壤全磷含量为4.31～5.35g/kg，高于我国土壤的全磷平均含量（李晖 等，2012；李世杰 等，2009），会仙湿地土壤，特别是表层土壤磷含量较高，可能会增加湿地水体磷含量。对会仙湿地土壤、生物、地表水、地下水等特征进行调查和监测，发现除睦洞河和上分水塘水质尚为清洁，其他均受到不同程度污染，会仙湿地地表水污染严重，地下水水质较好（程亚平 等，2015；吴后建和王学雷，2006；曹晓 等，2011）。王艳萍等（2018）在2014年枯水季节、2015年平水季节、丰水季节针对会仙湿地水质现状与湿地植物生长关系进行监测研究，研究表明会仙湿地主要河流、浅水湖塘、古桂柳运河各采样点水质在Ⅲ～劣Ⅴ类水，丰水期水质最差，平水期次之，枯水期相对较好。水质较差的河流水域，植物难以生长；水质较好水域，水生植物生长相对旺盛。

1.3.3 农业氮磷面源污染排放的尺度效应

自然界中时空异质性广泛存在，不同尺度之间的信息不能简单叠加，从而产生普遍尺度效应。尺度效应在水文和生态现象上尤为突出，流域中的径流、泥沙以及面源污染均存在一定的尺度效应。在水流运动和弥散作用驱动下，农业面源污染具有较强的流动性和扩散性，因此针对农业面源污染研究区范围的选择比较宽泛，根据研究尺度不同，污染物排放结果也存在一定差异，同时受到气候、下垫面、土地利用类型、植被类型和耕作方式等多种因素的影响，农业面源污染在不同地区之间也存在明显差异（李远华 等，2005）。

由于降雨分配不均、下垫面条件和水文要素差异，水文现象随尺度变化发生改变从而表现出尺度效应。流域侵蚀产沙在不同尺度上表现较为复杂，随时空尺度变化其影响因子的差异性对尺度效应具有较大的影响（袁再健 等，2007）。农业面源污染排放的尺度效应主要受到径流、泥沙和下垫面的影响，其中径流、泥沙作为污染物运移的载体存在一定的尺度效应，不同时空尺度上的下垫面条件和人类活动也会对污染物运移产生影响。在自然流域中大小尺度并存，不同空间范围同一变量的作用有所不同，会造成同一现象或过程在不同时空尺度上表现出截然不同的特征（张水龙和庄季屏，2001）。

国内外诸多学者从生态学、水文学等角度对不同时空尺度的面源污染排放特征进行研究，探索污染物运移的尺度效应及规律，例如：Gyllenhammar和Håkanson（2004）在波罗的海选田间尺度（$<$0.01km^2）、小流域尺度（$<$100km^2）、流域尺度（$<$10000km^2）和国际区域尺度（$>$10000km^2），评估鱼类养殖污染物排放对海洋水体富营养化的影响，研究表明随着尺度面积增大，鱼类养殖污染排放负荷对海洋水体富营养化的影响减小。Haygarth等（2005）在英国西南部选取0.2～834km^{2}相互嵌套的不同尺度流域，研究磷素在不同降雨情况下的迁移规律，研究结果表明基流条件下来自扩散源的总磷浓度较低，强降雨会加强磷的扩散，磷素在小尺度易扩散，而其衰减和稀释大多发生于大尺度。章熙锋等（2018）在四川省紫色丘陵区监测了4个梯度小流域降雨对径流与氮素迁移的影响，研究表明流域面积越小洪峰对降雨响应速度越快，相比人为干预较强的小流域，尺度较大的小流域氮素浓度有显著降低，梯级流域对氮素负荷有明显削减作用。多数研究已证明在不同时空尺度下，流域内面源污染排放特征呈现出一定的“尺度效应”。

1.3.4 氮磷面源污染的模型模拟研究

水文模型是面源污染研究中常用的研究方法之一，模型可以模拟污染物产生、运移、转化过程，实现面源污染排放的预测和估算（习斌，2014），为面源污染管控和治理提供一种高效的科研方法和技术手段。国内外学者根据长期实践经验，对水文模型进行改进和完善，开发出区域面源流域环境模拟模型（ANSWERS）、农业面源污染管理和政策制定模型（AGNPS）、农业管理系统中的化学污染物径流负荷和流失模型（CREAMS）、流域面源污染负荷模拟模型（SWAT）等模型，用于流域面源污染的模拟研究（李文超，2014）。

ANSWERS模型（Areal Non-point Source Watershed Environment Response Simulation）是20世纪70年代由Beasley针对欧洲平原地区提出的分布式水文模型，该模型可用来评价最优化农业管理措施对径流和泥沙流失的影响（Beasley et al.，1980）。20世纪90年代中期模型更新为ANSWERS-2000，该版本以原有模型为基础结合了GIS平台，新增模拟污染物循环和消耗的模块，使该模型在模拟过程中能考虑土地利用和坡度参数，提高了模拟精度。但模型不能模拟土壤污染物循环以及土壤与地表水之间的物质交换过程，难以用于壤中流较多的流域（夏军 等，2012）。AGNPS模型（Agricultural Non-point Source）是20世纪80年代美国农业部农业研究局联合明尼苏达污染控制局研发的农业面源污染计算机模拟模型，该模型不仅能预测流域面源污染负荷，还能用来模拟最佳管理措施（BMPs）对径流、泥沙以及污染物产出的影响，适用于1～20000hm^2的流域（Young等，1989），但该模型是基于降雨场次的分散流域模型，无法用来模拟预测长系列的面源污染情况（王飞儿 等，2003）。CREAMS模型（Chemicals Runoff and Erosion form Agriculture Management System）是由美国农业研究局推出，该模型主要由水文、泥沙侵蚀和化学污染3个模块构成，能够模拟不同土地管理措施对径流、泥沙、污染物和农药的影响。但由于模型参数比较单一，无法反映土地利用、土壤理化性质、地质条件等差异性，模拟和预测面源污染结果较为粗略。SWAT模型（Soil and Water Assessment Tool）是美国农业部农业研究中心开发的流域尺度模型，其融合了SWRRB模型和ROTO模型，具有一定的物理机制，计算以日为步长，效率高，是适用于流域长期模拟的空间分布式水文模型（李家科 等，2008；陈媛 等，2012；黄清华和张万昌，2004）。SWAT模型经过十几年的发展与完善，具有界面友好、适合进行情景分析、模拟精度高等特点，广受各大高校与研究所青睐。目前有关SWAT模型的文献已达数千篇，应用范围遍布全国众多流域水系，主要用于流域水文过程模拟、面源污染模拟、水资源管理及防治、不同水文情境分析及与其他模型的集成和耦合的研究（张银辉，2005；王中根 等，2003）。

模型的选择需要考虑研究区的时空尺度、可用数据数量及精度，单从模型功能筛选，CREAMS模型输入参数单一，只能进行粗略模拟，而ANSWERS模型和AGNPS模型均是基于单次降雨事件的模型，无法对面源污染情况进行长期模拟。SWAT模型可以进行长期连续模拟，并且在农业面源污染模拟中应用广泛，该模型与地理信息技术结合较为完善，在参数输入、结果展示和数据管理等方面较其他模型更加高效。

SWAT模型在国内外广泛应用于对农业面源污染的估算和预测，在国外SWAT模型常用于评估气候和农业管理措施对径流、面源污染负荷、土地利用以及农药的影响（Srinivasan et al.，1998）。Santhi等（2001）利用SWAT模型对德克萨斯州德斯克流域的径流、泥沙和营养物的模拟，较好地反映了流域实际情况，进而设置情景评估不同农业管理措施农业面源污染控制效果。Behera等（2006）应用SWAT模型对印度孟加拉西部密那波尔地区973hm^2的农业流域进行模拟，识别出了关键污染源区，并基于模型制定了最佳管理策略。Bulut和Aksoy（2008）使用SWAT模型研究施肥量对土耳其Uluabat湖水体磷素浓度和运移的影响，研究发现磷负荷与施肥量基本呈线性关系，当施肥量增加1倍时湖内磷含量增加70%；施肥量分别下降20%、30%和50%时，从农田向湖中输送的磷相应减少14%、21%和35%。Jang等（2017）运用SWAT模型评价了3种农业管理措施对韩国Haean高原径流、泥沙、总氮、总磷的影响，研究表明植被过滤带对泥沙的拦截效果最好；施肥量减少10%，氮磷排放负荷降低4.9%。

我国针对SWAT模型的应用研究主要包括3个方面：流域径流通量模拟、面源污染可视化研究、变化环境对模型模拟的影响（杨帆，2015）。Zhang等（2014）将大气环流模型、统计尺度模型和主成分分析法与SWAT模型相结合，研究了吉林伊通河流域不同土地类型面源污染物的流失特征、污染物的来源和迁移规律，并预测未来气候改变对流域面源污染负荷的影响，研究发现伊通河流域内旱田污染物流失浓度最高，林地最低，且旱田和水田流失浓度与径流量正相关；受年内降雨分配不均的影响，流域内面源负荷时空分布差异较大，另在A2和B2两种模拟情景下，未来流域内流量、泥沙和面源负荷都将呈现整体升高的趋势。刘博和徐宗学（2011）应用SWAT模型对昌平沙河水库流域进行模拟，研究发现氮磷的流失与降雨量成正比，氮磷排放负荷集中在汛期，氮磷的排放主要来源于农田以及果园，减少化肥农药施用，实施退耕还林，能有效减少氮磷排放负荷。

1.4 研究内容

针对目前漓江流域上游水环境存在的问题和面源污染特点，在综合国内外研究的基础上，本书主要从漓江上游水量水质变化和农业面源污染两个方面展开了研究，以期进一步揭示漓江流域上游水资源演变规律、水环境变化特点及主要影响因素，阐明漓江上游污染物主要来源，为面源污染防治和漓江流域上游水环境的改善提供科学支撑和技术参考。

1.4.1 漓江上游径流与水质分析

（1）分析漓江流域上游径流、水库入库径流及主要气象因子的变化特点，探究径流及气象因子的变化特征、趋势性及其相关性。

（2）分析漓江流域上游干支流径流序列的年内、年际变化特征和水质变化特征，揭示径流和水质相关关系。

（3）厘清漓江上游主要水质指标不同尺度特征及相关影响因子，计算漓江流域面源污染比例和污染负荷计算方法，构建漓江上游污染物运移模型，分析污染物运移变化特点。

1.4.2 漓江上游典型农业区域氮磷排放监测与模拟

（1）开展漓江流域上游典型农业试区氮磷排放野外原位监测试验，探明氮磷面源污染运移规律、排放影响因子。

（2）阐明不同时空尺度农业试区氮磷污染浓度和排放负荷分布特征。

（3）基于SWAT模型进行模拟和情景分析，揭示灌溉管理、肥料管理，湿地、岩溶地貌等下垫面属性和气候因子对试区氮磷排放负荷的影响。

参考文献

[1] 朱银红．漓江流域典型岩溶生态系统质量的初步评价［D］．桂林：桂林工学院，2004．

[2] 郭纯青，方荣杰，代俊峰，等．漓江上游区水资源与水环境演变及预测［M］．北京：中国水利水电出版社，2011：5－21．

[3] 蔡德所，马祖陆．漓江流域的主要生态环境问题研究［J］．广西师范大学学报，2008，26（1）：3．

[4] 黄宗万．漓江上游水资源形势分析［J］．广西科学院学报，2005，21（1）：56－60．

[5] 广西壮族自治区水利厅．漓江生态需水量研究［J］．中国水利，2006，33（13）：24．

[6] 王庆婵．漓江桂林以上流域水资源变化趋势探讨［J］．人民珠江，2013（2）：14－16．

[7] 广西水电厅青狮潭水库管理局，桂林市水电建筑设计室．青狮潭水库灌区工程除险加固、续建配套及综合利用规划报告［R］．桂林：广西水电万青狮潭水库管理局，1992．

[8] 缪钟灵．漓江流域主要环境问题［J］．中国岩溶，1997，16（2）：161－166．

[9] 黄坤安．桂林漓江水资源演变分析［J］．水文，2008（7）：25－27．

[10] 赵湘桂，蔡德所，李若男，等．桂林青狮潭水库补水对漓江水环境的影响［J］．广西师范大学学报：自然科学版，2009，27（2）：153－157．

[11] 罗书文，邓亚东，覃星铭，等．漓江最枯径流量演变分析［J］．水土保持通报，2014，34（6）：64－68．

[12] 戴新．对漓江是否会枯竭与断流的探讨——漓江枯水期河道水量分析［J］．广西水利水电，1994，2：48－52．

[13] 何观德．漓江洪涝与枯水问题的思考［J］．广西水利水电，1998（2）：42－47．

[14] 黄丹，郭纯青，刁丽丽，等．漓江流域旱涝拐点研究［J］．桂林理工大学学报，2015，35（1）：53－59．

[15] 梁小红．桂林漓江的水污染及治理措施［J］．广西水利水电，1998（2）：50－52．

[16] 叶桂忠，刘俊．漓江桂林市区段水环境容量研究［J］．水资源保护，2003，19（3）：10－12．

[17] 孙湘艳，王勇．浅析漓江流域上游的水生态保护［J］．安徽农业科学，2014，42（20）：6650－6652．

[18] 文建辉，李建，许睿，等．基于GIS技术和线性结构模型的漓江流域水污染状况分析［J］．环境监测管理与技术，2018，30（1）：27－30．

[19] 林鹏，陈余道，夏源．漓江流域不同土地利用类型下水体污染类型与成因［J］．桂林理工大学学报，2016，36（3）：539－544．

[20] 郭攀，李新建．漓江典型小流域农田面源污染治理技术及应用［J］．水电能源科学，2017，35（9）：49－52，89．

[21] 邵亚，蔡崇法，赵悦，等．桂林会仙湿地沉积物中磷形态及分布特征［J］．环境工程学报，2014，8（12）：5311－5317．

[22] 李晖，黄培芳，黄晓维，等．桂林会仙湿地土壤有机质·氮·磷含量与芦苇的响应研究［J］．安徽农业科学，2012（6）：3295－3297．

[23] 李世杰，蔡德所，张宏亮，等．桂林会仙岩溶湿地环境变化沉积记录的初步研究［J］．广西师范大学学报（自然科学版），2009，27（2）：94－100．

[24] 程亚平，蒋亚萍，姚高峰，等. 桂林会仙湿地生态退化特征研究 [J]. 工业安全与环保，2015 (4)：73-75.
[25] 吴后建，王学雷. 中国湿地生态恢复效果评价研究进展 [J]. 湿地科学，2006，4 (4)：304-310.
[26] 曹晓，刘红玉，李玉凤，等. 西溪湿地公园湿地植物群落及其与水环境质量的关系 [J]. 生态与农村环境学报，2011，27 (3)：69-75.
[27] 王艳萍，李发文，莫晨，等. 桂林会仙湿地水质与湿地植物生长的关系 [J]. 资源节约与环保，2018 (2)：108-110.
[28] 李远华，董斌，崔远来. 尺度效应及其节水灌溉策略 [J]. 世界科技研究与发展，2005，27 (6)：31-35.
[29] 袁再健，蔡强国，褚英敏. 四川紫色土地区流域侵蚀产沙空间的尺度效应初探 [J]. 资源科学，2007，29 (1)：160-164.
[30] 张水龙，庄季屏. 农业非点源污染的流域单元划分方法 [J]. 农业环境科学学报，2001，20 (1)：34-37.
[31] Gyllenhammar A，Håkanson L. Environmental consequence analyses of fish farm emissions related to different scales and exemplified by data from the Baltic-a review [J]. Marine Environmental Research，2004，60 (2)：211-243.
[32] Haygarth P M，Wood F L，Heathwaite A L，et al. Phosphorus dynamics observed through increasing scales in a nested headwater-to-river channel study [J]. Science of the Total Environment，2005，344 (1-3)：83-106.
[33] 章熙锋，申东，唐家良，等. 紫色土农业小流域径流过程与氮流失尺度效应 [J]. 水土保持研究，2018，25 (2)：72-80.
[34] 习斌. 典型农田土壤磷素环境阈值研究 [D]. 北京：中国农业科学院，2014.
[35] 李文超. 凤羽河流域农业面源污染负荷估算及关键区识别研究 [D]. 北京：中国农业科学院，2014.
[36] Beasley D B，Huggins L F，Monke E J. ANSWERS：A Model for Watershed Planning [J]. Transactions of the ASAE，1980，23 (4)：938-944.
[37] 夏军，翟晓燕，张永勇. 水环境非点源污染模型研究进展 [J]. 地理科学进展，2012，31 (7)：941-952.
[38] Young R A，Onstad C A，Bosch D D，et al. AGNPS：A nonpoint source pollution model for evaluating agricultural watersheds [J]. Journal of Soil & Water Conservation，1989，44 (2)：168-173.
[39] 王飞儿，吕唤春，陈英旭，等. 基于AnnAGNPS模型的千岛湖流域氮、磷输出总量预测 [J]. 农业工程学报，2003，19 (6)：281-284.
[40] 李家科，刘健，秦耀民，等. 基于SWAT模型的渭河流域非点源氮污染分布式模拟 [J]. 西安理工大学学报，2008，24 (3)：278-285.
[41] 陈媛，郭秀锐，程水源，等. SWAT模型在三峡库区流域非点源污染模拟的适用性研究 [J]. 安全与环境学报，2012 (2)：148-154.
[42] 黄清华，张万昌. SWAT分布式水文模型在黑河干流山区流域的改进及应用 [J]. 南京林业大学学报（自然科学版），2004，28 (2)：22-26.
[43] 张银辉. SWAT模型及其应用研究进展 [J]. 地理科学进展，2005，24 (5)：121-130.
[44] 王中根，刘昌明，黄友波. SWAT模型的原理、结构及应用研究 [J]. 地理科学进展，2003，22 (1)：79-86.
[45] Srinivasan R，Ramanarayanan T S，Arnold J G，et al. Large area hydrologic modeling and assessment PART Ⅱ model application [J]. Journal of the American Water Resources Association，1998，34 (1)：91-101.

[46] Santhi C, Arnold J G, Williams J R, et al. Validation of the SWAT Model on a Large River Basin With Point and Nonpoint Sourcese [J]. JAWRA Journal of the American Water Resources Association, 2001, 5: 1169-1188.

[47] Behera S, Panda R K. Evaluation of management alternatives for an agricultural watershed in a sub-humid subtropical region using a physical process based model [J]. Agriculture Ecosystems & Environment, 2006, 113 (1): 62-72.

[48] Bulut E, Aksoy A. Impact of fertilizer usage on phosphorus loads to LakeUluabat [J]. Desalination, 2008, 226 (1-3): 289-297.

[49] Jang S S, Ahn S R, Kim S J. Evaluation of executable best management practices in Haean highland agricultural catchment of South Korea using SWAT [J]. Agricultural Water Management, 2017, 180: 224-234.

[50] 杨帆. 基于SWAT模型的西湖流域非点源污染研究 [D]. 杭州: 浙江大学, 2015.

[51] Zhang Z, Lu W X, Chu H B, et al. Uncertainty analysis of hydrological model parameters based on the bootstrap method: A case study of the SWAT model applied to the Dongliao River Watershed, Jilin Province, Northeastern China [J]. Science China Technological Sciences, 2014, 57 (1): 219-229.

[52] 刘博, 徐宗学. 基于SWAT模型的北京沙河水库流域非点源污染模拟 [J]. 农业工程学报, 2011, 27 (5): 52-61.

第2章

漓江流域上游主要水文气象因子变化

小波变换是一种信号特征，以一簇基函数张成的空间上的投影反映自身。设小波函数用 $\varphi(x)$ 表示，水文气象时间序列 $f(x)\in L^2(R)$的连续小波系数为

$$W_f(a,b)=\frac{1}{\sqrt{a}}\int_R f(x)\varphi\left(\frac{x-b}{a}\right)\mathrm{d}x \tag{2-1}$$

式中：$W_f(a, b)$ 为小波变换系数（简称小波系数）；a 为尺度因子；b 为平移因子。

Morlet 小波是复数小波，它可反映各时间尺度的大小及其在时域中的分布情况。本书采用 Morlet 小波对入库径流时间序列进行小波分析。Morlet 小波表示为

$$\varphi(x)=\mathrm{e}^{\mathrm{i}\omega_0 x}\mathrm{e}^{-\frac{x^2}{2}} \tag{2-2}$$

式中：ω_0 为常数；i 为虚数。傅里叶变换为 $\varphi(x)=\sqrt{2\pi}\,\mathrm{e}^{-(\omega-\omega_0)^2/2}$。当采用 Morlet 小波时，取常数 $\omega_0=6.2$，Morlet 小波的时间尺度 α 与周期 T 的计算为（程正兴，1998；桑燕芳和王栋，2008）：

$$T=\frac{4\pi}{\omega_0+\sqrt{2+\omega_0^2}}\times\alpha \tag{2-3}$$

因此，可用 Morlet 小波对径流时间序列进行周期性分析。以平移因子 b 为横坐标，尺度因子 a 为纵坐标的二维等直线图，称为小波系数图。在这个图中，等值线闭合中心表示该径流序列的变化中心，等值线正值表示径流偏多，负值表示径流偏少，小波系数为 0 时对应着该径流序列的突变点（钱会 等，2010）。径流时间序列的小波变化特征可通过小波系数图分析得到。

小波方差图能够识别径流时间序列主周期，这种功能与傅里叶的方差谱密度图的相似（Stéphane，1999）。时域关于时间尺度 a 的所有小波系数进行平方的积分为小波方差（冉启文，2001；秦前清和杨宗凯，2002）：

$$Var(a)=\int_{-\infty}^{+\infty}|W_f(a,b)|^2\mathrm{d}b \tag{2-4}$$

小波方差图表示小波方差随时间尺度 a 变化的过程，该图可以清晰地反映水文气象因子时间序列中各时间尺度的波动特征。因此，在漓江上游水文气象因子时间序列中主要的时间尺度，可通过小波方差图来确定。

2.1　漓江上游主要气象因子变化分析

2.1.1　降雨量变化分析

对漓江流域上游桂林市气象站的主要气象因子的变化进行小波分析，1951—2001 年年降雨量的小波系数实部等值线如图 2-1 所示。结果表明，不同尺度下降雨量呈现增多、减少交替变化的特征。年降雨量演变过程中，大致呈现 3～9 年、10～16 年以及 17～32 年的 3 类尺度的周期变化规律。3～9 年尺度的周期变化在 1987 年以后较为稳定，10～16 年尺度出现 4 个振荡周期，17～32 年尺度出现 3 个振荡周期，以 5 年、11 年和 22 年左右时间尺度变化较强，其中，11 年和 22 年两个尺度的周期变化较稳定。

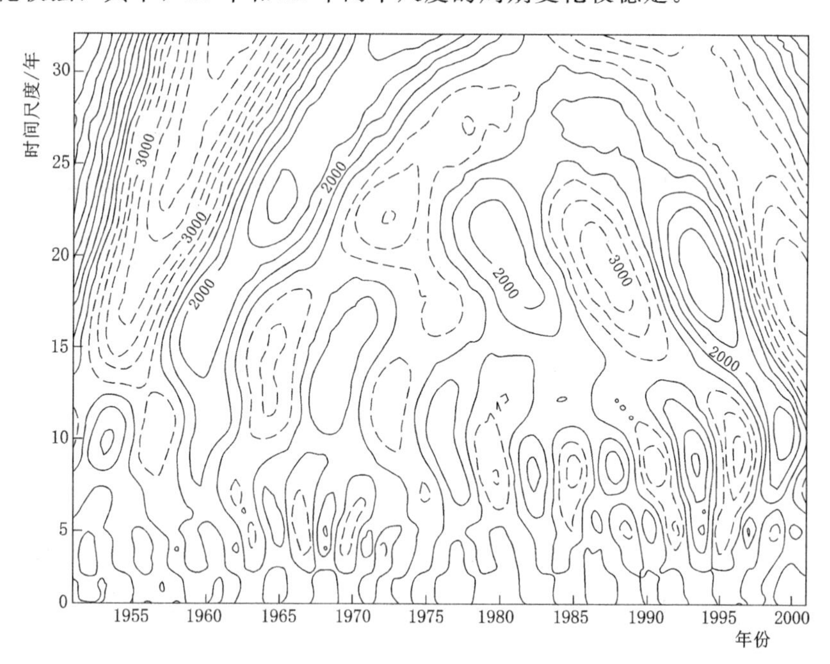

图 2-1　1951—2001 年年降雨量的小波系数实部等值线图

在图 2-1 上取 3 个固定尺度（5 年、11 年和 22 年），绘制小波系数实部的变化过程线，进一步描述降雨量的波动特征，如图 2-2 所示。

在 5 年特征时间尺度上，年降雨量变化波动较剧烈，大约经历 12 个多雨期-偏少期的周期转变，降雨量进入多雨期，但呈逐渐减少的趋势；在 11 年特征时间尺度上，其变幅较小，大约经历 7 个多雨期-偏少期的周期转换，降雨量进入多雨期末期且呈现水量减少的趋势；在 22 年特征时间尺度上，大约经历 4 个多雨期-偏少期的周期转换，降雨量处于偏少期后期，但年降雨量有转向增加的趋势。

降雨量的小波方差图中存在 3 个明显的峰值（见图 2-3），分别为 22 年、11 年和 5 年时间尺度，它们在相应时间尺度下震荡强烈。22 年左右的周期振荡最强是年降雨量变化的第一主周期，11 年时间尺度是年降雨量变化的第二主周期，5 年时间尺度对应年降雨量的第三主周期。

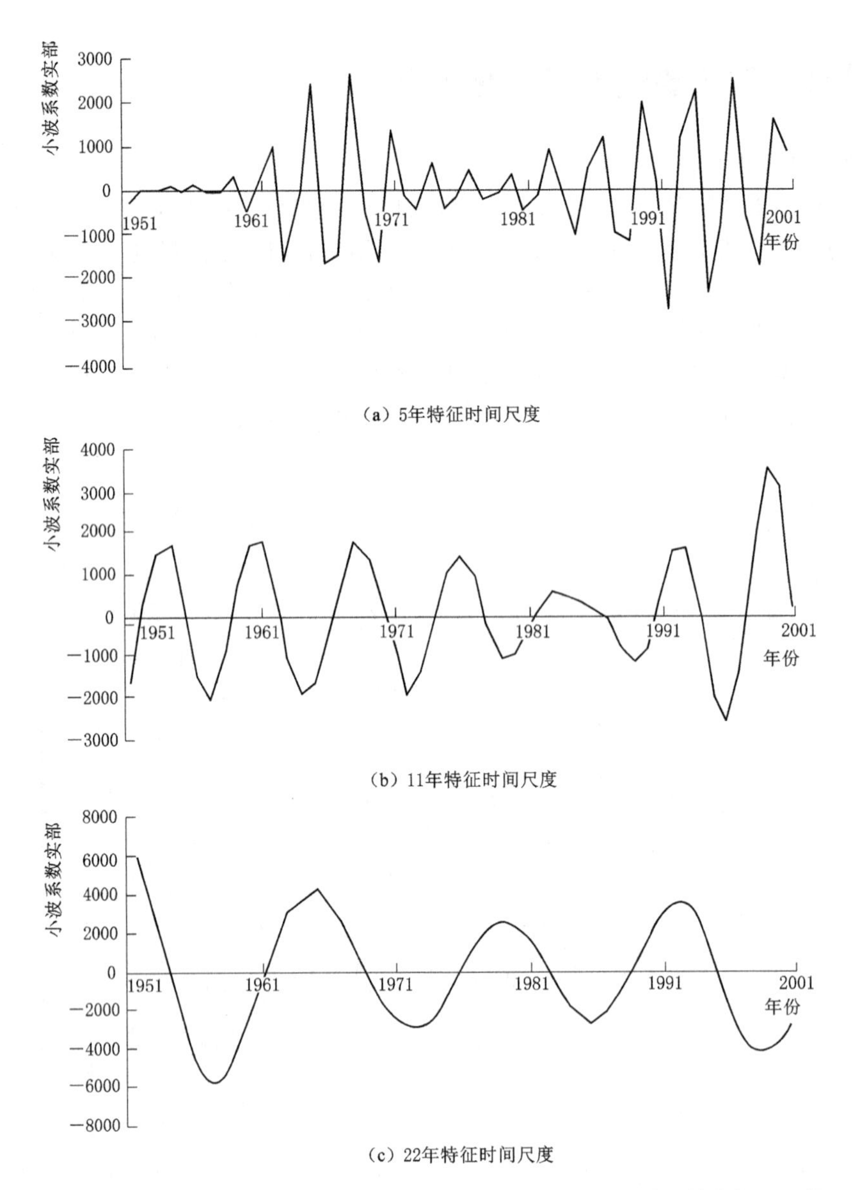

图 2 - 2　5 年、11 年和 22 年特征时间尺度降雨量变化的小波系数实部过程线

2.1.2　相对湿度变化分析

1951—2001 年相对湿度的小波系数实部等值线如图 2 - 4 所示。在图 2 - 4 中可以清楚地反映在不同尺度下相对湿度随时间高值、低值交替变化的特征。年相对湿度的时间尺度变化过程大致为 4 个尺度的周期变化规律，分别为 24～32 年、18～23 年、8～17 年和 3～7 年。24～32 年尺度出现 2 个振荡周期。18～23 年尺度出现 3 个振荡周期。8～17 年尺度出现 2 个振荡周期。其中以 10 年和 28 年左右周期的高值、低值期交替变化特征较为明显。整个时间尺度 24～32 年、18～23 年和 8～17 年 3 个尺度的周期变化表现稳定，3～7 年的尺度周期变化不显著。

在图 2 - 4 上取 2 个固定尺度，分别为 10 年和 28 年，绘制小波系数实部的变化过程

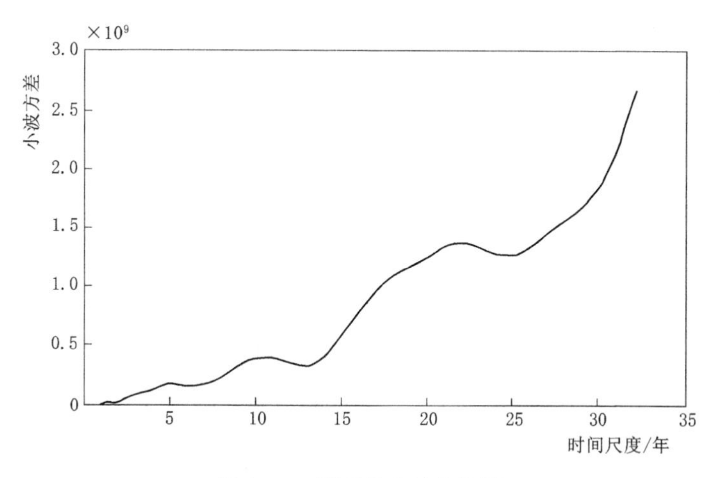

图 2-3 降雨量小波方差图

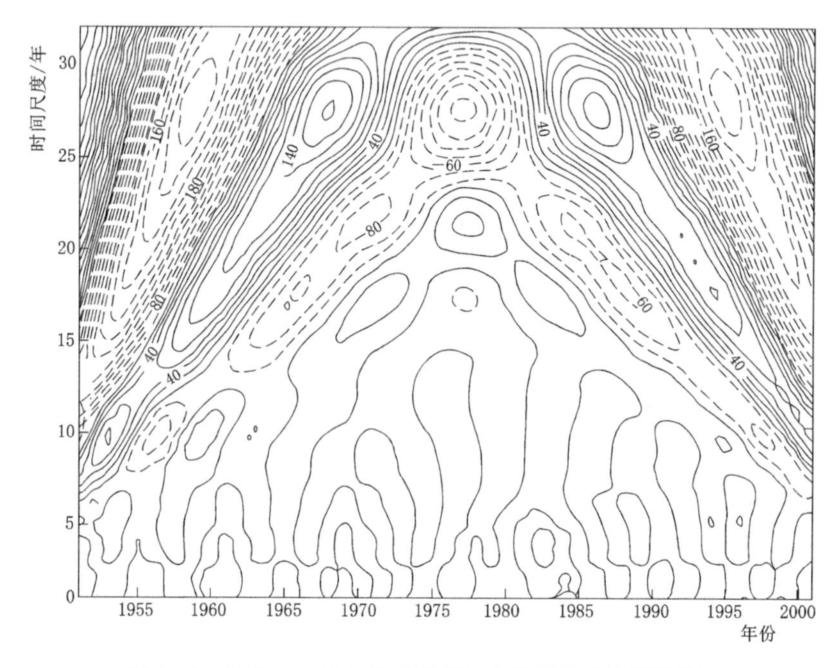

图 2-4 1951—2001 年相对湿度的小波系数实部等值线图

线，进一步描述年相对湿度的波动特征，如图 2-5 所示。

图 2-5 给出了相对湿度变化的 10 年和 28 年特征时间尺度小波系数实部过程线。在 10 年特征时间尺度上，年相对湿度进入高值期，且年相对湿度呈上升的趋势，年相对湿度变化的平均周期是 6 年左右，大约经历了 8 个高值期-低值期的周期转换；在 28 年特征时间尺度上，年相对湿度处于高值期，且年相对湿度呈增加的趋势，年相对湿度变化的平均周期是 17 年左右，大约 3 个高值期-低值期的周期转换。

相对湿度的小波方差图如图 2-6 所示，28 年和 10 年的时间尺度存在 2 个明显的峰值。28 年左右的周期振荡最强，是第一主周期，10 年时间尺度是年变化的第二主周期。

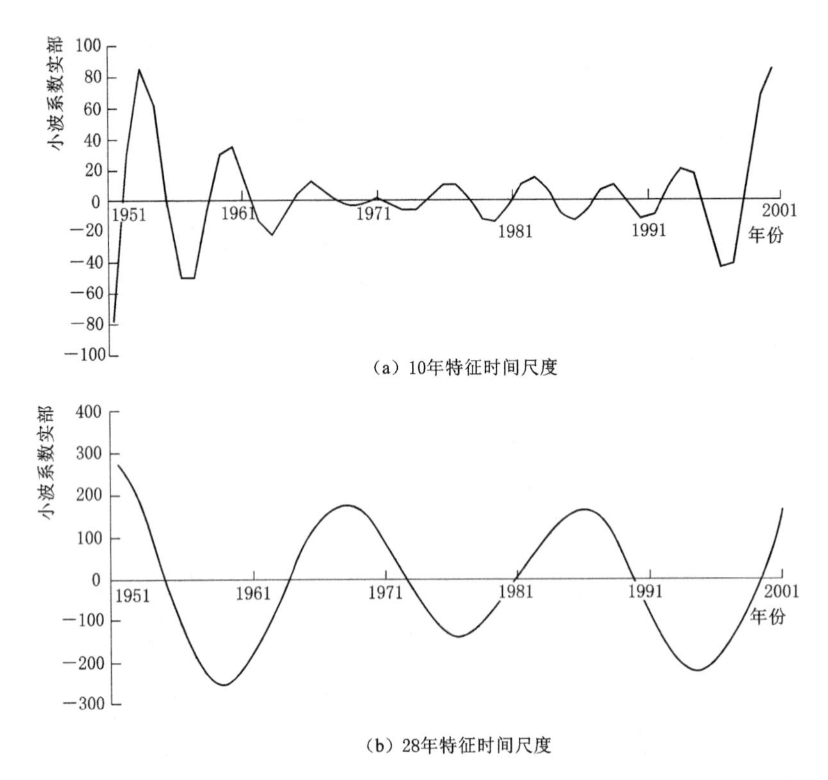

图2-5　相对湿度变化的10年和28年特征时间尺度小波系数实部过程线

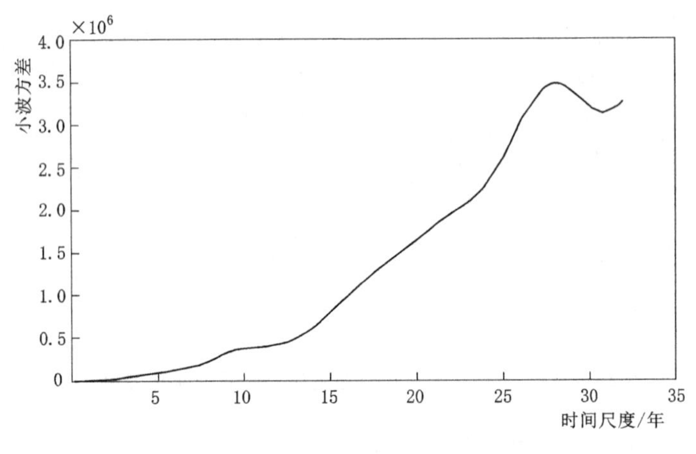

图2-6　相对湿度小波方差图

2.1.3 最高温度变化分析

在年最高温度小波系数实部等值线图2-7中，反映了在不同尺度年最高温度随时间高值、低值交替变化的特征。在年最高温度变化过程中有3个尺度的周期变化规律，分别为24～32年、18～23年、6～17年。24～32年尺度出现2个振荡周期。18～23年尺度出现3个振荡周期。6～17年尺度出现3个振荡周期，其中22年和27年左右周期的高值、低值期交替变化特征较为明显。

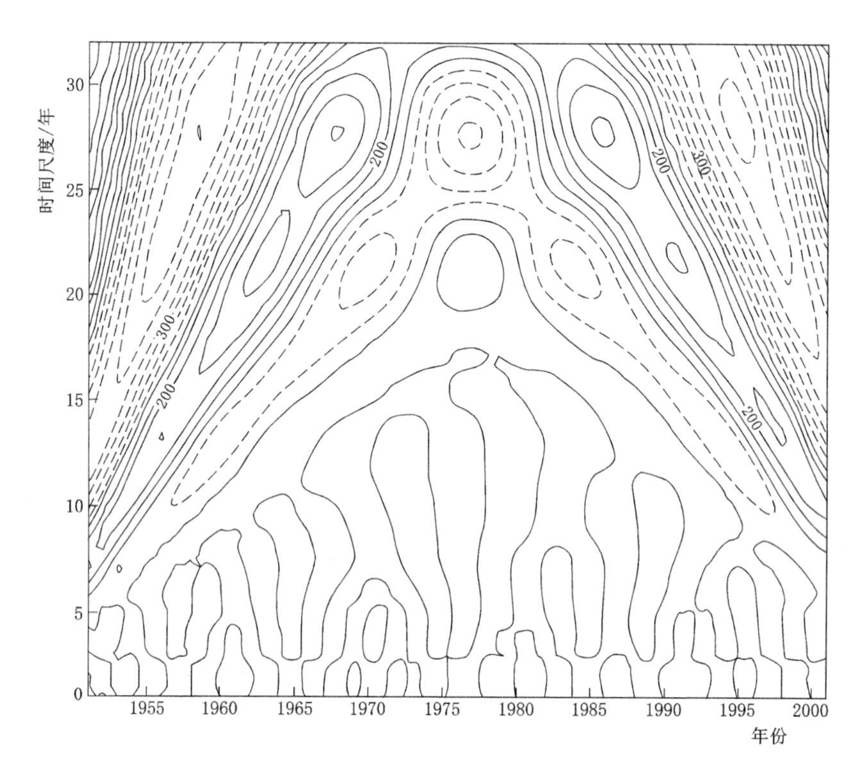

图 2-7 年最高温度小波系数实部等值线图

在图 2-7 上取 2 个时间尺度，分别为 22 年和 27 年，绘制小波系数实部的变化过程线，进一步描述年最高温度波动特征，如图 2-8 所示。在 22 年特征时间尺度上，最高温度已进入低值期，年最高温度呈减少的趋势，最高温度变化的平均周期是 12.8 年左右，大约经历 4 个高值期-低值期的周期转换。在 27 年特征时间尺度上，最高温度处于高值期，且年最高温度呈增加趋势，最高温度变化平均周期是 17 年左右，大约 3 个高值期-低值期的周期转换。

在年最高温度的小波方差图中（图 2-9），存在 27 年和 22 年 2 个时间尺度的峰值。

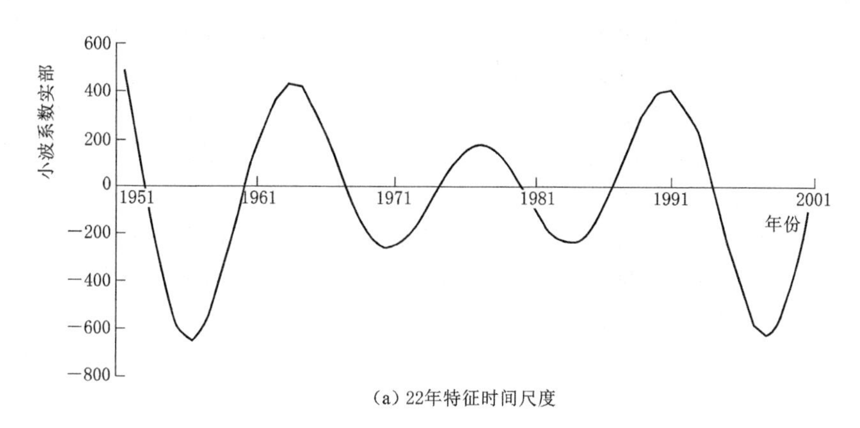

图 2-8（一） 年最高温度变化的 22 年和 27 年特征时间尺度小波系数实部过程线

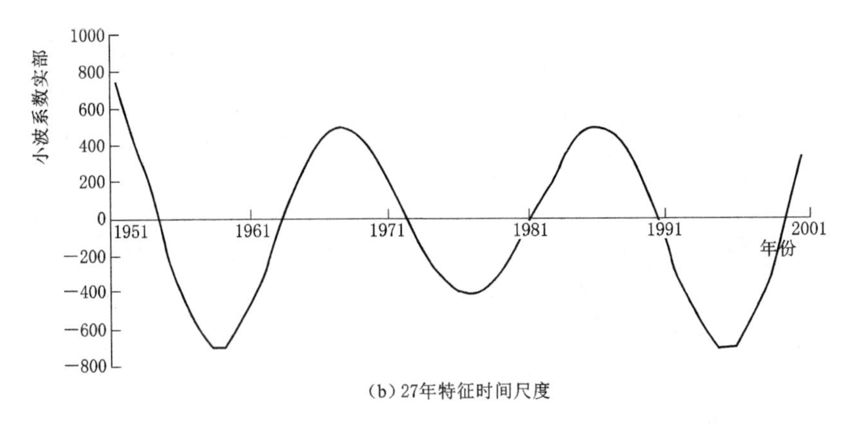

图 2-8（二）　年最高温度变化的 22 年和 27 年特征时间尺度小波系数实部过程线

其中，27 年左右的周期震荡最强，是第一主周期；22 年时间尺度周期震荡不太明显，是第二主周期。

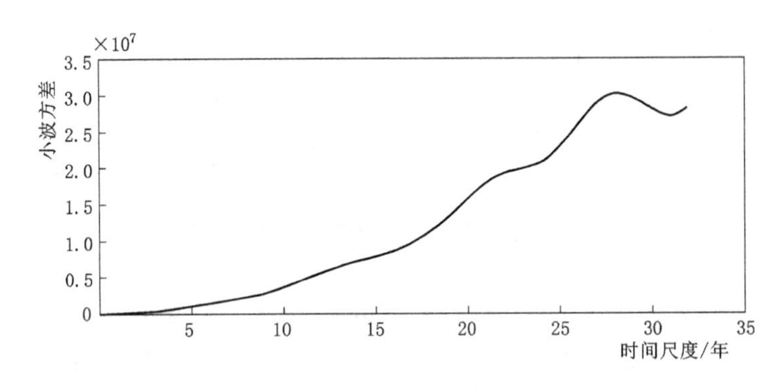

图 2-9　年最高温度小波方差图

2.1.4　最低温度变化分析

年最低温度的小波系数实部等值线如图 2-10 所示。结果表明，年最低温度演变过程中有 25～32 年、17～24 年、3～16 年 3 个尺度的周期变化：25～32 年尺度有 2 个振荡周期，17～24 年尺度有 3 个振荡周期，3～16 年尺度有 3 个振荡周期，其中以 22 年和 27 年左右周期的高值、低值期交替变化特征较为明显。

在图 2-10 上取 2 个固定尺度，分别为 22 年和 27 年，绘制小波系数实部的变化过程线，进一步描述年最低温度的波动特征，如图 2-11 所示。在 22 年特征时间尺度上，年最低温度已进入低值期，但年最低温度呈上升的趋势，年最低温度变化的平均周期是 13 年左右，大约经历了 4 个高值期-低值期的周期转换。在 27 年特征时间尺度上，年最低温度处于高值期，且年最高温度呈增加的趋势，年最低温度变化的平均周期是 17 年左右，大约 3 个高值期-低值期的周期转换。

年最低温度的小波方差图中（图 2-12），在 27 年和 22 年的时间尺度上存在 2 个的峰值。其中 27 年时间尺度是第一主周期，22 年时间尺度是第二主周期，其周期震荡不太明显，同时主导着年最低温度在整个时间域内的变化特征。

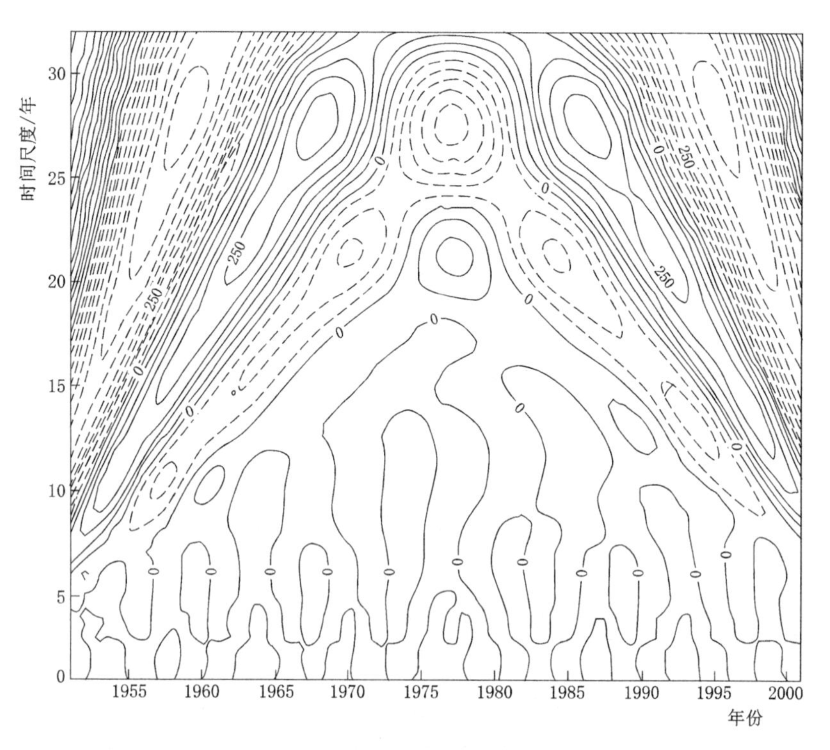

图 2-10 年最低温度的小波系数实部等值线图

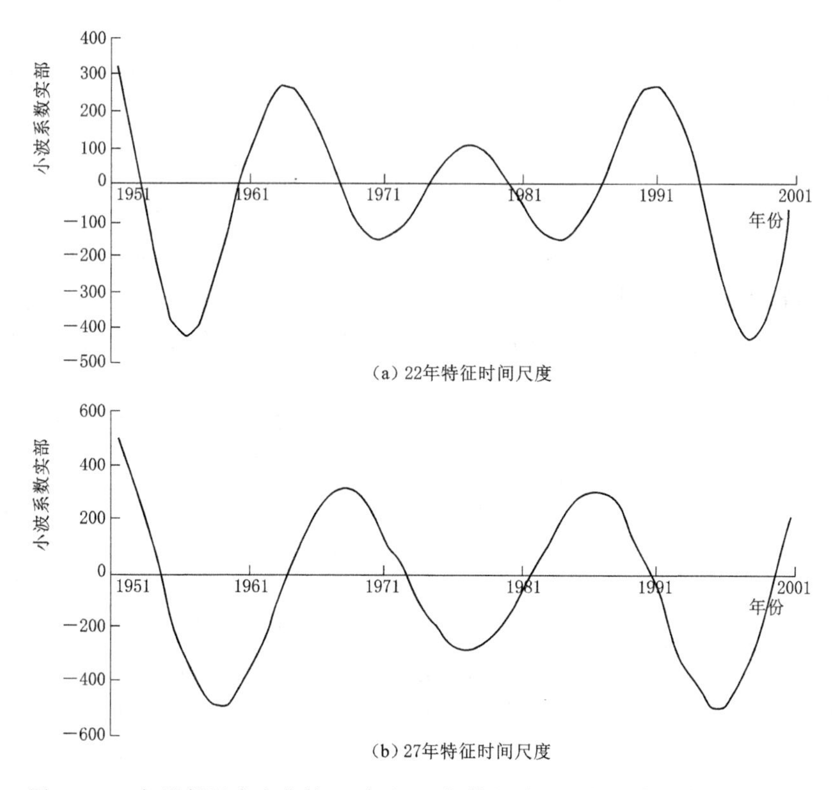

图 2-11 年最低温度变化的 22 年和 27 年特征时间尺度小波系数实部过程线

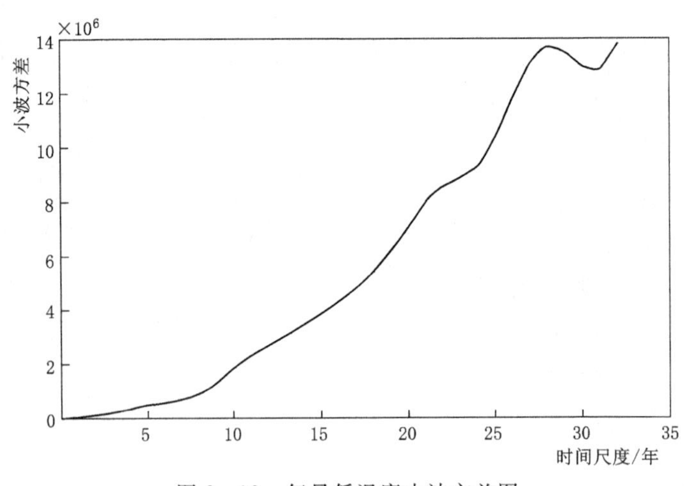

图2-12 年最低温度小波方差图

2.2 漓江上游干支流径流变化分析

根据桂林水文站1954—2016年、大溶江水文站1957—1988年、灵渠水文站1958—2016年的实测径流资料，运用统计分析法和Mann-Kendall法，分析漓江流域上游径流量年内分配和年际变化特征、年际变化趋势及突变特征。水文站基本情况见表2-1。

表2-1 水文站资料基本情况

水文站站名	河流名称	集水面积/km²	水文资料年限
桂林	漓江（干流）	2762	1954—2016年
大溶江	大溶江（干流）	719	1957—1988年
灵渠	灵渠（支流）	248	1958—2016年

2.2.1 干支流径流年内分配

漓江流域上游桂林水文站、大溶江水文站、灵渠水文站多年月平均流量年内分配如图2-13所示，由图可以看出，漓江流域上游桂林（干流）、大溶江（干流）、灵渠（支流）水文站径流的年内分配规律基本相同，径流主要集中在夏季，年内分配极不均匀。

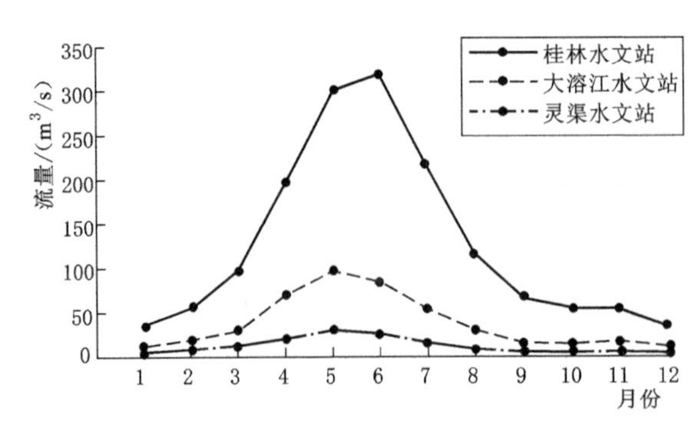

图2-13 漓江流域上游多年月平均流量年内分配

表2-2为漓江流域上游桂林、大溶江、灵渠3个水文站多年月平均流量占年径流总量的百分比，从表2-2中得知，漓江流域上游的最大径流量通常出现在5月、6月，这两个月的径流量占年径流总量的38.91%～40.20%；最小径流量则出现在1月或12月，所占比例范围为2.13%～3.01%。

表 2-2　　多年月平均流量占年径流总量的百分比　　%

水文站站名	1月	2月	3月	4月	5月	6月	7月	8月	9月	10月	11月	12月
桂林	2.13	3.68	6.26	12.77	19.55	20.65	14.01	7.42	4.27	3.52	3.46	2.27
大溶江	2.30	4.47	6.51	15.71	21.36	18.65	11.94	6.78	3.39	2.84	3.61	2.44
灵渠	3.01	5.46	8.19	15.05	20.57	18.33	10.01	5.60	3.43	3.36	4.13	2.87

经统计分析，漓江流域上游3个水文站的径流在年内分配上表现出强烈的不均匀特性，桂林水文站径流的不均匀系数 C_n 为0.77，大溶江水文站径流的不均匀系数 C_n 为0.78，灵渠水文站径流的不均匀系数 C_n 为0.73。漓江流域上游径流年内分配的不均匀性不利于该流域水资源的开发与利用，严重影响了漓江流域经济、旅游的发展。

2.2.2 干支流径流年际变化

径流的年际变化特征用变差系数 C_V 和年极值比 K 来表示。从图2-14～图2-16可以看出，桂林水文站平均径流量为127.62m^3/s，最大年均径流量为194.47m^3/s，出现在1998年，最小年均径流量为73.71m^3/s，出现在1963年；大溶江水文站平均径流量为38.85m^3/s，最大年均径流量为57.74m^3/s，出现在1968年，最小年均径流量为22.87m^3/s，出现在1963年；灵渠水文站平均径流量为12.00m^3/s，最大年均径流量为16.98m^3/s，出现在1968年，最小年均径流量为6.31m^3/s，出现在2011年。

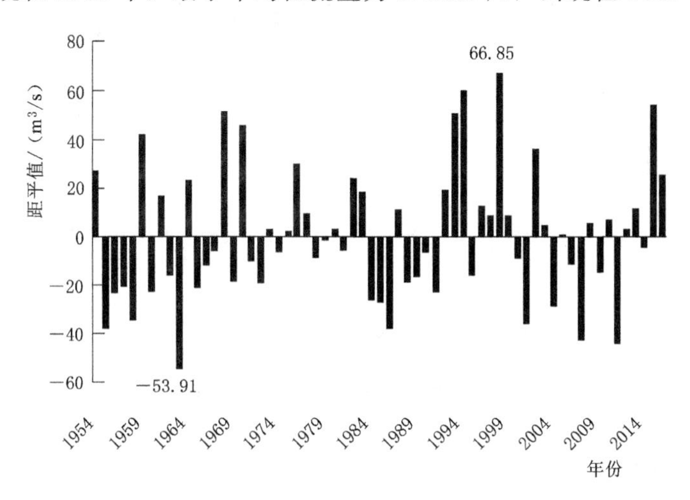

图2-14　桂林水文站年径流距平图

经统计分析，漓江流域上游桂林、大溶江、灵渠3个水文站的 C_V 值分别为0.21、0.19和0.20，年极值比 K 分别为2.64、2.53和2.69（表2-3）。桂林、大溶江、灵渠3个水文站的 C_V 值较小且相差不大，与长江以南大部分地区的河流相近，说明漓江上游桂林、大溶江、灵渠3个水文站的年径流年际变化都相对比较均匀，且均匀程度相似。

由图2-17～图2-19可知，桂林水文站、大溶江水文站年均径流量均呈上升趋势，斜率 k 分别为0.1795、0.0091，而灵渠水文站年径流量呈略微下降趋势，斜率 k 为−0.0028。由此可见，漓江流域上游干流径流量呈上升趋势，其中干流上的桂林水文站径流量增长趋势最为明显，而漓江流域上游的支流呈现下降趋势。漓江流域上游的径流量在

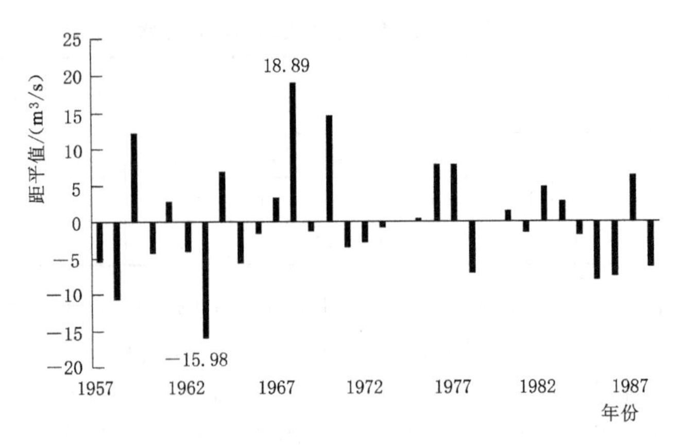

图2-15　大溶江水文站年径流距平图

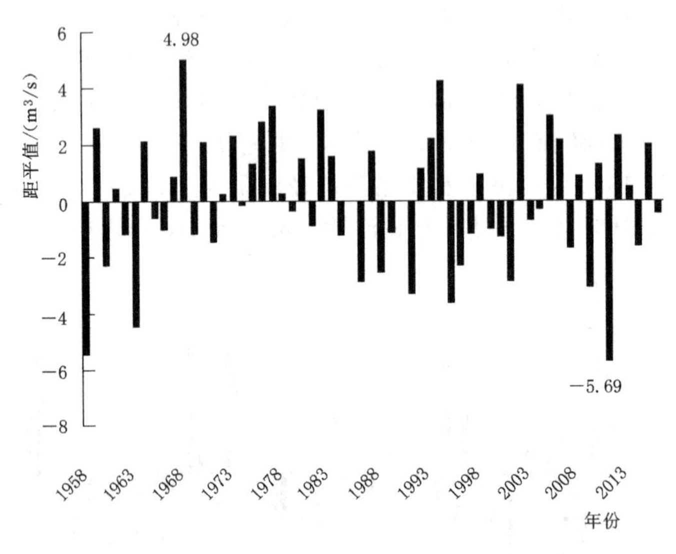

图2-16　灵渠水文站年径流距平图

表2-3　　**漓江上游水文站特征值统计表**

水文站站名	平均径流量/(m^3/s)	变差系数	最大年均径流量/(m^3/s)	最小年均径流量/(m^3/s)	年极值比
桂林	127.62	0.21	194.47	73.71	2.64
大溶江	38.85	0.19	57.74	22.87	2.53
灵渠	12.00	0.20	16.98	6.31	2.69

1988年之后变化比较明显，径流变化波动较大，而在1973—1983年变化趋于平稳，无较大波动。

采用Mann-Kendall突变检验方法，对漓江流域上游年径流序列进行非参数统计检验，结果表明，桂林水文站年径流量统计量Z为1.28，大溶江水文站年径流量统计量Z为0.34，都大于0但小于1.65，未通过置信度90%的显著性检验，年径流量序列有上升趋势，但趋势不明显；而灵渠水文站年径流量的统计量Z为−0.30，小于0，说明其年径

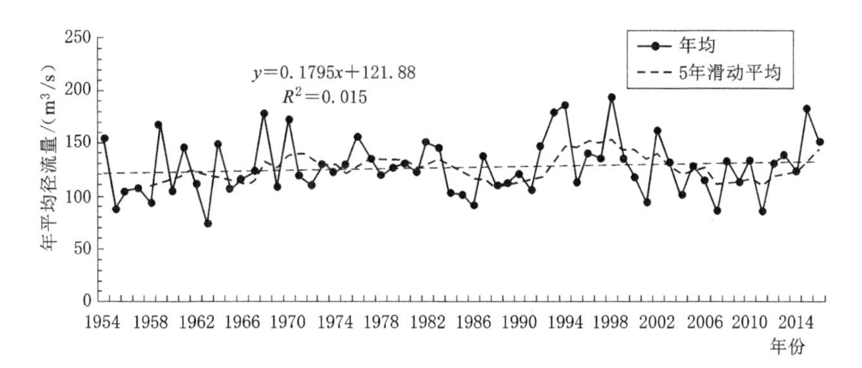

图 2-17 桂林水文站年均径流量变化图

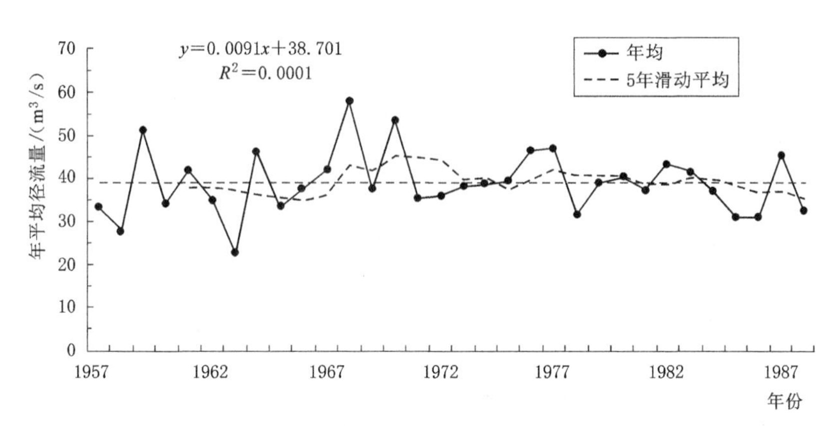

图 2-18 大溶江水文站年均径流量变化图

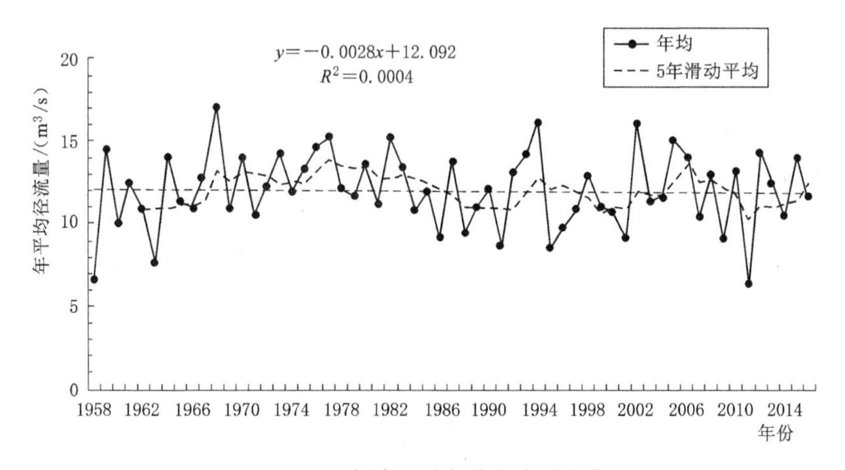

图 2-19 灵渠水文站年均径流量变化图

流量序列呈现不明显的下降趋势。

综合上述两个方法分析结果，漓江流域上游干流的径流量整体呈现上升趋势，其中干流上的桂林水文站径流量增长趋势最为明显，而支流灵渠呈略微下降趋势。漓江流域上游干支流水文站的径流变化趋势差异可能与降雨分布以及上游青狮潭、小溶江、川江、斧子口等水库的调蓄作用有关。

2.2.3　干支流径流年际突变

应用 Mann - Kendall 突变检验方法对漓江上游 3 个水文站的径流序列进行突变分析，分别绘制两条统计量序列曲线和 UF0.05±1.96 两条信度线。图 2 - 20～图 2 - 22 分别显示了 0.05 显著性水平下漓江上游桂林水文站、大溶江水文站、灵渠水文站年径流的变化趋势及突变特征。由图可知，桂林水文站的 UF_k 曲线和 UB_k 曲线有交叉点位于信度线之间，表明桂林水文站年径流序列存在明显的变化，即在 1990—1993 年前后发生突变；大溶江水文站和灵渠水文站年径流序列的 UF_k 曲线和 UB_k 曲线都有多个交叉点位于信度线之间，大溶江水文站在 1958 年、1963 年、1968 年等年份发生突变，灵渠水文站在 1968 年、1974 年、1998 年、2007 年等年份发生突变。

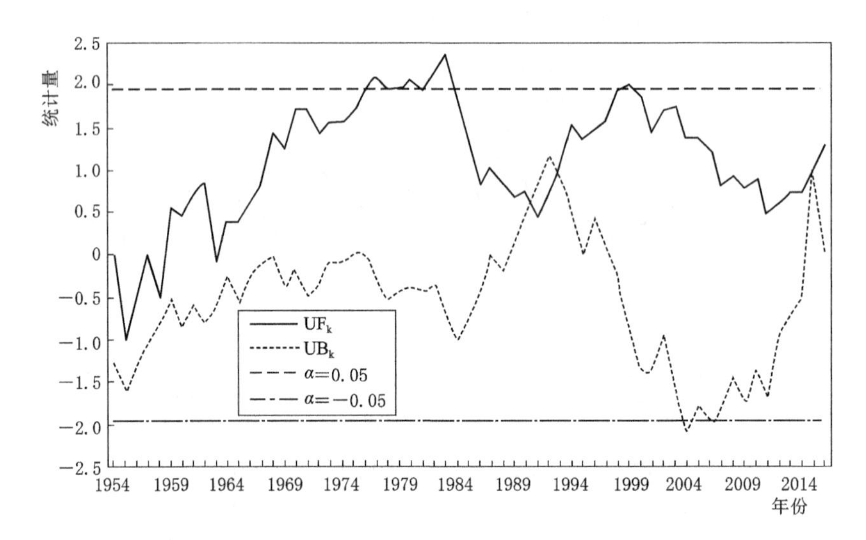

图 2 - 20　桂林水文站 Mann - Kendall 突变检验结果

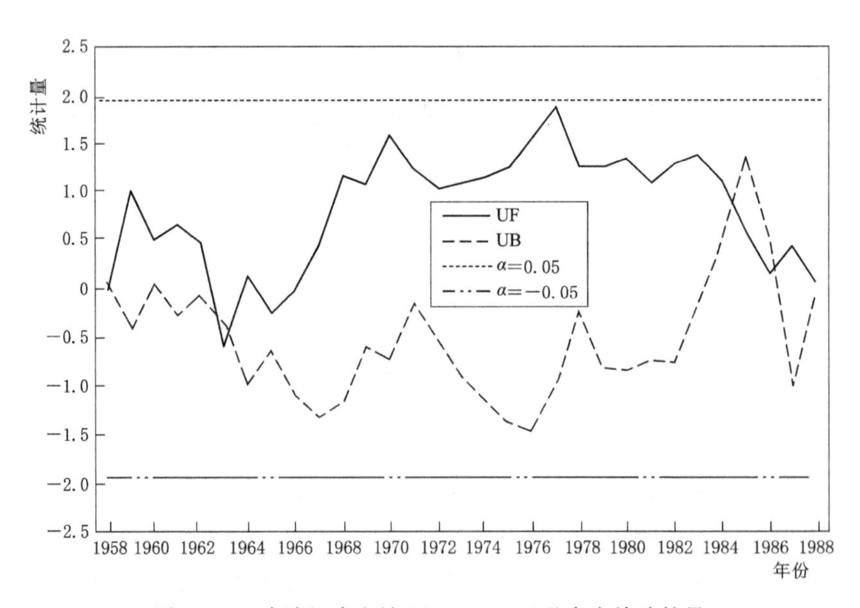

图 2 - 21　大溶江水文站 Mann - Kendall 突变检验结果

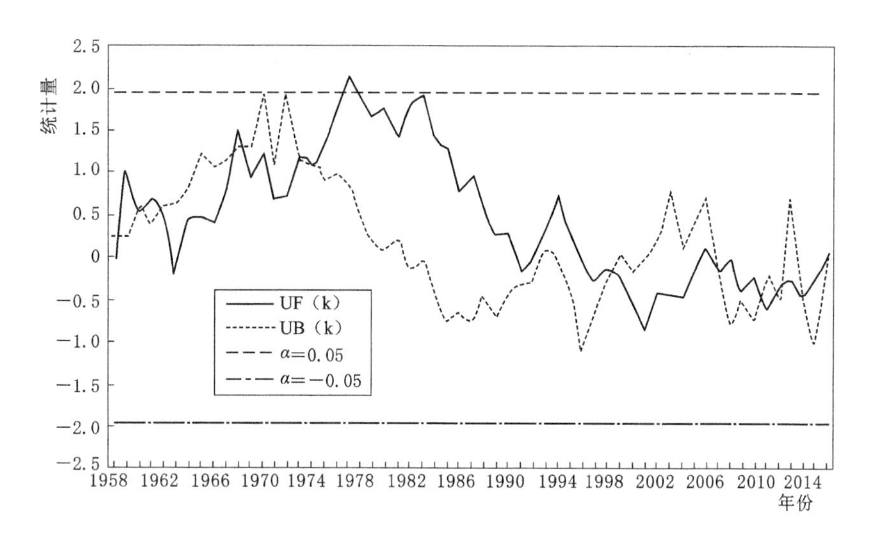

图 2-22　灵渠水文站 Mann-Kendall 突变检验结果

采用有序聚类法对年平均流量序列进行分析，漓江上游桂林水文站、大溶江水文站、灵渠水文站年径流总离差平方和变化曲线如图 2-23～图 2-25 所示。由图可知，桂林水文站的突变点发生在 1991 年，大溶江水文站的突变点发生在 1958 年和 1963 年，灵渠水文站的突变点发生在 1968 年，有序聚类法求得的突变年份与 Mann-Kendall 突变检验法比较接近。

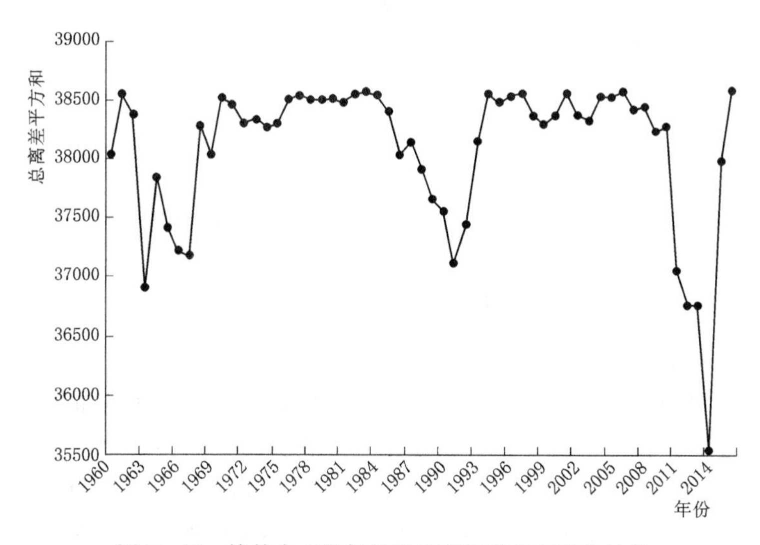

图 2-23　桂林水文站年径流总离差平方和变化过程

桂林水文站的突变点发生在 1991 年，而位于桂林水文站上游的青狮潭水库对漓江补水一期工程于 1990 年完工，这说明造成桂林水文站径流突变的主要因素可能是青狮潭水库修建完成并蓄水，而大溶江水文站、灵渠水文站径流突变则可能是由降雨等气候变化所引起。

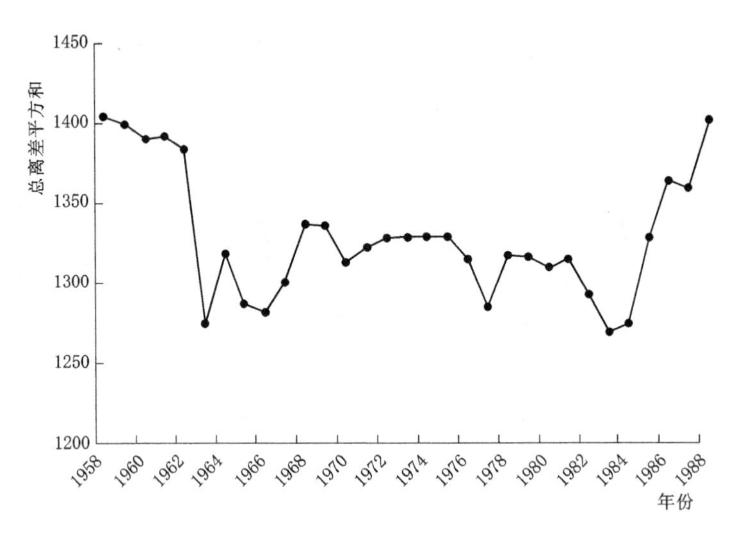

图2-24 大溶江水文站年径流总离差平方和变化过程

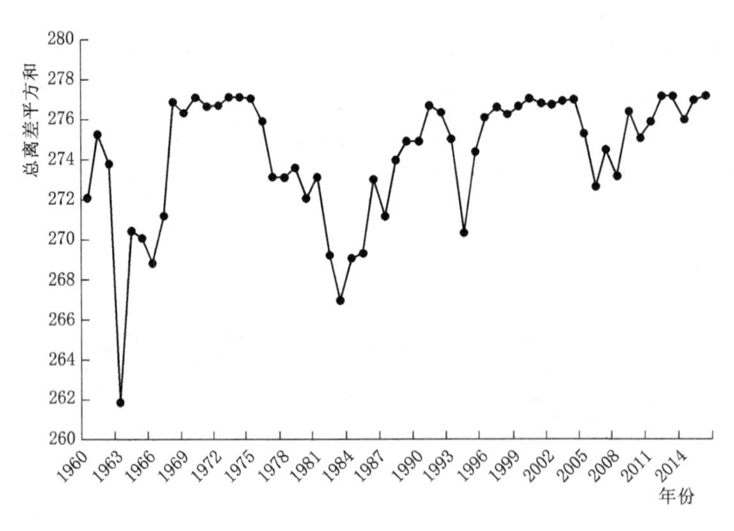

图2-25 灵渠水文站年径流总离差平方和变化过程

2.2.4 基于小波分析的径流变化分析

漓江流域上游桂林市水文站1985—2015年径流量小波分析结果如图2-26所示，时间尺度22～30年时，桂林市水文站径流量出现3次震荡，大致经历了枯—丰—枯—丰—枯的变化；时间尺度为5～10年时，1990—2003年桂林市水文站径流量较为稳定。

Morlet小波系数的模值是不同时间尺度变化周期所对应的能量密度在时域中分布的反映，系数模值越大，表明其所对应时段或者尺度的周期性越强。由图2-27可知，在径流演化过程中，22～30年的时间尺度模值最大，说明该时间尺度周期变化最明显，5～10年时间尺度的周期性变化较大，其他时间尺度周期性变化较小。

在图2-26上取2个固定尺度（8年和28年），绘制小波系数实部的变化过程线，进一步描述漓江流域上游径流波动特征，如图2-28所示。

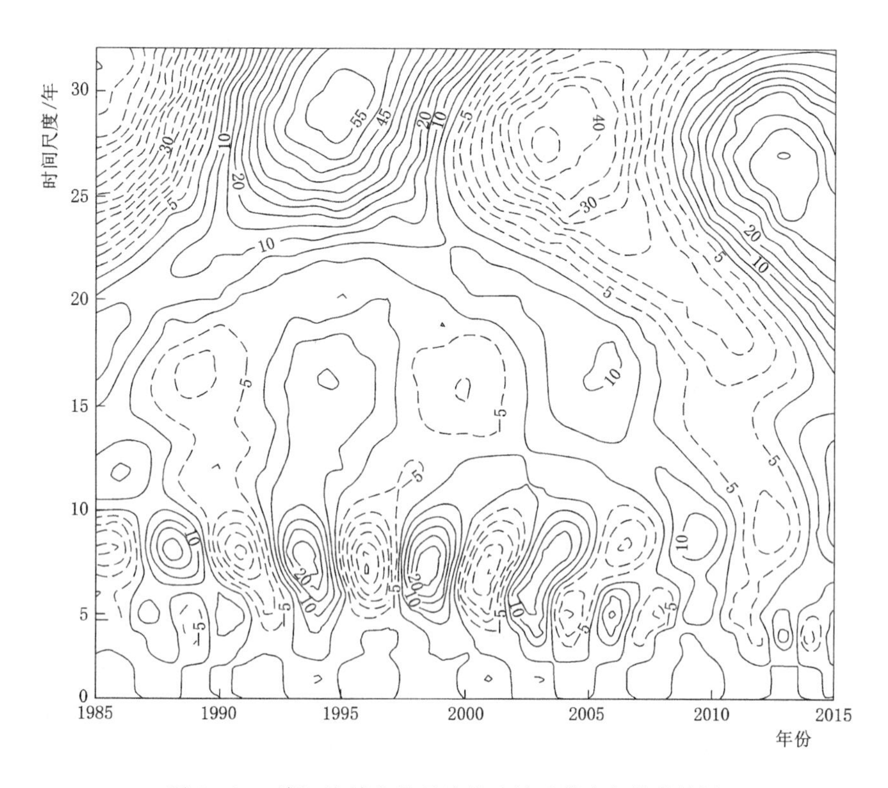

图 2-26 漓江流域上游径流的小波系数实部等值线图

图 2-28 (a) 显示，在 8 年特征时间尺度上，径流变化的平均周期为 6 年左右，大约经历 5 个丰-枯变化过程。图 2-28 (b) 显示，径流平均变化周期为 19 年左右，大约经历了 1 个丰-枯变化过程。漓江流域上游径流的小波方差图如图 2-29 所示，小波方差图可以用来确定漓江流域上游径流存在的主要时间尺度。

在小波方差图中存在两个较明显的峰值，它们分别是 8 年和 28 年的时间尺度。其中最大峰值对应着 28 年时间尺度，说明 28 年左右的周期震荡最强，为径流变化的第一主周期，8 年时间尺度为第二周期，这两个主周期的波动控制着入库径流在时域内的变化特征。

2.2.5 径流与气象因子的相关分析

采用 Pearson 相关分析法对漓江流域上游径流量和气象因子（降雨量、气温和相对湿度）进行相关性分析。表 2-4 为漓江流域上游月均径流量与月均降雨量的相关性分析，结果显示，其相关系数 $r=0.932$，且相关性在 0.01 水平（双侧）上显著相关，具有统计学意义，即桂林水文站月均径流量与月均降雨量呈高度正相关，且极为显著。

表 2-5 展示了漓江流域上游月均径流量与月均气温的相关性分析结果，相关系数 $r=0.561$，但置信度 P 值大于 0.05，即漓江流域上游月均径流量与月均气温没有显著相关性，与其他区域的研究结果（杨路 等，2016；朱颖洁 等，2010；徐宗学 等，2007）一致。

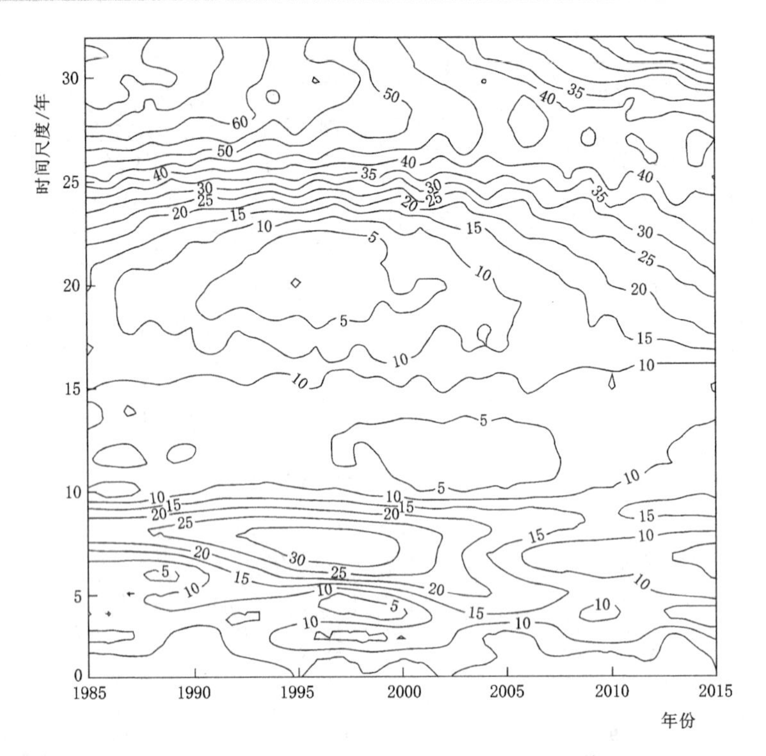

图 2-27　漓江流域上游径流的小波系数模等值线图

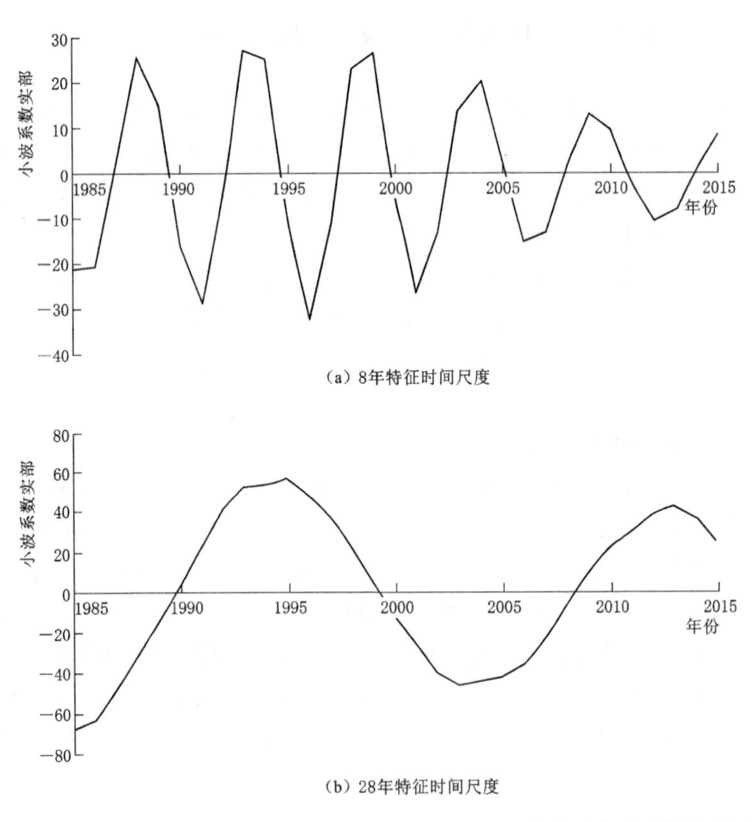

（a）8年特征时间尺度

（b）28年特征时间尺度

图 2-28　8 年和 28 年特征时间尺度漓江流域上游径流变化的小波系数实部过程线

表 2-6 展示了漓江流域上游月均径流量与月均相对湿度的相关性分析结果，相关系数 $r=0.765$，且 P 值即置信度在 0.01 水平（双侧）上显著相关，具有统计学意义，即表明漓江流域上游月均径流量与月均相对湿度呈正相关，且极为显著。

漓江流域上游径流量和气象因子 Pearson 相关性分析可知，漓江流域上游月均径流量与月均降雨量、月均相对湿度呈正相关，且极为显著，而与月均气温为不相关。

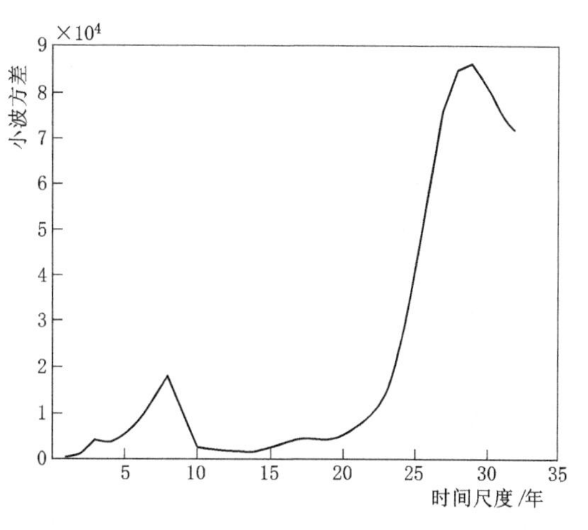

图 2-29 漓江流域上游径流的小波方差图

表 2-4 漓江流域上游月均径流量与月均降雨量的相关分析

项目		漓江流域上游月均径流量	气象站月均降雨量
月均径流量/(m^3/s)	Pearson 相关性	1	0.932**
	显著性（双侧）		0
月均降雨量/mm	Pearson 相关性	0.932**	1
	显著性（双侧）	0	

** 表示在 0.01 水平（双侧）上显著相关。

表 2-5 漓江流域上游月均径流量与月均气温的相关分析

项目		漓江流域上游月均径流量	月均气温/℃
月均径流量/(m^3/s)	Pearson 相关性	1	0.561
	显著性（双侧）		0.058
月均气温/℃	Pearson 相关性	0.561	1
	显著性（双侧）	0.058	

表 2-6 漓江流域上游月均径流量与月均相对湿度的相关分析

项目		漓江流域上游月均径流量	月均相对湿度
月均径流量/(m^3/s)	Pearson 相关性	1	0.765**
	显著性（双侧）		0.004
月均相对湿度/%	Pearson 相关性	0.765**	1
	显著性（双侧）	0.004	

** 表示在 0.01 水平（双侧）上显著相关。

2.3 典型水库入库径流变化分析

2.3.1 入库径流年内变化特征

基于 1958—1990 年青狮潭水库和金陵水库的入库径流资料和 1971—2012 年青狮潭水

库的入库径流，分析漓江上游大型水库（青狮潭水库）和中型（金陵水库）水库入库径流的变化规律及其发展趋势，为漓江上游水库水资源的开发利用和保护提供参考。

2.3.1.1　青狮潭水库入库径流的年内变化分析

青狮潭水库各月平均入库径流量占年入库径流总量的比例见表2-7，结果显示，青狮潭水库入库径流量主要集中分布在4—7月，占年径流总量的67.82%。青狮潭水库库区的暴雨比较集中，降雨量年内分配不均匀，且降雨径流是水库主要的水分来源，使得水库入库径流的年内分配不均。青狮潭水库最大入库径流发生在6月，最小入库径流出现在1月。

表2-7　　青狮潭水库各月平均入库径流占年径流总量的比例　　%

月份	1	2	3	4	5	6	7	8	9	10	11	12
青狮潭水库	2.02	3.69	5.81	13.71	18.81	20.51	14.79	8.79	4.02	2.63	3.15	2.07

青狮潭水库月均径流量、最小径流量、最大径流量的变差系数见表2-8。结果显示，近30年来漓江流域上游青狮潭水库的平均径流量在9月和11月的变化率较大，最小径流量变化较大，而最大径流量变化较为平稳。5—6月的最小径流量变化较小，该时段径流量变化稳定，利于水资源的利用；而7月和11月最小径流量、8—9月最大径流量变化较大，说明该段时间内径流分布不均匀，要加强水利调节，提高水资源利用效率。综上，漓江流域上游地区青狮潭水库的径流量年内变化较大。

表2-8　　青狮潭水库月径流量变差系数

月份	月均径流量/(m^3/s)			最小径流量/(m^3/s)		最大径流量/(m^3/s)	
	均值$\overline{R}$	均方差σ	变差系数C_V	均方差σ	变差系数C_V	均方差σ	变差系数C_V
1	6.27	4.04	0.64	3.50	0.56	3.38	0.54
2	11.46	7.28	0.64	5.31	0.46	4.49	0.39
3	18.04	10.34	0.57	5.54	0.31	10.34	0.57
4	42.59	18.51	0.43	18.47	0.43	9.32	0.22
5	58.46	24.62	0.42	6.92	0.12	18.65	0.32
6	63.73	28.98	0.45	8.08	0.13	23.49	0.37
7	45.96	34.71	0.76	32.65	0.71	24.48	0.53
8	27.31	21.13	0.77	15.00	0.55	20.55	0.75
9	12.49	10.76	0.86	2.96	0.24	10.62	0.85
10	8.18	5.55	0.68	4.82	0.59	3.96	0.48
11	9.79	8.49	0.87	6.54	0.67	5.78	0.59
12	6.45	4.55	0.71	3.97	0.62	3.43	0.53

图2-30和图2-31分别展示了青狮潭水库1991—2011年降雨量和出库水量的变化情况。由图可知，青狮潭水库的降雨量和出库水量的变化波动较大，变化趋势基本一致。其中1998年的降雨量出现了最高峰，而青狮潭水库的出库水量也达到最大值，说明青狮潭水库出库流量受到降雨量的影响较大。

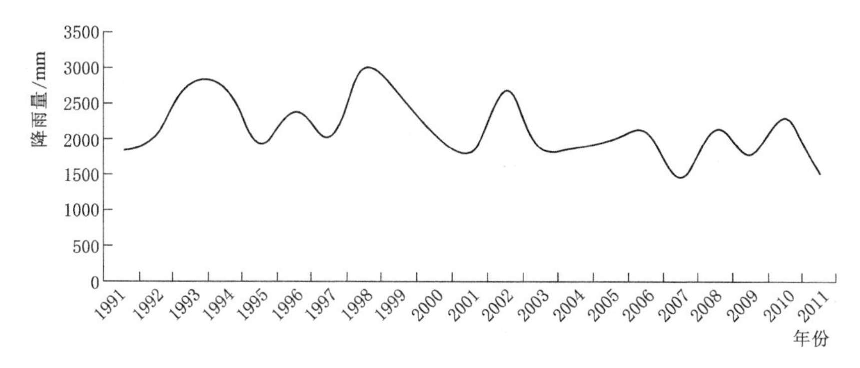

图 2-30　青狮潭水库降雨量变化

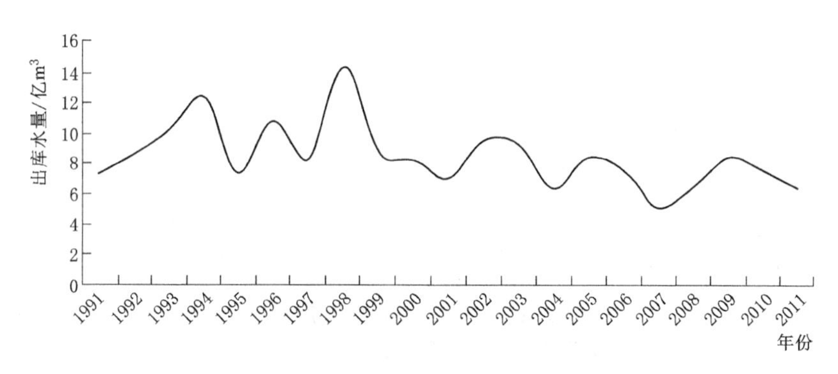

图 2-31　青狮潭水库出库水量变化

2.3.1.2　金陵水库入库径流年内变化分析

表 2-9 为金陵水库各年份月平均径流量占年径流总量的百分比，1958—1965 年月平均最大径流量出现在 4 月，其他年份月平均最大径流量均出现在 5 月或 6 月，5 月和 6 月径流量之和占年径流总量的 33.79%～43.66%；月平均最小径流量出现在 1 月或 12 月，1 月和 12 月的径流量之和占年径流总量的 2.55%～7.05%。

表 2-9　金陵水库各年份月平均径流量占年径流总量的百分比　%

年份	月份											
	1	2	3	4	5	6	7	8	9	10	11	12
1958—1965	3.42	5.74	8.18	17.61	16.96	16.83	8.65	7.98	3.83	2.56	4.61	3.63
1966—1973	2.82	3.36	5.66	13.9	16.70	19.13	16.08	9.86	4.13	3.20	2.66	2.45
1974—1981	1.29	2.75	4.28	14.83	23.22	20.44	17.81	7.09	2.87	2.04	2.11	1.26
1982—1990	1.80	5.15	6.63	9.58	18.47	24.35	11.88	9.36	5.43	2.06	3.59	1.70

图 2-32 显示金陵水库各年径流年内分配曲线变化规律基本相同，径流主要集中在 5 月、6 月，年内分配极不均匀，丰枯季节变化较明显。除 1958—1965 年外，金陵水库各年份径流年内均呈不对称的单峰型分布，其中 10 月至次年 1 月的径流相对较小，且变化平缓，4 月径流开始增加，至 5 月、6 月达到峰值。

表 2-10 显示近 30 年来漓江流域上游金陵水库的平均径流量在 9 月和 11 月的变化率较大，与青狮潭水库一致，最大径流量变化较大，而最小径流量变化较为平稳。6 月最小

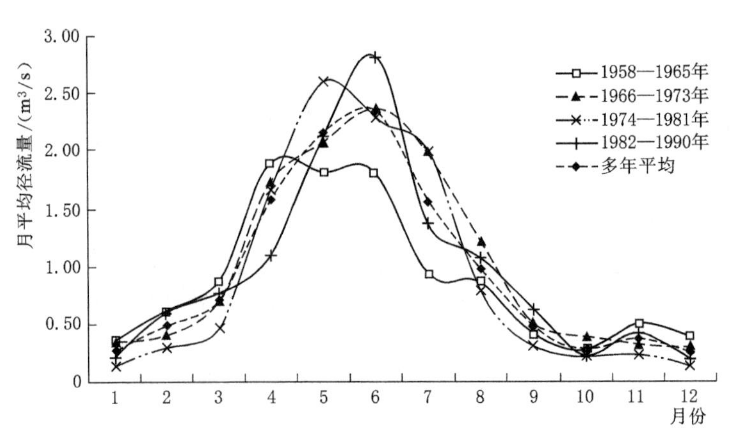

图 2-32　金陵水库各年径流量年内分配曲线

径流量变化较小，说明该时期径流量变化较稳定，利于水资源的利用；而在 7 月、8 月和 11 月变化较大，该时期需加强水利调节。最大径流量在 8—9 月变化比较大，与青狮潭水库的情况一致，说明该期间年内径流分布不均匀，不利于水资源开发利用，需要加大水利调节力度。综上，漓江流域上游地区金陵水库的年内径流量变化较大。

表 2-10　　金陵水库月径流量变差系数

月份	平均径流量/(m^3/s)			最小径流量/(m^3/s)		最大径流量/(m^3/s)	
	均值 $\overline{R}$	均方差 σ	变差系数 C_V	均方差 σ	变差系数 C_V	均方差 σ	变差系数 C_V
1	0.27	0.22	0.84	0.15	0.56	0.14	0.54
2	0.49	0.36	0.74	0.24	0.50	0.23	0.48
3	0.71	0.47	0.67	0.38	0.54	0.47	0.67
4	1.58	0.78	0.50	0.78	0.49	0.72	0.45
5	2.15	0.97	0.45	0.87	0.40	0.73	0.34
6	2.33	1.19	0.51	0.57	0.24	0.75	0.32
7	1.56	1.33	0.85	1.25	0.80	0.95	0.61
8	0.99	0.88	0.89	0.87	0.88	0.86	0.86
9	0.47	0.49	1.03	0.24	0.51	0.93	1.96
10	0.28	0.19	0.67	0.19	0.66	0.14	0.50
11	0.37	0.33	0.90	0.33	0.89	0.22	0.59
12	0.26	0.18	0.69	0.17	0.67	0.10	0.37

径流演变及其变化特征反映了人类活动和气候变化对水资源的影响（刘二佳 等，2013），漓江是雨源性河流，在稳定的下垫面条件下，降雨量的大小影响着漓江上游径流的丰枯。随着社会经济的快速发展，需水量越来越大，供需矛盾日益突出，所以对水资源进行合理的调配和利用显得越来越重要。

2.3.2 入库径流年际变化分析

2.3.2.1 年际变化特征

表 2-11 展示了青狮潭水库 1958—1995 年的全年、雨期、洪水期和枯水期的入库径流的年际变化特征。由表可知：①洪水期（5—7 月）的 C_V 值最大为 0.35；枯水期（1—3 月，9—12 月）和雨期（4—8 月）的 C_V 值为 0.29 和 0.25；C_V 值最小的是全年径流；②C_V 值大的入库径流量年际极值比亦大；③洪水期径流的年际变化最为剧烈，枯水期和雨期径流的年际变化次之，而年径流的年际变化最为平缓。

表 2-11　　1958—1995 年青狮潭水库入库径流年际变化　　单位：m^3/s

项　　目	实测最大值		实测最小值		年际极值比	C_V
	最大值	年份	最小值	年份		
全年径流	483.72	1970	212.08	1963	2.28	0.20
雨期（4—8 月）径流	411.34	1970	142.85	1963	2.88	0.25
洪水期（5—7 月）径流	343.10	1970	69.86	1965	4.91	0.35
枯水期（1—3 月，9—12 月）径流	117.82	1959	35.91	1974	3.28	0.29

2.3.2.2 年际变化趋势

年际距平百分率 P 可以反映入库径流的年际波动情况。青狮潭水库全年、雨期、洪水期、枯水期的入库径流量年际变化距平图见图 2-33。由图 2-23 可以看出：

（1）1958—1995 年全年、洪水期、雨期和枯水期径流量总体上呈现上升趋势，其线性趋势线斜率分别为 0.1336、0.6333、0.152 和 0.0733。

（2）洪水期和雨期径流量的年际波动性较大。洪水期的径流量在 1970 年达到最大值，1963—1967 年呈波动性下降，均低于序列平均水平，1993 年出现一次较大的洪水。雨期径流也是在 1970 年达到最大值，其变化趋势和洪水期一致。

（3）全年径流量的年际波动性次之。全年径流量在 1970 年达到了最大值，1970 年前后总体上呈现上升-下降交替的趋势。

（4）枯水期径流量的年际波动性最小，在 1974 年达到最小值。

青狮潭水库 1958—1995 年全年、雨期、洪水期和枯水期径流量的 Kendall 秩次相关计算结果见表 2-12，可以看出：①Kendall 秩次相关法计算的入库径流量变化趋势与距平百分率法结果一致，且 Kendall 秩次相关法以定量化指标 Z 反映了青狮潭水库全年、雨期、洪水期和枯水期径流量变化趋势的显著性程度；②全年、雨期、洪水期和枯水期径流量的 $|Z|$ 均小于 1.96，且 Z 值都大于零，表明年际间径流上升趋势不明显。

表 2-12　　1958—1995 年青狮潭水库入库径流变化趋势

项　　目	Kendall 秩次相关法			距平百分率法
	Z	趋势	显著性	
全年径流	0.214	上升	不显著	上升
雨期（4—8 月）径流	0.264	上升	不显著	上升
洪水期（5—7 月）径流	1.270	上升	不显著	上升
枯水期（1—3 月，9—12 月）径流	0.289	上升	不显著	上升

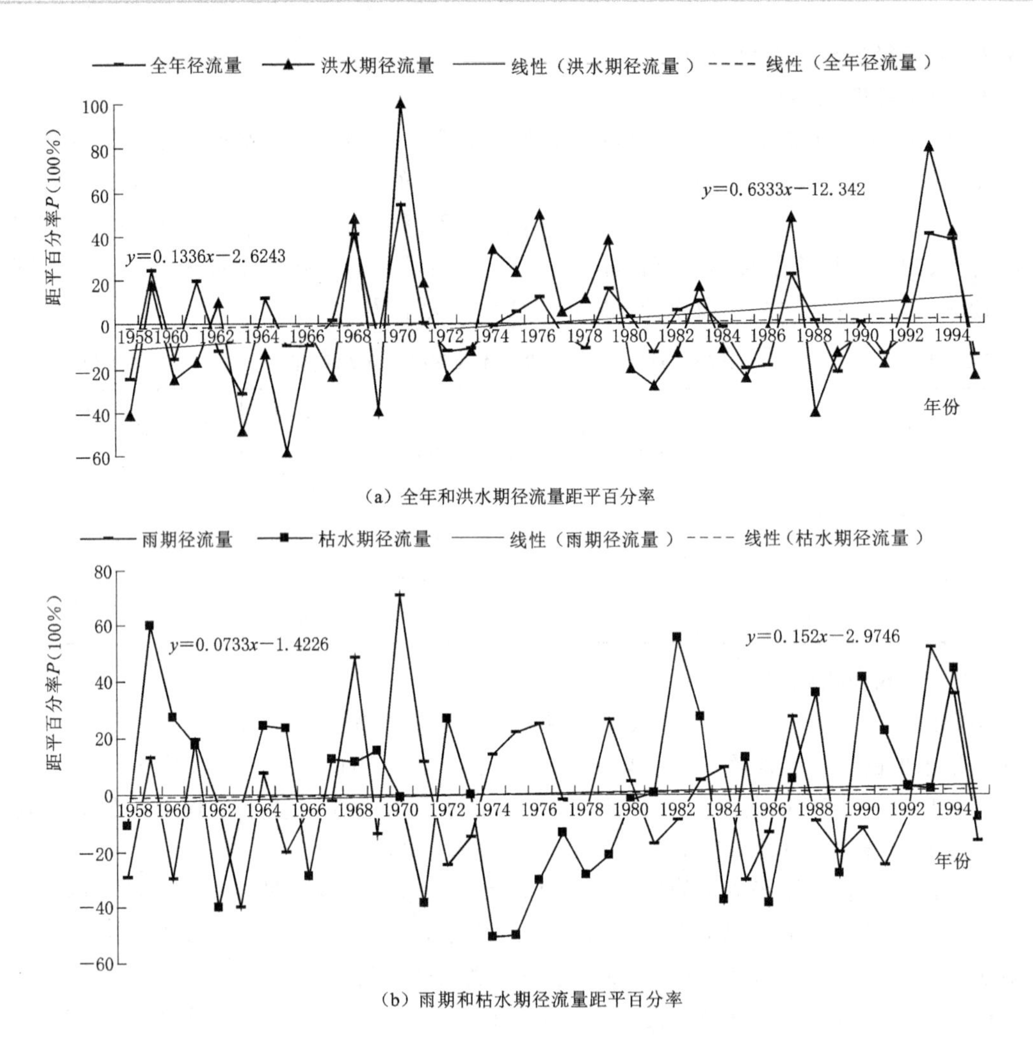

（a）全年和洪水期径流量距平百分率

（b）雨期和枯水期径流量距平百分率

图 2-33　1958—1995 年青狮潭水库入库径流量距平百分率

青狮潭水库和金陵水库入库径流量的线性分析图（图 2-34）显示青狮潭水库和金陵水库年平均流量在增加和减少中相互交替，总体有下降的趋势。青狮潭水库年径流量在 1966—1971 年，平均流量变幅较大，并呈增长趋势；在 1972—1981 年，平均流量的变幅较平缓；在 1986—1989 年，递增趋势显著。金陵水库的年平均径流量在 1961—1966 年，呈递减趋势；在 1967—1971 年，变幅较大，呈递增趋势；其余部分幅度波动较小。

图 2-35 为 1971—2012 年青狮潭水库入库径流线性分析图。由图 2-35 可知，水库入库径流基本处于稳定阶段。1991 年之前径流的幅度波动较小；1991—2003 年径流基本高于均值，且幅度波动较大，在 1998 年幅度波动达最高值；在 2003 年之后，径流基本低于均值。

图 2-36 为青狮潭水库降雨量线性分析图，由图 2-36 可知，降雨量总体呈下降趋势。2003 年之前，各年降雨量基本高于降雨均值，且降雨量的幅度波动较大；2003 年之后，

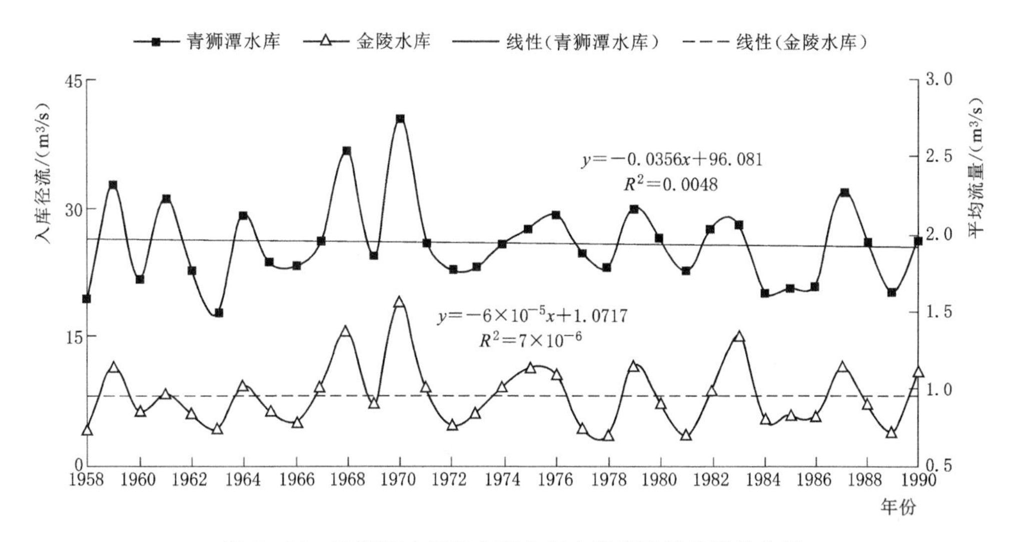

图 2-34 青狮潭水库和金陵水库入库径流量的线性分析

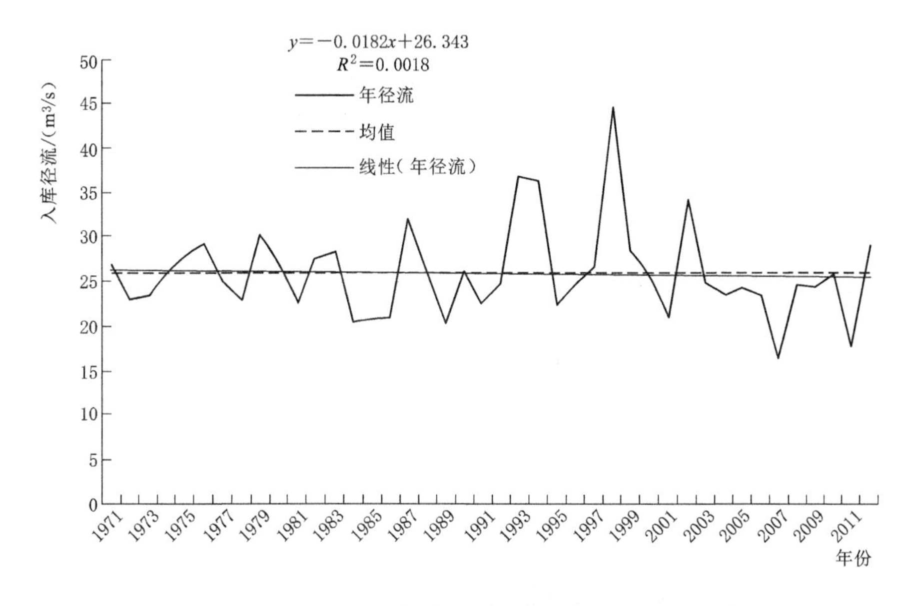

图 2-35 1971—2012 年青狮潭水库入库径流的线性分析

各年降雨量基本低于降雨均值，2007 年左右还出现了降雨量最低值。图 2-37 为青狮潭水库出库水量线性分析图，由图 2-37 可知，青狮潭水库出库水量呈明显下降趋势。青狮潭水库出库水量在 1998 年出现最高峰；1999 年之前，出库水量基本高于均值；1999 年之后，其出库水量基本低于均值；在 2007 年出现了低谷。青狮潭水库出库水量与降雨量变化趋势基本一致。

对青狮潭水库和金陵水库 1958—1990 年的入库径流分别做 5 年滑动平均，如图 2-38 和图 2-39 所示。

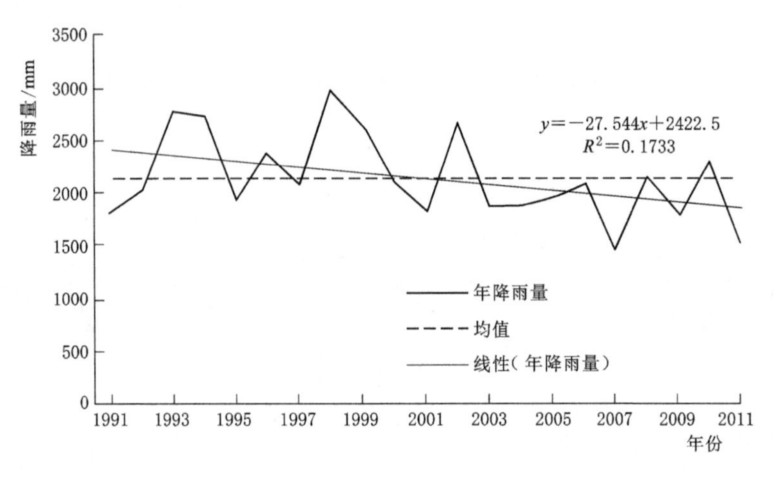

图2-36 青狮潭水库降雨量线性分析

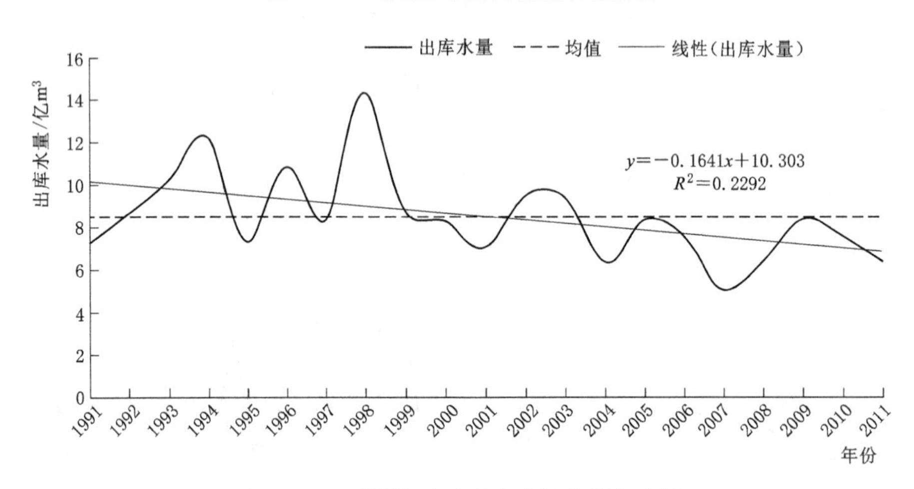

图2-37 青狮潭水库出库水量的线性分析

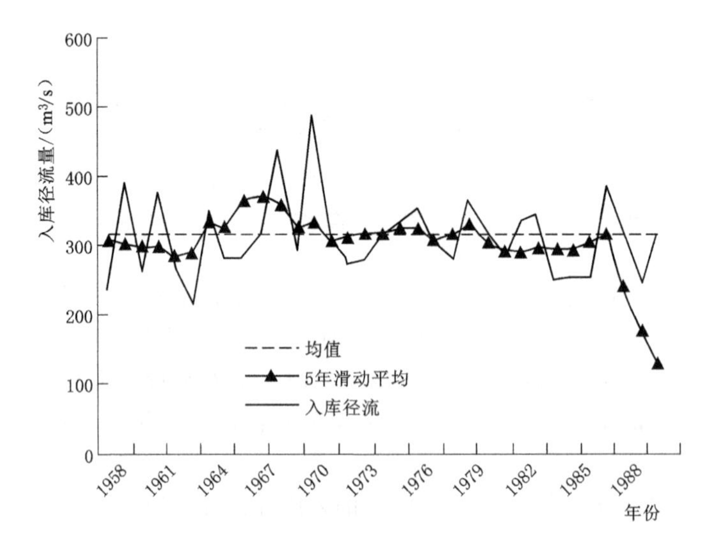

图2-38 青狮潭水库入库径流量5年滑动平均曲线

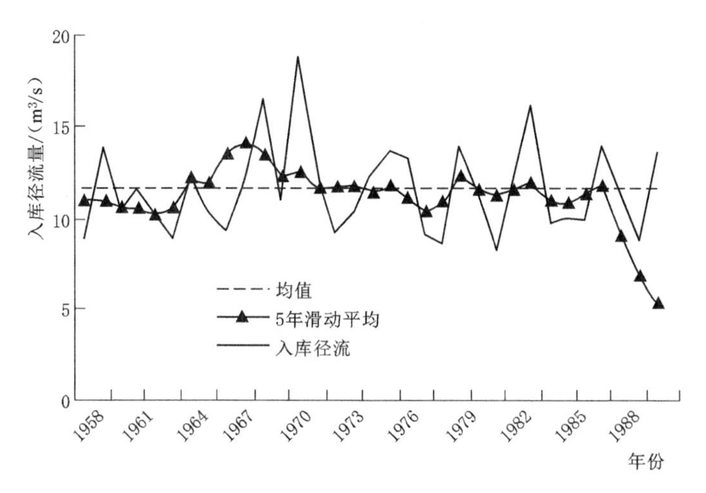

图 2-39 金陵水库入库径流量 5 年滑动平均曲线

由青狮潭水库入库径流量 5 年滑动平均曲线图（图 2-38）可知，1958—1963 年青狮潭水库径流低于多年均值；1964—1971 年径流基本高于多年均值；1972—1983 年径流在多年均值上下浮动；1984—1990 年入库径流低于多年平均值，且呈下降的趋势。综上，青狮潭水库入库径流大致经历了枯→丰→枯的循环。

金陵水库入库径流量 5 年滑动平均曲线图（图 2-39）显示，1958—1963 年金陵水库径流高于多年均值；1964—1971 年径流基本低于多年均值；1972—1979 年径流在多年均值上下浮动；1980—1990 年径流高于多年均值，但有明显下降的趋势。金陵水库年均入库径流大致经历了枯→丰→枯的循环，与青狮潭年均入库径流 5 年滑动平均曲线趋势变化基本一致。

青狮潭水库 1971—2012 年入库径流的 5 年滑动平均曲线图（图 2-40）显示，1971—1989 年青狮潭水库入库径流低于多年均值；1990—2003 年入库径流基本高于均值，但变幅较大；2004—2011 年青狮潭水库径流低于多年均值，呈下降趋势。青狮潭水库入库径流大致经历了枯→丰→枯的循环。

青狮潭水库降雨量 3 年滑动平均曲线图（图 2-41）显示，1991—2000 年青狮潭水库降雨量高于多年均值；2000 年之后降雨量基本低于均值，且下降趋势明显。图 2-42 为青狮潭水库出库水量 3 年滑动平均曲线图，由图可知 2000 年之后出库水量基本低于均值，2000 年以前基本高于均值。青狮潭水库的降雨量与出库水量都呈明显的下降趋势。

2.3.3 基于小波分析的水库入库径流变化分析

2.3.3.1 青狮潭水库入库径流变化

1. 入库径流变化的趋势分析

1958—2011 年青狮潭水库入库径流变化过程如图 2-43 所示。1959—1965 年入库径流基本低于多年均值，该段时间入库径流总体处于枯水期；1966—1971 年的入库径流基本高于多年均值，处于丰水期；1976—1992 年入库径流基本低于多年均值，且有小幅震荡，说明该段时间处于枯水期；而 1993—2003 年入库径流逐渐上升，处于丰水期；2004—2011 年入库径流低于多年均值，处于枯水期。可以看出，青狮潭水库 1958—2011

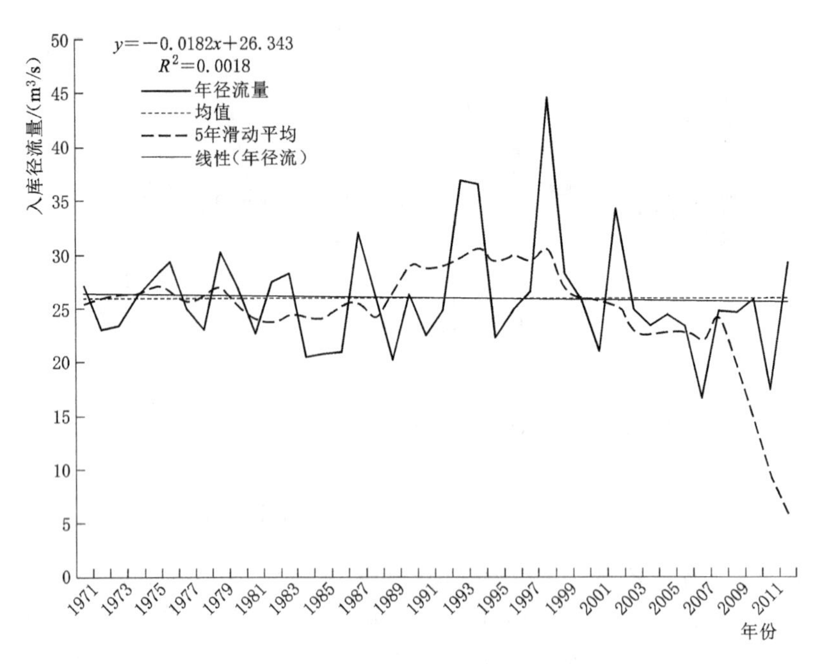

图 2-40　1971—2012 年青狮潭水库入库径流量的 5 年滑动平均曲线

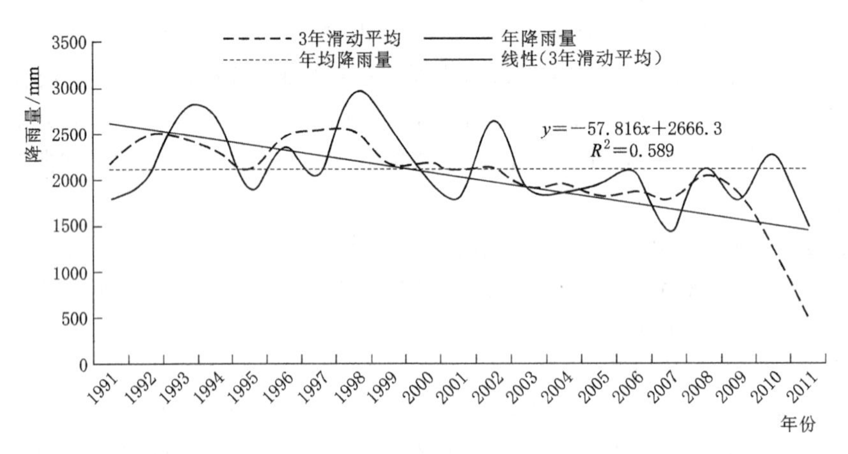

图 2-41　青狮潭水库降雨量 3 年滑动平均曲线

年入库径流量大致经历了枯→丰→枯→丰→枯的循环。

2. 入库径流变化的小波分析

为更好地反映系数的波动细节，对青狮潭水库 1958—2011 年入库径流时间序列进行距平处理。用 Morlet 小波（王红瑞 等，2006）对青狮潭水库入库径流距平序列进行连续小波变换，进而绘制青狮潭水库入库径流距平序列的小波系数的模平方和实部的等值线图（图 2-44）。

(1) 入库径流小波系数模平方时频变化分析。图 2-44 (a) 为青狮潭水库入库径流距平序列的小波系数的模平方等值线图，可看出时域中各时间尺度的强弱分布情况：32 年以上时间尺度能量非常强；22～32 年时间尺度能量也十分强，周期显著，主要发生在

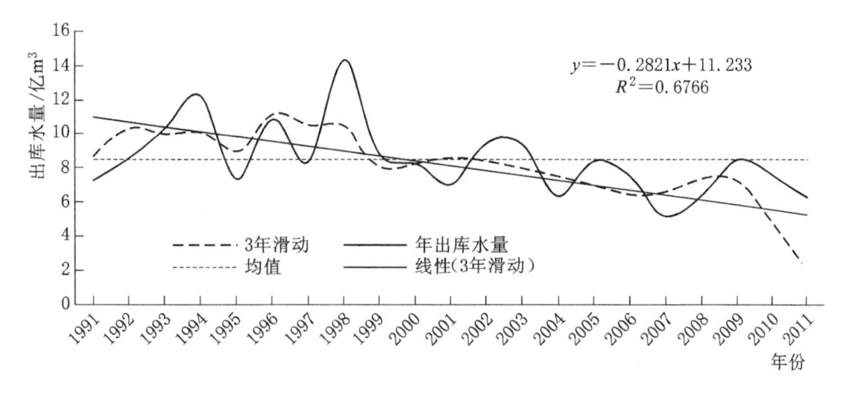

图 2-42 青狮潭水库出库水量 3 年滑动平均曲线

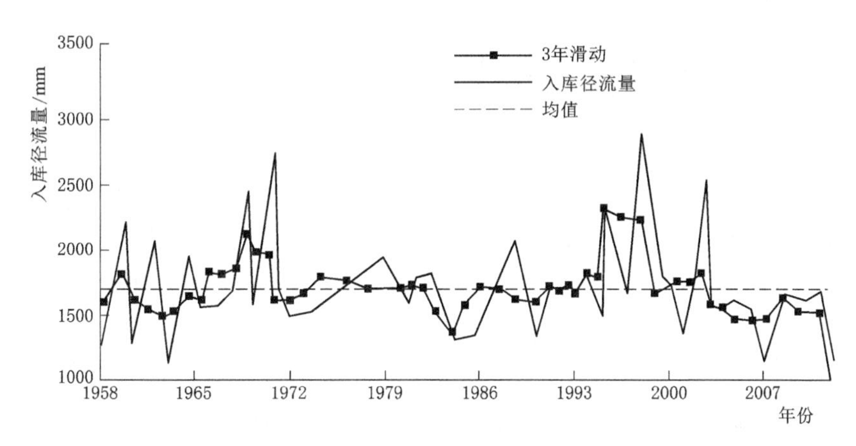

图 2-43 青狮潭水库入库径流变化过程线

1964—1982 年，振荡中心在 1973 年左右；15～20 年时间尺度较强，主要发生在 1980—1993 年，振荡中心在 1987 年；10 年左右时间尺度在 20 世纪 70 年代初—90 年代初中较突出；其次，2～5 年时间尺度在 1965—1973 年也有表现，其余的表现则较弱。

（2）入库径流小波系数实部时频变化分析。图 2-44（b）是青狮潭水库入库径流距平序列的小波系数的实部等值线图，由图可知不同时间尺度下入库径流序列变化周期及其在时域中的分布情况，还可以进一步判断不同时间尺度入库径流未来变化趋势。图中实线是小波变换系数正值等值线，代表丰水期；虚线是小波变换系数负值等值线，代表枯水期。图 2-44（b）反映了在不同时间尺度下青狮潭水库入库径流随时间丰、枯交替变化的特征及其突变点的分布。其中 8 年、15 年、22 年及 32 年左右时间尺度的丰、枯交替变化特征比较清晰，其突变点的分布规律较明显。而入库径流在小于 8 年左右时间尺度下，波动变化较快，且突变点的分布较散乱，这说明在小尺度周期下，青狮潭水库入库径流的波动频繁，振荡行为较明显。小波变换系数实部的变化过程线可以进一步分析入库径流的波动特征，在图 2-44（b）上取几个固定的时间尺度 a 值（取 $a=8$，$a=15$，$a=22$，$a=32$；单位：年），作其变化过程线，如图 2-45 所示。

图 2-45（a）显示了 8 年时间尺度的小波系数变换过程，可看出青狮潭水库入库径流丰枯变化比较剧烈，波幅相位变化较大。整个时域入库径流经历大约 9 个周期变化。根据

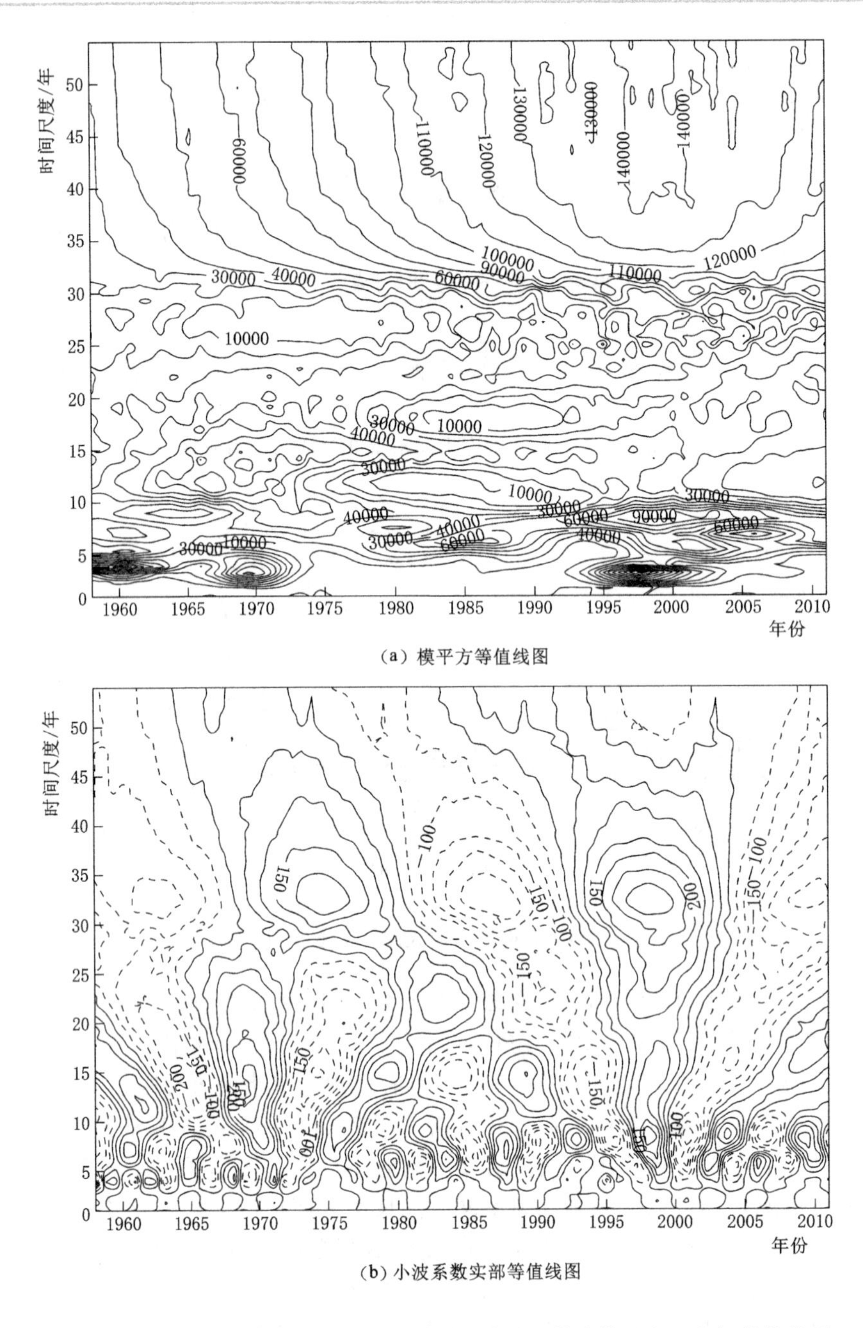

图 2-44　青狮潭水库入库径流距平序列的小波系数的模平方和实部等值线图

该尺度下的小波变换过程线，2011 年以后入库径流的变化仍处于枯水高峰期时段的前期，水量有减少的趋势。

图 2-45（b）显示了 15 年时间尺度的小波系数变换过程，可看出青狮潭水库入库径流量偏丰期为：1958—1962 年，1967—1972 年，1977—1982 年，1986—1991 年，1996—2001 年，2006—2011 年；偏枯期为：1963—1966 年，1973—1976 年，1983—1985 年，1992—1995 年，2002—2005 年；突变点在 1962 年、1967 年、1972 年、1977 年、1982

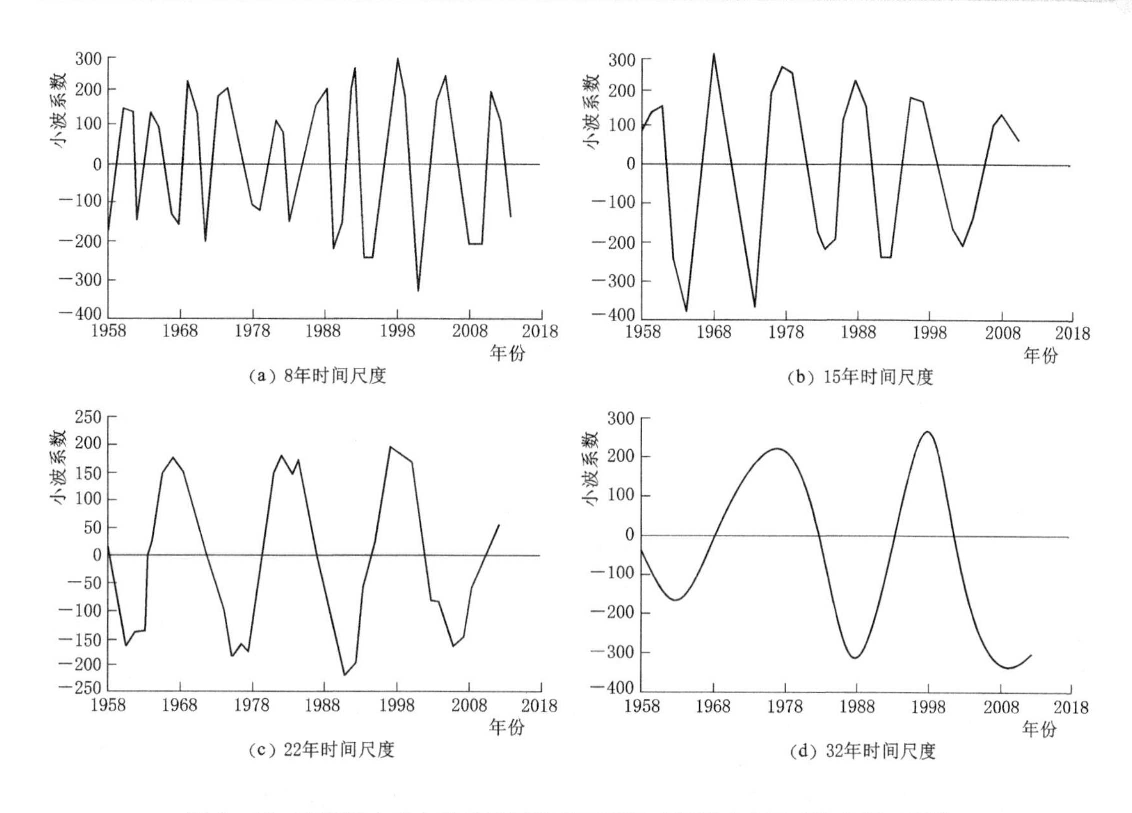

图 2-45 青狮潭水库入库径流距平系列不同时间尺度小波系数实部过程线

年、1986 年、1991 年、1996 年、2001 年和 2006 年。整个时域，入库径流波动大约经历了 5 个周期变化，除了波幅较大，入库径流基本以 15 年为周期变化。根据该过程线的波动情况，2011 年以后入库径流已处于偏丰期的后期，随着时间的推移，有转向水量减少的趋势。

图 2-45（c）显示了 22 年时间尺度的小波系数变换过程，可看出青狮潭水库入库径流量偏丰期为：1965—1972 年，1980—1987 年，1994—2002 年；偏枯期为：1958—1964 年，1973—1979 年，1988—1993 年，2003—2010 年；其突变点在 1958 年、1965 年、1972 年、1980 年、1987 年、1994 年、2002 年和 2010 年。从图 2-45（c）可看出，入库径流波动经历大约 3 个周期的变化，除了波幅有偏差，入库径流基本以 22 年为周期变化。根据过程线的波动情况，2011 年以后入库径流仍处于偏丰期，水量有转向增加的趋势。

图 2-45（d）显示了 32 年时间尺度的小波系数变换过程，可看出青狮潭水库入库径流量偏丰期为：1969—1979 年，1993—2003 年；偏枯期为：1958—1968 年，1980—1992 年，2004—2011 年；其突变点在 1968 年、1980 年、1992 年和 2004 年。从图 2-45（d）可看出入库径流波动经历大约 2 个周期的变化，波幅的幅度基本一致，入库径流基本以 32 年周期变化。根据过程线的波动情况，2011 年以后入库径流处于偏枯期的后期，水量有转向增加的趋势。

综合分析结果，时间尺度越小，局部特性使入库径流量的丰枯变化趋势更剧烈，随着时间尺度增大，丰枯交替趋势越稳定，如图 2-45（d）32 年时间尺度小波系数变换过程基本趋于稳定，主导着青狮潭水库入库径流丰枯变化趋势；在32年尺度下，入库径流经历了枯→丰→枯→丰→枯的变化，与入库径流趋势分析结果一致。入库径流丰枯阶段在不同时间尺度下有所区别：以8年、15年时间尺度看，青狮潭水库入库径流已进入枯水期，有转向水量减少的趋势；以22年时间尺度看，入库径流处于偏丰期，而以32年时间尺度看，入库径流处于偏枯期后期，但在这两个时间尺度下，有转向水量增加的趋势。

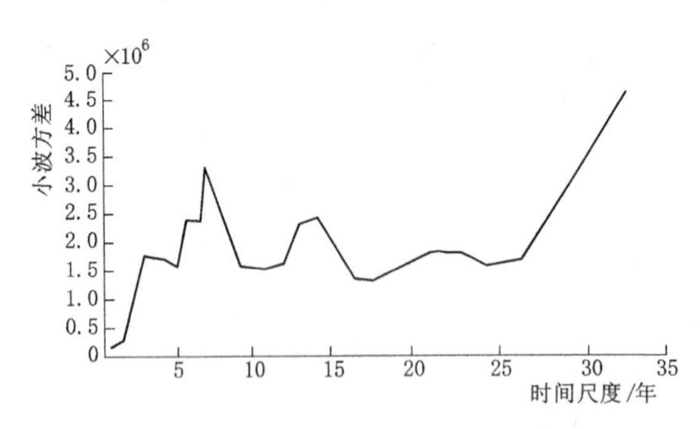

图2-46　青狮潭水库入库径流小波方差图

（3）入库径流主要周期分析。径流时间序列具有多时间尺度的特性，不同的时间尺度对应着不同的周期变化特性。为进一步研究青狮潭水库入库径流量变化规律，通过青狮潭水库入库径流距平时间序列的小波变换方差，绘制小波方差图，如图2-46所示。

小波方差反映了波动能量随时间尺度的分布，小波方差图可以确定入库径流距平序列中不同时间尺度的波动相对强度和主要时间尺度。由图2-46可知，在青狮潭水库入库径流距平序列中，8年、15年、22年和32年时间尺度的小波方差极值较其他周期更为显著，说明青狮潭水库入库径流序列主要存在8年、15年、22年和32年的周期变化，这几个主周期决定了青狮潭水库入库径流变化特征，特别是32年周期，主导着青狮潭水库入库径流丰枯变化趋势。

2.3.3.2　青狮潭水库和金陵水库入库径流的对比分析

1. 小波变换模方等值线图分析

1958—1990年青狮潭和金陵水库的入库径流按照小波分析方法的要求标准化处理后，再用Morlet小波进行变换，绘制入库径流小波变换模方等值线图（图2-47和图2-48）。

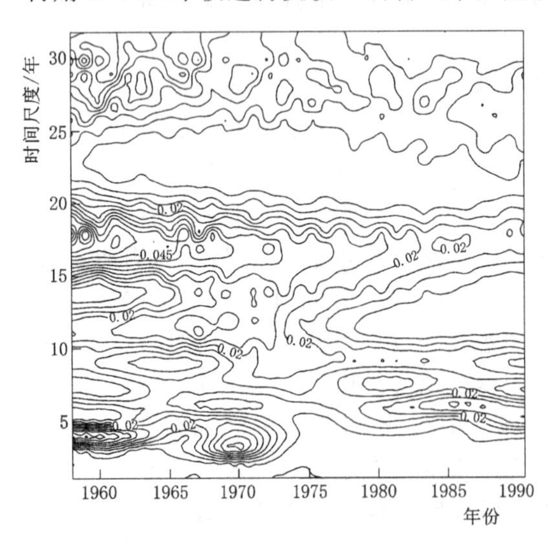

图2-47　青狮潭水库标准化入库径流小波变换模方等值线图

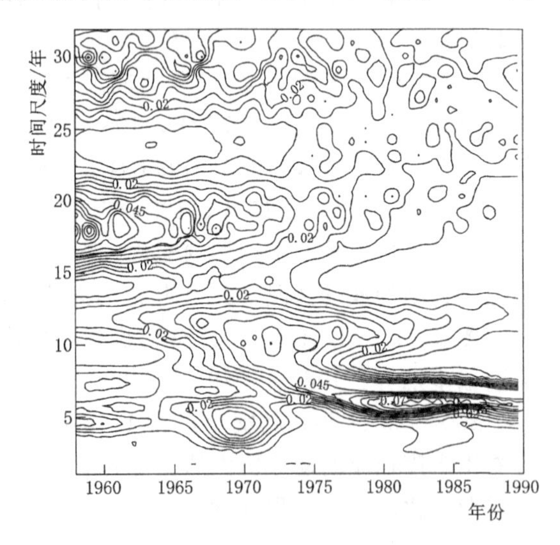

图2-48　金陵水库标准化入库径流小波变换模方等值线图

图 2-47 表明，青狮潭水库入库径流在 15～21 年的时间尺度上非常强，主要发生在 1960—1980 年；8～11 年的时间尺度变化相对较强；3～5 年时间尺度在 1958—1964 年和 1965—1975 年两个时间段较突出。

图 2-48 表明，金陵水库入库径流在 22～26 年的时间尺度上变化非常强，主要发生在 1958—1969 年；15～20 年时间尺度的变化较强；6～9 年时间尺度的变化在 1976—1989 年比较突出；4～5 年时间尺度的变化在 1965—1974 年也有表现。

2. 小波变换系数实部特征分析

青狮潭和金陵水库入库径流的小波系数实部等值线图见图 2-49。图中的实线表示实部为正的小波系数，代表径流的丰水期；虚线表示实部为负的小波系数，代表径流的枯水期。结果显示，3～5 年、9～11 年和 16～19 年的时间尺度上青狮潭入库径流的丰、枯变化表现得比较明显 [图 2-49 (a)]。5～7 年、10～12 年和 18～21 年的时间尺度上金陵水库入库径流的丰、枯变化特征比较清晰 [图 2-49 (b)]。

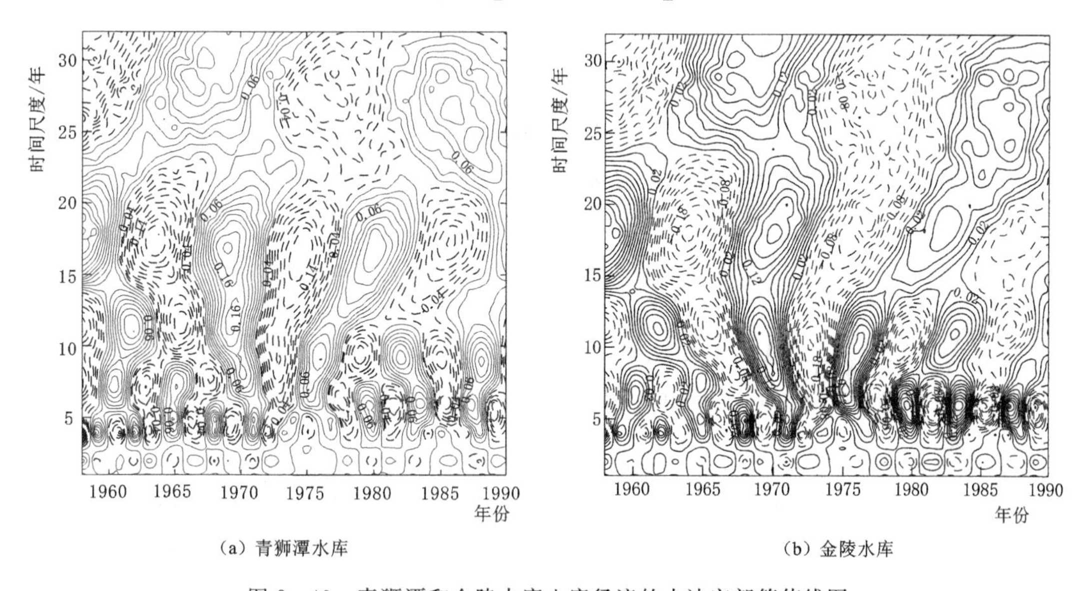

(a) 青狮潭水库

(b) 金陵水库

图 2-49 青狮潭和金陵水库入库径流的小波实部等值线图

选取几个固定时间尺度，绘制小波系数实部的变化过程线（图 2-50、图 2-51），更深入反映入库径流的尺度波动特征。

图 2-50 显示，时间尺度为 4 年时，青狮潭水库入库径流的丰枯变化比较剧烈，经历了一系列丰、枯交替变化过程；时间尺度为 10 年时，青狮潭水库入库径流振幅变化较小；时间尺度为 17 年时，青狮潭水库入库径流大约经历了丰→枯→丰→枯→丰→枯的交替变化过程，振幅变化不大。

由图 2-51 所示，时间尺度为 6 年的金陵水库入库径流小波系数实部变化过程，其振幅变化较大，入库径流丰枯变化较剧烈；时间尺度为 11 年和 19 年的变化过程，金陵水库入库径流振幅变化均较小。

以上分析结果显示，大型水库青狮潭水库和中型水库金陵水库的入库径流具有不同的主周期。计算数据显示，小的时间尺度上入库径流的丰枯变化趋势更加剧烈。

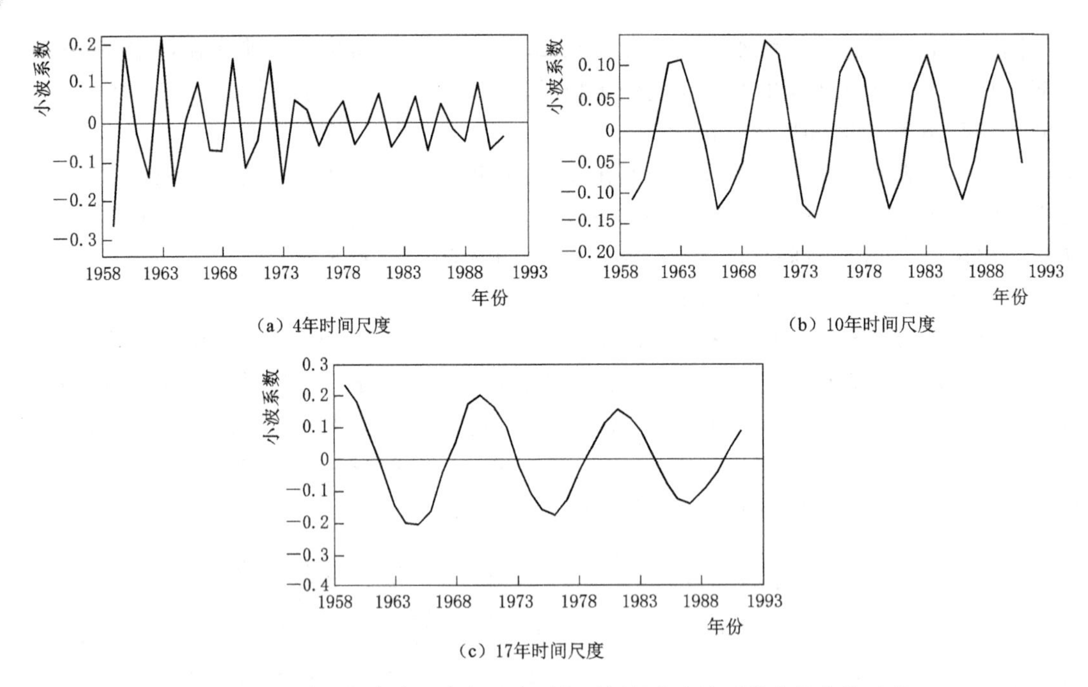

图 2-50　青狮潭水库入库径流序列各时间尺度小波系数实部变化过程

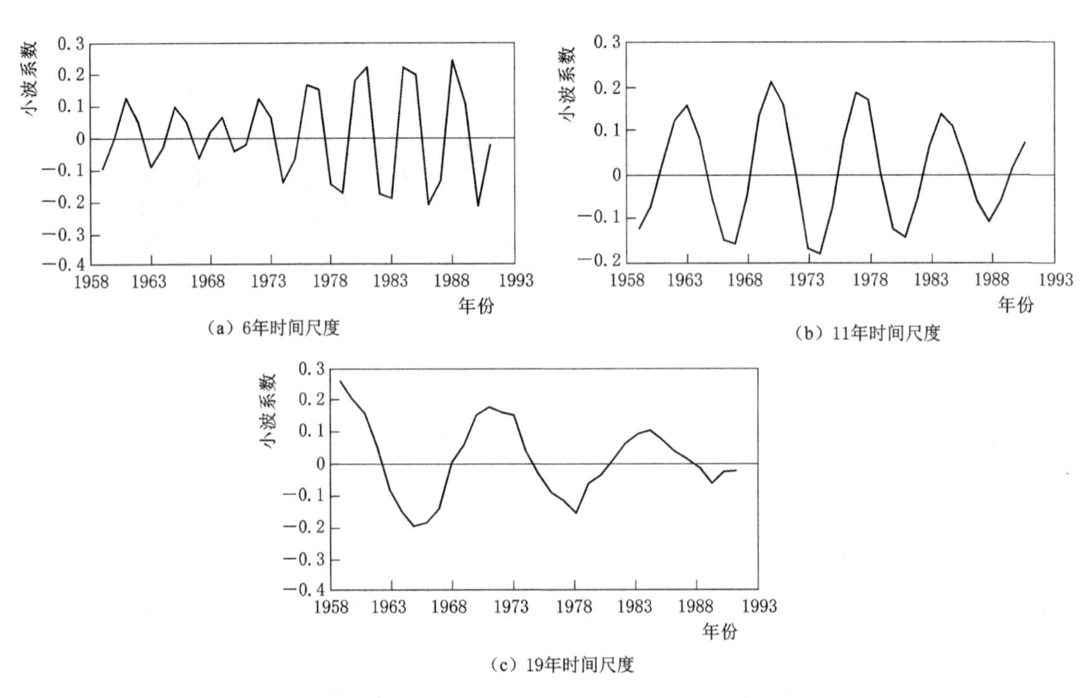

图 2-51　金陵水库入库径流序列各时间尺度小波系数实部变化过程

3. 入库径流变化的主要周期分析

两个水库入库径流的小波方差图见图 2-52。青狮潭水库入库径流的小波方差随时间尺度变化在 4 年和 17 年左右有 2 个明显的峰值，它们在相应时间尺度下振荡强烈，而在

10年左右时间尺度的振荡较弱。金陵水库入库径流的小波方差随时间尺度变化在6年、11年和19年左右有3个明显的峰值。

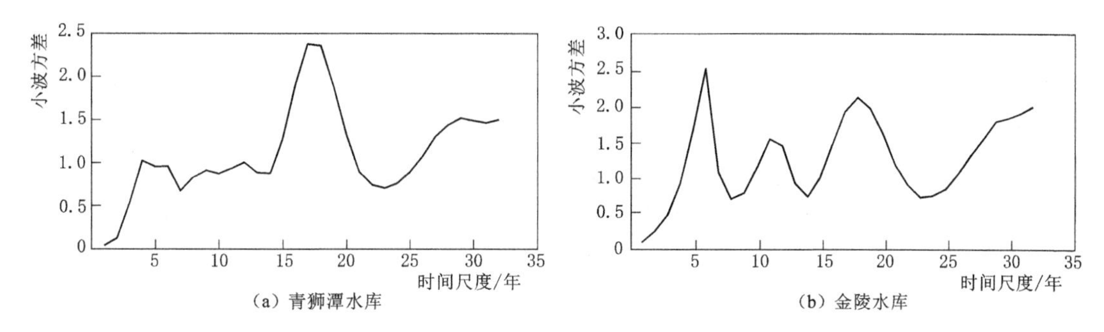

图2-52 青狮潭水库和金陵水库入库径流小波方差图

2.4 入库径流成分划分及其变化分析

为进一步探究青狮潭水库（大型）和金陵水库（中型）入库径流变化原因，以两水库1958—1990年的月入库径流为基础，采用数字滤波技术进行基流分割，获取月地表径流和基流，进而求和获取年序列值，然后分析其地表径流和基流年际变化特征及变化趋势，以期为库区水文预报、入库径流预测等提供参考依据。

基流分割的方法较多，传统的方法有图解法（McNamara et al.，1997）和分析法（Birtles，1978）等。近年来，数字滤波法成为国际上研究较多的基流分割方法之一。数字滤波技术最初应用于数字信号分析与处理的领域中，它将高频信号从低频信号中分离出来。数字滤波法用于基流分割是将总径流直接划分为地表径流（直接径流）和地下径流（基流）两部分。降落在地面的降雨（灌溉水量）扣除蒸发、渗入地下、填充洼地以后形成径流，沿地面流动的水量形成地表径流，其余径流量称为基流。通常使用的数字滤波是由Lyne和Hollick于1979年（Lyne and Holick，1979）提出，其滤波方程为

$$q_t=\beta q_{t-1}+(1+\beta)(Q_t-Q_{t-1})/2 \tag{2-5}$$

式中：q_t为t时段内过滤后的地表径流量（快速响应流）；Q_t为实测总径流量；β为滤波参数。

已知总径流量Q_t和地表径流量q_t，即可得出基流b_t：

$$b_t=Q_t-q_t \tag{2-6}$$

Nathan和McMahon采用三通道滤波器，将模拟结果与手工分割的结果进行对比研究，率定出β值，分别定为0.90～0.95和0.925（Nathan and McMahon，1990）。基于滤波技术的bflow.exe基流分割程序（Baseflow filter program，2006）操作容易，执行速度快，且参数较少。

2.4.1　月入库径流总量的基流分割

1958—1990 年青狮潭水库和金陵水库入库总径流量年际变化特征和变化趋势见表 2-13，青狮潭水库和金陵水库的变差系数（C_V）和年际极值比（K_m）的数值不大，年际变化较平缓；线性趋势线法和 Kendall 秩次相关法分析表明，两水库入库径流总量均有下降趋势，Kendall 秩次相关系数 Z 值的绝对值都小于 1.96，说明下降趋势不显著，说明青狮潭水库和金陵水库入库总径流量年际变化特征和变化趋势一致。

表 2-13　　1958—1990 年青狮潭水库和金陵水库入库总径流量年际变化

水　库	年际变化特征值		线性趋势线变化趋势	Kendall 秩次相关法变化趋势		
	K_m	C_V		Z	趋势	显著性（α=0.05）
青狮潭水库	2.28	0.19	下降	−0.186	下降	不显著
金陵水库	2.28	0.22	下降	−0.124	下降	不显著

采用数字滤波 3 个通道滤波器分割的青狮潭水库和金陵水库基流指数见表 2-14。

表 2-14　　入库径流的 3 个通道滤波器分割的基流指数

水　库	基流指数 F_{r1}	基流指数 F_{r2}	基流指数 F_{r3}
青狮潭水库	0.34	0.20	0.15
金陵水库	0.33	0.18	0.14

相关研究结果表明，青狮潭站 1960—1996 年地表径流系数均值为 70%，青狮潭水库下游桂林至阳朔区间地下径流量占 27%（广西壮族自治区水文总站，1990），进而结合青狮潭水库和金陵水库库区的水文、地质条件，本书选取与现有研究成果比较接近的 F_{r1} 作为基流指数，进行基流和地表径流计算，然后求和获取基流和地表径流年序列值。

2.4.2　入库地表径流和基流年际变化

青狮潭水库和金陵水库 1958—1990 年地表径流量和基流年际变化特征见表 2-15，青狮潭水库入库地表径流的 K_m 和 C_V 值大于基流，说明其地表径流年际变化更剧烈，而金陵水库地表径流的 K_m 和 C_V 值小于基流，说明其地表径流年际变化程度小于基流；青狮潭水库地表径流、基流 K_m 和 C_V 值分别小于金陵水库，说明青狮潭水库入库径流年际变化相对比较平稳。

表 2-15　　1958—1990 年青狮潭水库、金陵水库地表径流和基流年际变化

项　目		计算最大值		计算最小值		年际极值比	C_V
		最大值 /(m^3/s)	年份	最小值 /(m^3/s)	年份		
青狮潭水库	地表径流	29.09	1970	11.09	1963	2.62	0.23
	基流	13.35	1968	6.08	1974	2.20	0.22
金陵水库	地表径流	1.05	1970	0.40	1963	2.66	0.25
	基流	0.51	1970	0.17	1978，1989	3.00	0.26

青狮潭水库和金陵水库入库地表径流和基流线性趋势分析（图 2-53 和图 2-54）显示，两个水库地表径流均呈上升趋势，基流均呈下降趋势。

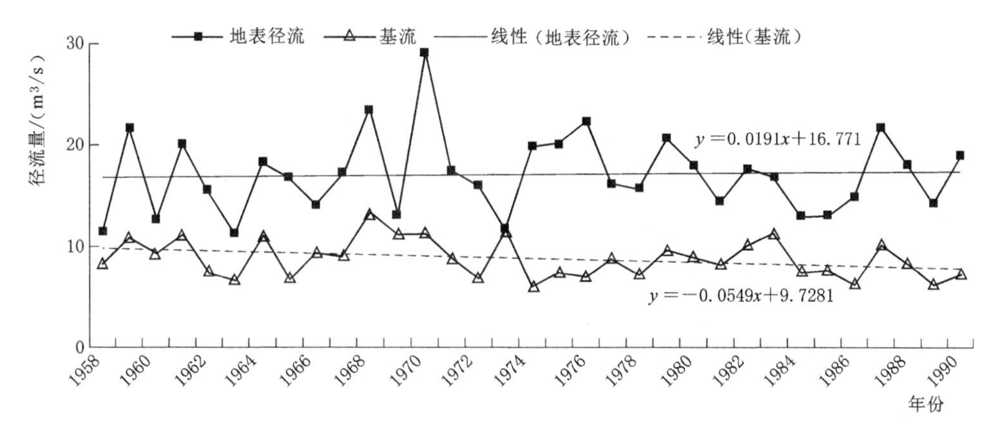

图 2-53　青狮潭水库 1958—1990 年地表径流和基流的线性变化趋势

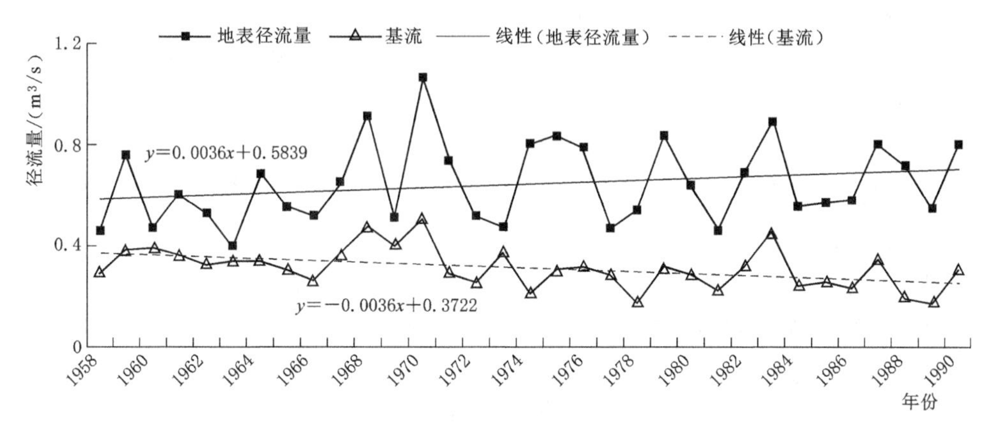

图 2-54　金陵水库 1958—1990 年地表径流和基流的线性变化趋势

两个水库地表径流、基流的 Kendall 秩次相关法计算结果见表 2-16，Kendall 秩次相关法计算的地表径流和基流变化趋势与线性趋势线法分析结果吻合；青狮潭水库的地表径流、基流和金陵水库的地表径流变化趋势不显著，而金陵水库的基流呈显著下降趋势。

表 2-16　　1958—1990 年青狮潭、金陵水库地表径流量和基流年际变化趋势

项目		Kendall 秩次相关法			线性趋势线
		Z	趋势	显著性	
青狮潭水库	地表径流量	0.34	上升	不显著	上升
	基流	－1.18	下降	不显著	下降
金陵水库	地表径流量	1.49	上升	不显著	上升
	基流	－2.79	下降	显著	下降

2.4.3　时间尺度对入库径流基流分割影响

为分析不同时间尺度对基流分割结果的影响，以漓江上游分布有岩溶发育的青狮潭水库流域和湖北省漳河灌区无岩溶发育的杨树垱水库小流域为研究对象，基于杨树垱小流域 2002—2006 年日径流量和青狮潭水库流域 1958—1990 年月径流量资料，运用数字滤波技术进行基流分割。

杨树垱水库小流域为湖北省漳河灌区内一个相对闭合的区域，流域面积约 42.48km²。该流域属于亚热带大陆性气候区，气候温和，无霜期长，雨量充沛，年平均气温 17℃，多年平均降雨量 1000mm；地质主要为厚层中砂岩、紫红色页岩与灰白色细砂岩互层。整个灌区分为丘陵和平原，灌区大部分地区种植中稻、棉花、小麦和油菜等作物。土壤类型分为黄棕壤水稻土、黏性黄棕壤和紫色水稻土等。

杨树垱水库和青狮潭水库集水区主要特征见表 2-17。

表 2-17　杨树垱水库和青狮潭水库集水区主要特征对比

水　库	杨树垱水库	青狮潭水库
库区集雨面积	42.48km²	474km²
总库容	$0.24\times10^8 m^3$	$6\times10^8 m^3$
多年平均降雨量	1000mm	2400mm
主要地貌类型	非岩溶地貌	非岩溶地貌（80%），半岩溶地貌（20%）
主要岩土组类型	厚层中砂岩，紫红色页岩与灰白色细砂岩互层	碎屑岩组，不纯碳酸盐组
主要植被类型	中稻、棉花、小麦、油菜	林地、水稻
主要土壤类型	黄棕壤水稻土、黏性黄棕壤和紫色水稻土	红壤、黄壤、黄棕壤

2.4.3.1　基流分割结果

利用数字滤波基流分割软件（Baseflow Filter Program）分别对杨树垱水库小流域日、旬、月径流量和青狮潭水库流域月、季、年径流量的基流进行分割。

$$F_r=b_t/Q \tag{2-7}$$

$$a_{gw}=\ln(Q_{gw,0}/Q_{gw,N})/N \tag{2-8}$$

式中：b_t 为采用第一、二、三通道滤波时，所分割得到的基流，万 m^3 或 m^3/s；Q 为总径流量，万 m^3 或 m^3/s；$Q_{gw,0}$ 和 $Q_{gw,N}$ 分别为退水计算时的始、末流量，万 m^3 或 m^3/s。

为了精确计算出 a_{gw}，退水时间 N（从退水开始所需要的天数）一般不少于 10 个计算时段。

表 2-18　杨树垱水库小流域滤波分割基流参数值

时间尺度	基流指数 F_{r1}	基流指数 F_{r2}	基流指数 F_{r3}	退水个数	a_{gw} 系数	基流天数
日	0.43	0.29	0.23	12	0.0678	14.7585
旬	0.50	0.35	0.28			
月	0.50	0.38	0.32			

表 2-19　青狮潭水库流域滤波分割基流参数值

时间尺度	基流指数 F_{r1}	基流指数 F_{r2}	基流指数 F_{r3}	退水个数	a_{gw} 系数	基流天数
月	0.34	0.20	0.15	15	0.1561	6.4066
季	0.33	0.22	0.17			
年	0.74	0.66	0.54			

注　F_{r1}、F_{r2}、F_{r3} 为各自采用第一、二、三通道滤波时，所分割的基流占总径流的比例；a_{gw} 为基流消退常数。

杨树垱水库和青狮潭水库流域基流分割参数分别见表 2-18 和表 2-19：①相同时间尺度下，三个通道滤波器基流指数 F_r 差别较大且依次降低；②随着时间尺度的增大，基流指数 F_r 有变大的趋势；③基流指数受气候条件、地形地貌、植被覆盖、土壤发育、灌溉等农业活动诸多因素的影响，而数字滤波技术主要是从信号学的角度对总径流进行基流分割，要使基流分割结果具有较强的物理意义，需要综合考虑三个通道滤波器的基流指数，从中选取较合理的分割结果。杨树垱水库和青狮潭水库流域在同一通道滤波器下分割得到的基流系数可比性差，需从岩溶发育、灌溉活动、植被类型、降雨量等方面综合考虑，从三个滤波器通道中选取一个合理的基流指数 F_r，作为杨树垱水库和青狮潭水库流域的基流分割结果。

根据杨树垱水库流域水文条件，参考当地水库管理经验，且长江流域地下水资源量占水资源总量 20.74%的情况（王政祥，2006），选取日径流量中的 F_{r3} 作为基流指数，并得到相应基流分割值。根据青狮潭水库流域的水文条件，且桂林至阳朔区间的地下径流量为 27%，选取月径流量中的 F_{r1}（采用第一通道滤波时，所分割的基流占总径流的比例为 34%）作为基流指数，并得到相应基流分割值。

杨树垱水库小流域 2002 年日径流和青狮潭水库流域 1958—1990 年月径流基流分割结果分别如图 2-55 和图 2-56 所示。

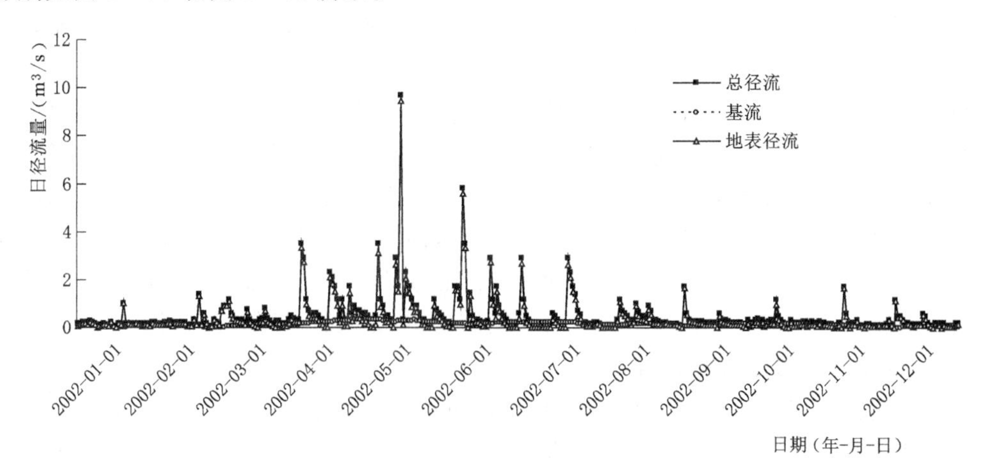

图 2-55 2002 年杨树垱水库小流域日径流分割结果

2.4.3.2 不同时间尺度下基流指数的变化

杨树垱水库小流域基流分割结果表明，三个通道滤波基流指数都表现出日尺度<旬尺度<月尺度的规律，说明随着时间尺度增大，基流分割结果逐渐增大。其中，三个通道滤波日尺度与旬尺度的基流指数相差 16.28%～21.74%，旬尺度与月尺度的基流指数仅相差 0～14.28%，旬尺度、月尺度与日尺度基流指数相差较大，而旬尺度与月尺度分割结果较接近。

青狮潭水库流域基流分割结果表明，除了第一个滤波通道分割出的季尺度基流指数略小于月尺度外，其他通道滤波分割出的基流指数都表现出月尺度<季尺度<年尺度的规律。其中，三个通道滤波月尺度与季尺度的基流指数相差-2.94%～13.33%，季尺度与年尺度的基流指数相差 124.24%～217.65%，说明年尺度与季尺度、月尺度基流指数相差

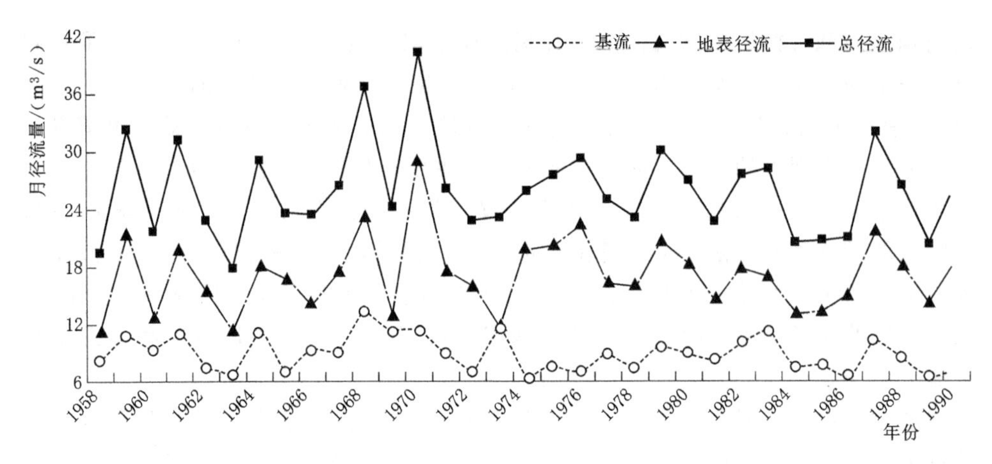

图 2-56 1958—1990 年青狮潭水库流域月径流分割结果

较大，而季尺度与月尺度分割结果比较接近。

2.4.3.3 时间尺度对基流指数的影响分析

地表径流过程线变幅较大，而基流相对稳定。水库集水区地表径流主要受降雨、灌溉影响，地表径流的振幅随雨量、雨强、灌水量、灌水历时变化而出现较大变幅，其特征相当于数字信号中的高频部分。基流主要由地下水渗入，受单次降雨、灌水影响较小，流量相对稳定，与数字信号中的低频部分类似。

杨树垱水库小流域连续日径流分析反映了次降雨、灌溉水量产生的径流量，每一次降雨、灌溉产生的地表径流都可能是高频信号。而在旬径流和月径流分割中，对日径流进行加和计算，难以体现次降雨产生径流的涨落变化，从而使径流序列整体波动性削弱，径流成分的一些高频信号变成低频信号。连续日径流量高频信号多于旬径流和月径流量，在基流分割结果就体现为连续日径流量基流比例 F_r 比旬径流和月径流量小。同理，青狮潭水库流域月径流、季径流与年径流量的基流分割结果中，月径流量基流比例 F_r 小于季径流。

2.4.3.4 岩溶发育对基流的影响

虽然青狮潭水库集雨面积（474km^2）比杨树垱水库的集雨面积（42.48km^2）大，但是青狮潭水库集水区内岩溶发育，岩溶孔隙和裂隙广泛分布，地表径流转化为地下径流的速度更快，因此，青狮潭水库集水区的基流天数比杨树垱水库的基流天数小（表 2-18 和表 2-19）。基流消退常数 a_{gw} 与含水层的透水性和持水度等水文地质条件有关，与基流天数呈反比。a_{gw} 的值越大，说明基流消退过程越快，排水过程非常迅速，基流天数越小，反之则排水非常慢，基流天数则越大。

青狮潭水库集水区基流指数（0.34）大于杨树垱水库集水区的基流指数（0.23）。青狮潭水库位于岩溶发育地区，土地利用类型主要为林地、水稻和村庄等；杨树垱水库位于非岩溶地区，土地利用类型主要为水稻、旱地、林草地、村庄和荒地等。通常情况下，岩溶地区的地表径流系数一般较小，这主要由于岩溶地区存在着孔隙裂隙水和裂隙岩溶水，使得基流量增加。

两个流域基流分割结果表明，随着时间尺度的增大，基流指数逐渐增大（表 2-18 和表 2-19），说明径流资料精度越高，基流计算越准确。在日、旬、季、月和年 5 个时间尺度下，年时间尺度的基流分割结果明显偏大，旬时间尺度和月时间尺度基流分割结果较接近，月时间尺度和季时间尺度基流分割结果较接近。

2.5 基于水箱模型的半岩溶发育地区入库径流模拟研究

岩溶地区特殊的径流产生和汇集规律，对该地区的水文预报和水资源开发产生较大影响。岩溶地区径流的模拟研究，对于岩溶地区水文水资源规律分析和水资源利用具有重要的理论和实际意义。水箱模型以水箱作为蓄水容器，将降雨径流过程归纳为简单的流域出流和蓄水的关系。水箱模型虽然是一种黑箱模型，其参数的物理意义不是很明确，但是该模型结构简单，弹性好，适应性强。以半岩溶地貌为主的漓江上游金陵水库集水区为例，进行基于水箱模型的入库径流模拟研究。

2.5.1 半岩溶发育地区水箱模型建模

2.5.1.1 水箱模型结构

采用 3 层串联水箱模型进行金陵水库集水区径流模拟，模型的结构见图 2-57。

3 层串联水箱模型中，第 1 层水箱模型设置了 3 个边孔，用于模拟地表径流；1 个底孔，用于模拟下渗量。在岩溶发育地区，不论是裸露岩石上降雨产生的地面径流或者土层覆盖物上降雨产生的地面径流，常会流入岩溶洼地发育的落水洞、漏斗和地下河天窗，变为地下径流。第 1 层水箱的底孔也模拟雨水渗入裸露岩石裂隙的径流，还反映了渗入下层土壤的水量。

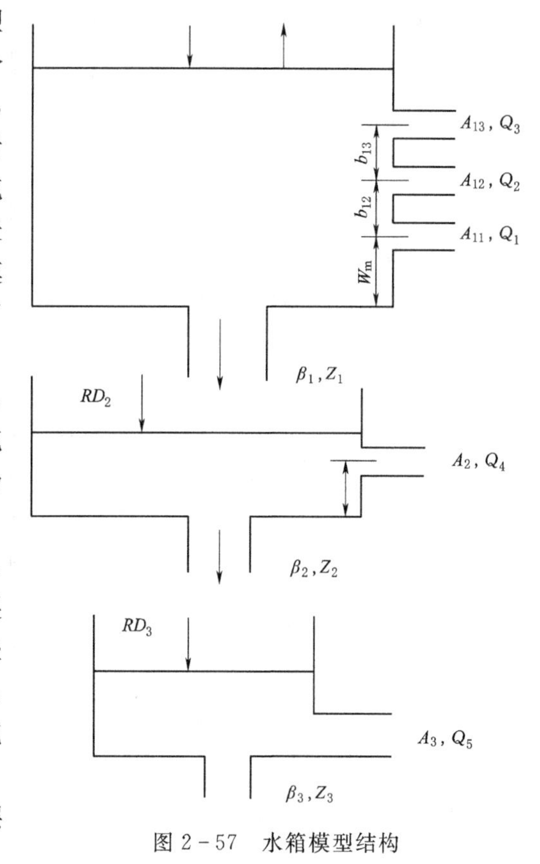

图 2-57 水箱模型结构

第 2 层水箱设置 1 个边孔和 1 个底孔，边孔出流量可模拟岩石裂隙的快速地下径流和土壤覆盖层的壤中流，底孔的出流量作为第 3 层水箱的入流量。

第 3 层水箱只有 1 个边孔，不设孔高，边孔出流模拟慢速地下径流（指渗入岩石裂隙而产生的慢速地下径流）和浅层地下径流（指土壤覆盖层上产生的浅层地下径流），其底孔出流量即为渗入岩石深部裂隙的水流和深层地下径流合成的基流。

各层水箱底孔出流系数反映流域不同土层的下渗能力。各个变量的意义见表 2-20。

2.5.1.2 水箱模型基本参数

（1）流域平均降雨量 P：本模型按月步长模拟，采用金陵水库雨量站监测的月降雨量。

（2）流域蒸发值 E：由于缺乏金陵水库集水区的蒸发量，采用桂林气象站实测蒸发资料（直径 20cm 蒸发皿），计算流域蒸发量时取折算系数 0.85。

（3）流域平均最大蓄水量 W_m：考虑水库集水区的岩溶发育特点和地貌特征，取 W_m=80mm。

2.5.1.3　水箱模型校正和参数取值

采用将模拟径流过程线与观测径流过程线比较的"试错法"，对水箱模型进行校准和验证，参数校正结果见表 2-21。

表 2-20　　水箱模型参数

符号	意　　义	单位	符号	意　　义	单位
P	时段降雨量	mm	Z_2	第 2 层水箱的下渗量	mm
E	时段蒸发量	mm	Z_3	第 3 层水箱的下渗量	mm
A_{11}	蓄水量为 W_m 时对应的出流系数		β_1	第 1 层水箱的下渗系数	
A_{12}	蓄水量为 W_m+b_{12} 时对应的出流系数		β_2	第 2 层水箱的下渗系数	
A_{13}	蓄水量为 $W_m+b_{12}+b_{13}$ 时对应的出流系数		β_3	第 3 层水箱的下渗系数	
Q_1	蓄水量为 W_m 时对应的出流量	mm	Q_4	第 2 层水箱的出流量	mm
Q_2	蓄水量为 W_m+b_{12} 时对应的出流量	mm	Q_5	第 3 层水箱的出流量	mm
Q_3	蓄水量为 $W_m+b_{12}+b_{13}$ 时对应的出流量	mm	A_2	第 2 层水箱的出流系数	
W_m	流域平均最大蓄水量	mm	A_3	第 3 层水箱的出流系数	
b_{12}	第 1 边孔和第 2 边孔的高度	mm	h_2	第 2 层水箱的边孔高度	mm
b_{13}	第 2 边孔和第 3 边孔的高度	mm	RD_2	第 2 层水箱的入流量	mm
Z_1	第 1 层水箱的下渗量	mm	RD_3	第 3 层水箱的入流量	mm

表 2-21　　模型参数校正值

符号	取值	单位	符号	取值	单位
A_{11}	0.001		β_1	0.38	
A_{12}	0.0016		β_2	0.2	
A_{13}	0.02		β_3	0.002	
W_m	80	mm	A_2	0.01	
b_{12}	10	mm	A_3	0.005	
b_{13}	15	mm	h_2	2	mm

2.5.2　模拟结果与评价

采用 1958—1979 年的入库径流对模型进行初步模拟和试运算，选用时间序列较近的 1980—1990 年入库径流数据进行校准和验证，其中 1980—1987 年月入库总径流数据用于模型校准，1988—1990 年的数据用于模型验证，月入库总径流模拟结果见图 2-58 和图 2-59。结果显示，金陵水库月入库总径流模拟值与观测值基本一致，但降雨量较大月份径流模拟值偏低，可能是由 A_{13} 出流孔位置设置的较高所致；而降雨量较小月份径流模拟值偏高，可能是由 A_{11} 出流孔位置设置的较低所致，这需要在今后的研究中，采用更多丰枯期径流资料进行深入的分析，进一步合理设置 A_{13}、A_{11} 出流孔位置。

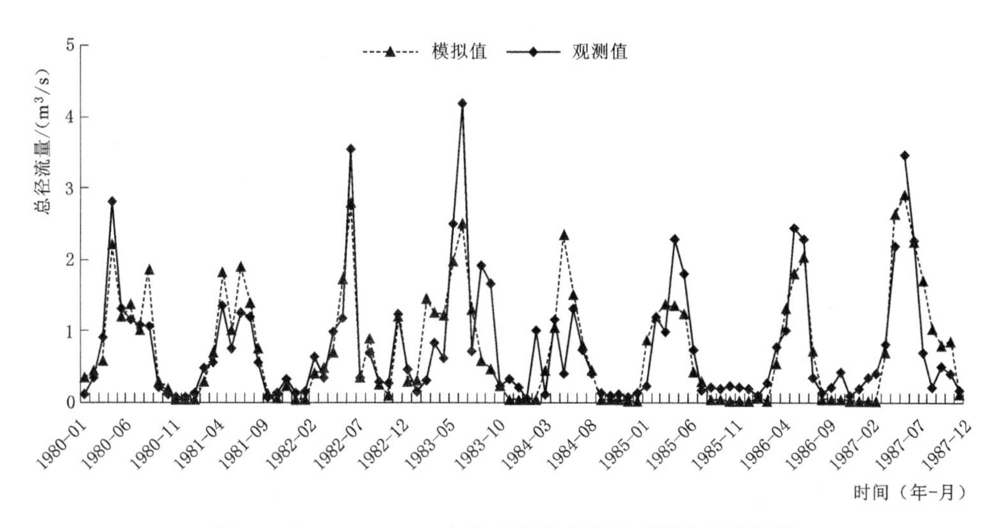

图 2-58 1980—1987 年校准期入库径流观测值和模拟值

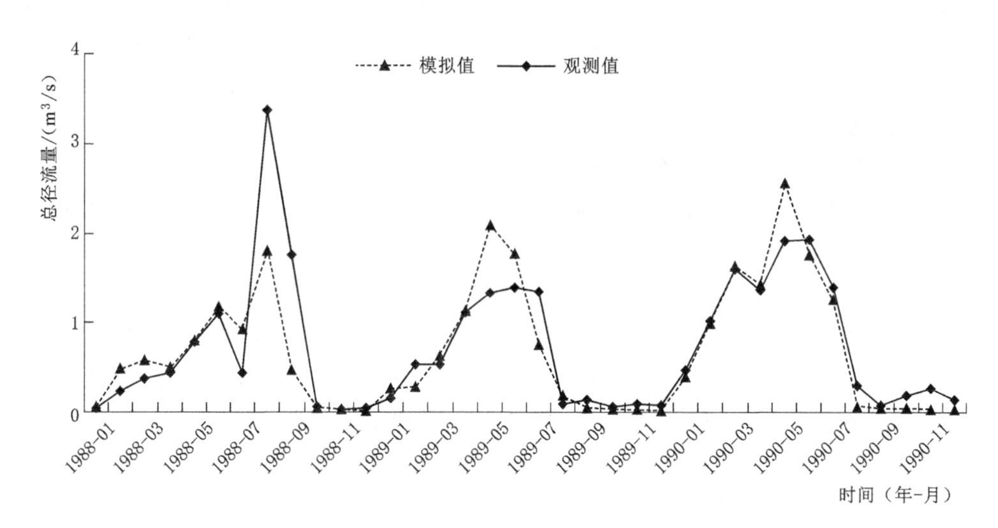

图 2-59 1988—1990 年验证期入库径流观测值和模拟值

选用线性回归系数（R^2）、相对误差（RE）和 Nash - Suttclife 模拟效率系数（E_{ns}）（Saleh et al.，2000）评估水箱模型在校准和验证过程中的模拟效果。线性回归系数（R^2）用于评价实测值与模拟值之间的数据吻合程度。相对误差（RE）可以比较不同测量结果的可靠性，RE 计算公式为

$$RE=\frac{Q_p-Q_m}{Q_m}\times 100\% \tag{2-9}$$

式中：RE 为模型模拟相对误差；Q_p 为模拟值；Q_m 为观测值。

模拟效率系数（E_{ns}）经常被用来作为水文模型的效率评价指标，E_{ns} 的计算公式：

$$E_{ns}=1-\frac{\sum_{i=1}^{n}(Q_m-Q_p)^2}{\sum_{i=1}^{n}(Q_m-Q_{avg})^2} \tag{2-10}$$

式中：Q_m 为观测值；Q_p 为模拟值；Q_{avg} 为观测平均值；n 为观测的次数。

一般来说，模拟值与实测值年均误差 RE 应小于实测值的 15%，月均值的线性回归系数 $R^2>0.6$ 且 $E_{ns}>0.5$，则模拟结果可信。校正期和验证期的模拟效率评价指标结果（表 2-22）表明，模型在研究区域模拟结果较好。

表 2-22　　模型效率评价

项目	年份	评价指标		
		E_{ns}	R^2	RE
校准	1980—1987	0.67	0.82	4.5%
验证	1988—1990	0.69	0.84	−7.6%

2.5.3　参数敏感性分析

径流受到气象、地形、土壤、植被等下垫面性质的综合作用。本书采用水箱模型分析径流对不同因素的敏感性。本书应用的水箱模型有 A_{11}、A_{12}、A_{13}、b_{12}、b_{13}、β_1、β_2、β_3、A_2、A_3 和 h_2 11 个参数，经试算，金陵水库入库径流对 β_1、β_2、A_2、A_3 和 A_{13} 5 个对下渗量和出流量起着决定作用的参数比较敏感。A_{11}、A_{12} 和 A_{13} 为第 1 层水箱的 3 个边孔出流系数，其中 A_{13} 位置最高，只有当流域有较大降雨时，该边孔才会出流。β_1 为第 1 层水箱的下渗系数，反映地面径流转化为地下径流的程度，其值越大，地面径流转化为地下径流越多，一般情况下，岩溶地区的地下径流系数较非岩溶区的数据大。β_2 为第 2 层水箱的下渗系数，反映快速地下径流与慢速地下径流之间的分配关系。岩溶地区由于岩溶地区的孔隙、裂隙中所含水分消退相对缓慢，慢速地下径流所占比重较大，退水时间较长。

从数学角度考虑，因变量（径流出流量）y 对自变量（出流系数）x 的依赖关系可表示为偏导数$\partial y/\partial x$，这个表达式从数值上可用有限差分求得近似解。例如：当自变量 x 取 x_0 时，模型的输出结果 y 的值为 y_0；若自变量变化 Δx，则 $x_1=x_0-\Delta x$，$x_2=x_0+\Delta x$（本书 Δx 取$\pm 10\%x$），进而获得相应的因变量 y_1 和 y_2（Lenhart et al.，2002），偏导数$\partial y/\partial x$ 的有限近似值为

$$I'=\frac{y_2-y_1}{2\Delta x} \tag{2-11}$$

为了获得无量纲的指数，应将 I'标准化，获得敏感指数（Sensitivity Index）I 的计算公式为

$$I=\frac{(y_2-y_1)/y_0}{2\Delta x/x_0} \tag{2-12}$$

采用 OAT（One - factor - At - a - Time）敏感性分析法（Morris，1991），其敏感性分析具体方法：模型运行 $n+1$ 次以获取 n 个参数中某一特定参数的灵敏度，其优点在于模型每运行一次仅一个参数值存在变化。因此，该方法可以清楚地将输出结果变化明确地归因于某一特定输入参数值变化。基于水箱模型的 OAT 方法计算得到的出流系数对径流

出流量影响的敏感指数结果见表 2-23，出流量对第 1 层水箱出流系数 A_{13} 最敏感，其次是第 1 层水箱下渗系数 β_1 和第 2 层水箱下渗系数 β_2，对第 2 层水箱出流系数 A_2 和第 3 层水箱出流系数 A_3 的敏感性较弱。

表 2-23　出流系数对出流量影响的敏感性分析

参数	敏感指数	排序	参数	敏感指数	排序
β_1	−0.38633669	2	A_3	0.00000110	5
β_2	−0.00871506	3	A_{13}	1.35836822	1
A_2	0.00000362	4			

2.6 本章小结

本章通过对漓江流域上游径流、水库入库径流及主要气象因子的统计计算，分析径流及气象因子的变化特征、趋势性，同时基于水箱模型模拟入库径流，得到以下主要结论：

（1）主要气象因子小波分析结果表明，降雨量存在 5 年、11 年和 22 年的主要变化周期，相对湿度存在 10 年和 28 年的主要变化周期，最高温度存在 22 年和 27 年的主要变化周期，最低温度有 22 年和 27 年的主要变化周期。

（2）漓江流域上游多年平均流量的年内变化剧烈，年际变化平缓；Mann-Kendall 突变检验显示漓江上游年径流量呈下降趋势，且趋势显著，而年径流量的变化没有突变点。漓江流域上游径流量和气象因子的 Pearson 相关性分析结果表明：①漓江流域上游径流量与降雨量、相对湿度有显著线性关系，而与气温相关性不显著；②漓江流域上游径流量与青狮潭水库的入库径流和出库水量均显著相关，青狮潭水库径流量对漓江径流量影响较大。

（3）青狮潭水库和金陵水库入库径流分析结果表明，径流总量的年际变化特征和变化趋势一致，年际间变化平缓，年际变化呈下降趋势。年均入库径流 5 年滑动平均曲线趋势变化基本一致，大致经历了枯→丰→枯的循环，径流量年内分配均极不均匀。水库入库径流变化小波分析结果表明：①1958—1990 年青狮潭水库入库径流丰枯变化主要周期分别为 4 年、17 年，金陵水库入库径流丰枯变化主要周期为 6 年、11 年和 19 年；②1971—2012 年青狮潭水库入库径流与 1985—2015 年漓江上游径流时间变化特征基本一致，第一、第二主周期分别是 28 年、8 年；③1958—2011 年青狮潭水库入库径流存在 8 年、15 年、22 年和 32 年左右的周期变化，它们主导着青狮潭水库入库径流的丰枯变化趋势。青狮潭水库入库径流、出库水量与降雨量显著正相关，其中入库径流与降雨量的相关性最高，受水库调度的影响，出库水量与降雨量相关性降低。

（4）岩溶发育区的青狮潭水库流域和非岩溶发育区的杨树垱水库小流域的基流分割结果表明，随着时间尺度增大，基流指数逐渐增大，详细、高精度的径流资料能提高基流分隔准确性；在日、旬、季、月和年 5 个时间尺度下，年尺度的基流分割结果偏大，旬和月时间尺度的基流分割结果较接近，月和季时间尺度的基流分割结果较接近；气候条件、土地利用类型和水文地质条件会影响基流指数大小，岩溶发育地区的基流量较大。青狮潭水库的地表径流和基流的变化比金陵水库的平缓；青狮潭水库地表径流的变化比基流剧烈，而金陵水库的基流变化趋势比地表径流的剧烈。两个水库的地表径流均呈上升趋势且变化不显著，青狮潭水库基流呈下降趋势但变化不显著，而金陵水库基流呈下降趋势且变化显著。

（5）针对金陵水库集水区内半岩溶发育和岩溶水文特点建立了3层串联水箱模型，能够对水库入库径流模拟取得较好的效果，敏感性分析显示，径流模拟结果对β_1、β_2、A_2、A_3和A_{13}5个水箱模型参数比较敏感。

参　考　文　献

[1] 程正兴. 小波分析算法与应用 [M]. 西安：西安交通大学出版社，1998.

[2] 桑燕芳，王栋. 水文序列小波分析中小波函数选择方法 [J]. 水利学报，2008，39（3）：295-306.

[3] 钱会，李培月，王涛. 基于滑动平均-加权马尔科夫链的宁夏石嘴山市年降雨量预测 [J]. 华北水利水电学院学报，2010，31（1）：6-9.

[4] Stéphane Mallat. A Wavelet Tour of Signal Processing（Second Edition） [M]. Academic Press，1999.

[5] 冉启文. 小波变换与分数傅里叶变换理论应用 [M]. 哈尔滨：哈尔滨工业大学出版社，2001.

[6] 秦前清，杨宗凯. 实用小波分析 [M]. 西安：西安电子科技大学出版社，2002.

[7] 杨路，梅亚东，叶琰，等. 金沙江下游及三峡段水文气象因子演变与响应的分析 [J]. 水文，2016，2：37-45.

[8] 朱颖洁，郭纯青，黄夏坤. 气候变化和人类活动影响下西江梧州站降水径流演变研究 [J]. 水文，2010，3：50-55.

[9] 徐宗学，李占玲，史晓崑. 石羊河流域主要气象要素及径流变化趋势分析 [J]. 资源科学，2007，5：122-128.

[10] 刘二佳，张晓萍，张建军，等. 1956—2005年窟野河径流变化及人类活动对径流的影响分析 [J]. 自然资源学报，2013，28（7）：1159-1168.

[11] 王红瑞，叶乐天，刘昌明，等. 水文序列小波周期分析中存在的问题及改进方式 [J]. 自然科学进展，2006，16（8）：1002-1008.

[12] McNamara J P，Kane D L，Hinzman L D. Hydrograph separations in an Arctic watershed using mixing model and graphical techniques [J]. Water Resources Research，1997，33：973-983.

[13] Birtles A B. Identification and separation of major base flow components from a stream hydrograph [J]. Water Resources Research，1978，14（5）：791-803.

[14] Lyne V，Hollick M. Stochastic time-variable rainfall-runoff modeling [A]. In Hydrology and Water Resources Symposium，National Committee on Hydrology and Water Resources of the Institute of Engineering，Perth，Western Australia，Australia. 1979，89-93.

[15] Nathan R J and McMahon T A. Evaluation of Automated Techniques for Baseflow and Recession Analyses [J]. Water Resources Research，1990，26：1465-1473.

[16] Baseflow filter program [EB/OL]. 2006.06.2006.12.04. http：//swat.tamu.edu/software/baseflow-jfilter-jprogram/.

[17] 广西壮族自治区水文总站. 广西岩溶地区径流研究 [R]. 南宁：广西壮族自治区水文总站，1990.

[18] 王政祥. 2004年长江流域水资源及开发利用状况分析 [J]. 水资源研究，2006，27（2）：9-11.

[19] Saleh A，Arnold J G，Gassman P W，et al. Application of SWAT for the upper north Bosque river

watershed [J]. Transactions of the ASAE, 2000, 43 (5): 1077 - 1087.

[20] Lenhart T, Eckhardt K, Fohrer N, et al. Comparison of two different approaches of sensitivity analysis [J]. Physics and Chemistry of the Earth, 2002, 27, 645 - 654.

[21] Morris, M. D. Factorial sampling plans for preliminary computational experiments [J]. Tecnometrics, 1991, 33 (2), 11 - 18.

第3章

漓江流域上游水质变化与面源污染分割

3.1 漓江上游干支流水质变化分析

选取漓江上游桂林水文站（干流）、大溶江水文站（干流）和灵渠水文站（支流）断面2006—2015年高锰酸盐指数、氨氮和总磷3项水质指标，分析漓江上游水质的变化。断面实测水质指标的检测方法见表3-1。

表3-1 水质指标检测方法

项　目	检测方法
高锰酸盐指数	GB/T 11892—1989 水质　高锰酸盐指数的测定
氨氮	HJ 535—2009 水质　氨氮的测定　纳氏试剂分光光度法
总磷	GB/T 11893—1989 水质　总磷的测定　钼酸铵分光光度法

根据《地表水环境质量标准》（GB 3838—2002），用单因子指数评价法和综合污染指数评价法对水质进行评价，并采用Mann－Kendall趋势检验法和Daniel趋势检验法对水质变化趋势进行分析。

（1）单因子指数评价法。单因子指数评价法将各参数实测浓度与评价标准相比，看是否达到了相应的水质标准，以最差的水质类别作为水质综合评价的结果，直接得出水质状况与评价标准之间的关系。

（2）综合污染指数评价法。综合指数评价法是对各污染指标的相对污染指数进行统计，得出代表水体污染程度的数值，确定污染程度，对水污染状况进行综合判断（陆卫军和张涛，2009）。综合污染指数的计算方法如下：

$$P=\frac{1}{n}\sum_{i=1}^{n}P_i \tag{3-1}$$

$$P_i=\frac{C_i}{S_i} \tag{3-2}$$

式中：P为综合污染指数；P_i为单项污染指数；C_i为污染物的实测浓度；S_i为水环境功能区对水质要求的限制浓度；n为指标数目。

（3）Mann-Kendall趋势检验法。Mann-Kendall趋势检验法的优点是样本不需要遵从一定的分布，也不受少数异常值的干扰，尤其适用于顺序变量（田龙，2014）。Mann - Kendall 趋势检验法的公式如下：

$$S=\sum_{k=1}^{n-1}\sum_{j=k+1}^{n}\text{sgn}(x_j-x_k) \tag{3-3}$$

$$\text{sgn}(x_j-x_k)=\begin{cases}1, x_j-x_k>0\\0, x_j-x_k=0\\-1, x_j-x_k<0\end{cases}\quad (j<k; j=1,2,3,\cdots,n-1) \tag{3-4}$$

S 近似符合标准正态分布，其方差的计算可定义为

$$Var(S)=\frac{n(n-1)(2n+5)-\sum_{p=1}^{m}t_p(t_p-1)(2t_p+5)}{18} \tag{3-5}$$

式中：m 为 n 年时间序列中具有相同值的变量数目；t_p 为第 p 组的相同值个数。

Mann - Kendall 统计量 Z 值的计算公式为

$$Z=\begin{cases}(S-1)/\sqrt{Var(S)}, S>0\\0, S=0\\(S+1)/\sqrt{Var(S)}, S<0\end{cases} \tag{3-6}$$

当统计变量 $Z>0$ 时，表示该序列呈增加趋势；$Z<0$ 时，表示该序列呈减少趋势。

（4）Daniel 趋势检验法。Daniel 趋势检验法属于非参数检验法，是衡量环境污染变化趋势在统计上有无显著性的最常用的方法，是以 Spearman 秩相关系数来衡量考察周期内的指标值变化趋势（高伟 等，2013）。秩相关系数法适用于单因素小样本数的相关检验，该方法简明扼要，精确性高，是《环境质量综合评价技术导则》推荐的地表水质多时段变化趋势和变化程度分析方法。Daniel 秩相关系数 r_s 的计算公式为

$$r_s=1-\frac{6\sum_{i=1}^{n}d_i^2}{n(n^2-1)} \tag{3-7}$$

$$d_i=x_i-y_i \tag{3-8}$$

式中：d_i 为变量 x_i 和变量 y_i 的差值；x_i 为周期 i 到周期 n 按浓度值从小到大排列的序号；y_i 为按时间排列的序号；n 为样本数。

当 Daniel 秩相关系数 $r_s>0$ 时，表示时间序列有上升趋势；当 Daniel 秩相关系数 $r_s<0$ 时，则表示有下降趋势（万黎和毛炳启，2008）。

3.1.1 主要水质指标变化

3.1.1.1 高锰酸盐指数变化

漓江流域上游监测断面的高锰酸盐指数变化见图 3-1。根据《地表水环境质量标准》（GB 3838—2002），2006—2015 年漓江流域上游高锰酸盐指数均处于Ⅰ～Ⅱ类，水质全部达标。其中灵渠水文站、大溶江水文站高锰酸盐指数均处于Ⅰ类；而桂林水文站的高锰酸盐指数仅在 2009 年处于Ⅱ类，其他年份均处于Ⅰ类。总体上看，2013 年之前，桂林水文站的高锰酸盐指数最高，其次为支流上的灵渠水文站，大溶江水文站的高锰酸盐指数最低。

3.1.1.2 氨氮变化分析

漓江流域上游监测断面的氨氮变化见图 3-2，2006—2015 年漓江上游的氨氮处于

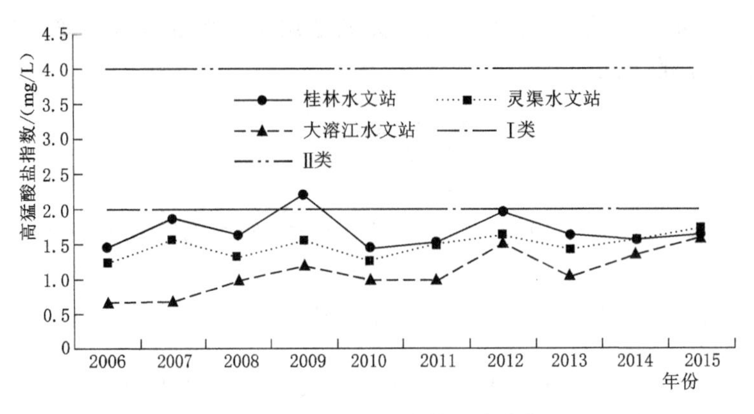

图 3－1　高锰酸盐指数变化曲线

Ⅰ～Ⅲ类，水质类别波动较大。其中，桂林水文站的氨氮指标较为稳定，均处于Ⅱ类；灵渠水文站的氨氮指标在Ⅰ～Ⅱ类变化；而大溶江水文站的氨氮指标波动最为明显，在 2013 年达到最大值，氨氮指标为Ⅲ类，其余年份在Ⅰ～Ⅱ类变化。由此可见，桂林水文站和灵渠水文站断面 2006—2015 年的氨氮含量全部达标，大溶江水文站断面的氨氮含量在 2013 年超过了Ⅱ类标准。

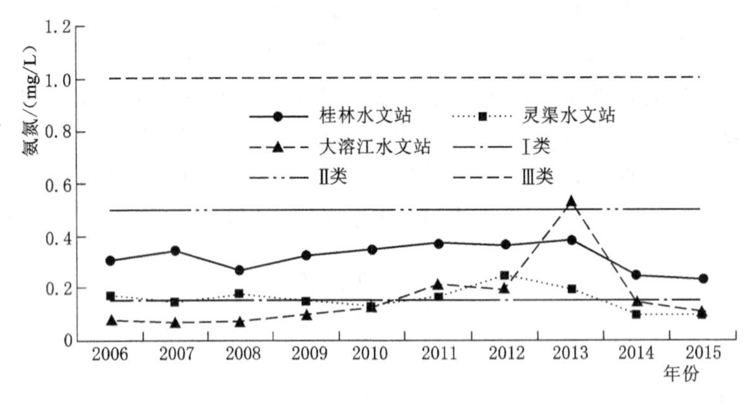

图 3－2　氨氮变化曲线

3.1.1.3　总磷变化分析

漓江流域上游监测断面的总磷见图 3－3，2006—2015 年漓江上游的总磷指标在Ⅱ～Ⅲ类，桂林水文站断面的总磷含量高于同期灵渠水文站、大溶江水文站断面。桂林水文站和灵渠水文站断面 2006—2007 年总磷含量较高，在 2007 年达到最大值，总磷指标在Ⅲ类，之后年份总磷指标波动又趋于平缓，均处于Ⅱ类；大溶江水文站断面的总磷指标均处于Ⅱ类，且总磷含量变化不大。3 个水文站断面 2006—2015 年的总磷指标均达标。

3.1.2　水质综合污染指数变化分析

3 个断面的污染物均值综合污染指数见图 3－4，结果显示，2006—2015 年漓江流域上游水质总体状况较好，综合污染指数的变化范围为 0.10～0.43。桂林水文站断面的综合污染指数高于大溶江水文站断面和灵渠水文站断面，变化范围为 0.26～0.43，总体呈现出略微的下降趋势。灵渠水文站断面的综合污染指数变化趋势与桂林水文站较为接近，但总体

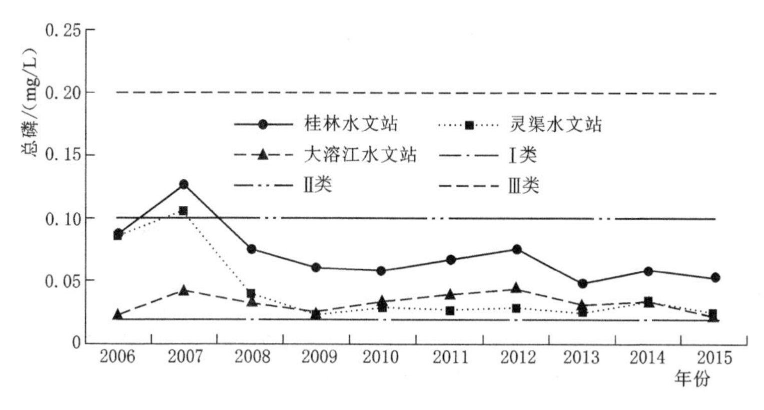

图 3-3 总磷变化曲线

低于桂林水文站断面的综合污染指数，其变化范围为 0.16～0.31。大溶江水文站断面的综合污染指数变化范围为 0.10～0.29。总体上看，2006—2015 年漓江流域上游 3 个断面的综合污染指数值趋于接近，断面之间的差值从 2006 年的 0.16 变为 2015 年的 0.04，综合污染指数平均值总体上随年份推移呈现出略微的下降趋势，这是整体水质在逐步好转的直观表现。

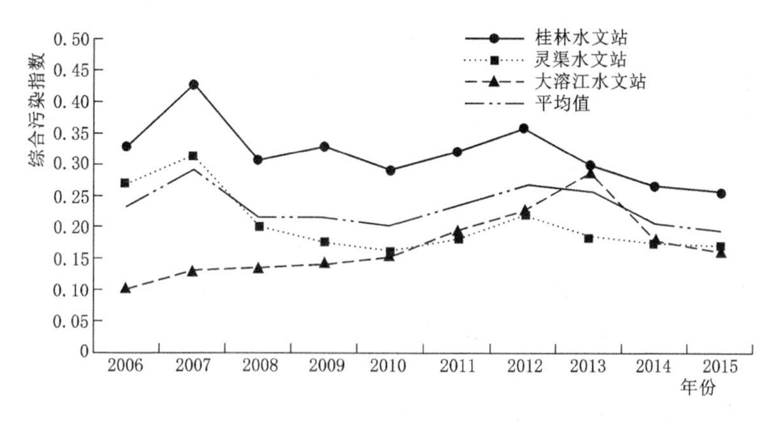

图 3-4 漓江上游总体水质变化图

3.1.3 水质变化趋势分析

对桂林水文站、灵渠水文站、大溶江水文站 3 个断面 2006—2015 年的高锰酸盐指数、氨氮、总磷数据进行 Mann-Kendall 趋势检验和 Daniel 趋势检验，计算得出 Mann-Kendall 统计量 Z 值与 Daniel 统计值 r_s。本次计算取 $\alpha=0.10$ 判断桂林水文站、灵渠水文站、大溶江水文站断面 2006—2015 年的污染物变化趋势，结果见表 3-2。

计算结果显示，由 Mann-Kendall 趋势检验和 Daniel 趋势检验得出的结果相似。桂林水文站断面 3 种主要污染物指标的 Mann-Kendall 统计量 Z 值与 Daniel 统计值 r_s 均为负值，表明 3 种主要污染物指标均呈下降趋势，其中高锰酸盐指数和氨氮未通过显著性检验，而总磷通过了显著性检验，即下降趋势明显。

在灵渠水文站断面 3 种主要污染物指标中，高锰酸盐指数的 Mann-Kendall 统计量 Z 值和 Daniel 统计值 r_s 均为正值，即高锰酸盐指数呈上升趋势，而总磷、氨氮的 Mann-Kendall

表 3-2　　主要污染物指标 Mann-Kendall 趋势检验和 Daniel 趋势检验结果

项　目		高锰酸盐指数	氨氮	总磷
桂林水文站	Z	−0.270	−0.270	−2.592
	r_s	−0.160	−0.130	−3.340
灵渠水文站	Z	1.698	−0.628	−1.880
	r_s	1.470	−0.660	−1.780
大溶江水文站	Z	2.592	2.057	−0.447
	r_s	3.930	2.380	−0.300

统计量 Z 值与 Daniel 统计值 r_s 均为负值，呈下降的趋势，其中总磷通过了显著性检验，即下降趋势明显。

大溶江水文站断面的 3 种主要污染物指标中，总磷的 Mann-Kendall 统计量 Z 值与 Daniel 统计值 r_s 为负值，但没有通过显著性检验；高锰酸盐指数与氨氮的 Mann-Kendall 统计量 Z 值和 Daniel 统计值 r_s 为正值，且均通过显著性检验，即高锰酸盐指数及氨氮均有明显的上升趋势。

综上所述，虽然大溶江水文站断面的高锰酸盐指数和氨氮、灵渠水文站断面的高锰酸盐指数均呈上升趋势，但总体上看，整体漓江上游水质状况逐步好转，桂林水文站断面和灵渠水文站断面的总磷均呈明显的下降趋势。大溶江水文站断面的水质总体劣于桂林水文站断面和灵渠水文站断面。高锰酸盐指数的升高，说明水体中的有机物污染加重，其原因可能是漓江上游农作物施用的化肥和农药、鱼类或禽畜养殖施用的饲料和有机肥料等；溶江水文站断面的氨氮含量上升可能是由于断面上游县、乡的生活和农业废水等排放造成的。

对比水质综合污染指数与 Mann-Kendall 趋势分析、Daniel 趋势分析的结果可知，桂林水文站断面和灵渠水文站断面的水质污染程度均下降，大溶江水文站断面水质污染程度上升，总体来看，漓江上游水质近年来保持向好的态势。

3.2　漓江上游干支流径流与水质综合分析

3.2.1　径流与水质指标的 Pearson 相关性分析

采用 Pearson 相关系数（董志兵，2016）对漓江流域上游干流桂林水文站断面和支流灵渠水文站断面 2006—2015 年的径流量与水质指标进行相关性分析，径流量与同期高锰酸盐指数、氨氮、总磷的相关系数见表 3-3。

表 3-3　　漓江流域上游径流量与污染物监测浓度相关系数

监测断面	高锰酸盐指数	氨氮	总磷
桂林水文站	−0.068	−0.100	−0.206
灵渠水文站	0.142	0.178	0.139

结果表明，桂林水文站断面 2006—2015 年的径流量与高锰酸盐指数、氨氮、总磷的相关系数均为负值，变化范围在−0.206～−0.068，这表明径流量与这 3 项水质指标之间

均为负相关关系，即随着径流量的增加，桂林水文站河段水体中的高锰酸盐指数、氨氮、总磷均有所下降，但下降的幅度不明显。

灵渠水文站断面2006—2015年的径流量与高锰酸盐指数、氨氮、总磷的相关系数均为正值，变化范围在0.139～0.178，呈正相关关系，即随着径流量的增加，灵渠水文站断面水体中的高锰酸盐指数、氨氮、总磷浓度有所上升，但上升的幅度不明显。

3.2.2 径流调节水质的Kendall检验

河道内水质状况的影响因素较多，如土壤成分、植被覆盖率、地质地貌、降雨量、径流量、人类活动等。这些影响因素可以分为两大类：一是污染物的排放，即人类活动因素；二是径流量的大小，即自然因素。本书拟通过径流量调节水质的Kendall检验，判断造成水质指标浓度变化的主要原因是径流量大小还是污染物因素。首先应从下列7个公式中选择径流量与水质指标浓度相关性最好的一个作为径流调节方程。

$$C=a+bQ \tag{3-9}$$

$$C=a+bQ+cQ^2 \tag{3-10}$$

$$C=a+b\ln Q \tag{3-11}$$

$$C=a+b\frac{1}{Q} \tag{3-12}$$

$$C=a+b\frac{1}{1+cQ} \tag{3-13}$$

$$\ln C=a+b\ln Q \tag{3-14}$$

$$\ln C=a+b\ln Q+c\ln^2 Q \tag{3-15}$$

式中：C为水质指标浓度；Q为径流量大小；a、b、c为系数。

选择2006—2015年漓江流域上游干流桂林水文站、支流灵渠水文站的逐月径流量和水质指标浓度进行分析，径流调节方程及相关系数见表3-4。

表3-4　2006—2015年漓江流域上游干支流径流调节方程及相关系数

监测断面	水质指标	方　程	A	b	c	相关系数r
桂林水文站	高锰酸盐指数	$\ln C=a+b\ln Q$	2.0436	−0.054		0.17
	氨氮	$\ln C=a+b\ln Q$	0.4198	−0.106		0.15
	总磷	$C=a+b\ln Q$	0.1146	0.01		0.26
灵渠水文站	高锰酸盐指数	$C=a+bQ+cQ^2$	1.3581	0.0153	−0.0002	0.16
	氨氮	$\ln C=a+b\ln Q$	0.082	0.187		0.27
	总磷	$\ln C=a+b\ln Q$	0.02	0.2246		0.33

对桂林水文站、灵渠水文站径流量调节后的水质指标浓度进行季节性Kendall检验，结果见表3-5。由表3-5可知，径流量调节后，干流桂林水文站断面的溶解氧呈显著上升趋势，高锰酸盐指数、氨氮均无明显变化趋势，总磷呈高度显著下降趋势；支流灵渠水文站断面的溶解氧呈显著上升趋势，氨氮、总磷呈显著下降趋势，高锰酸盐指数没有明显升降趋势。

表3-5 漓江流域上游干支流季节性 Kendall 流量调节水质浓度检验表

监测断面	水质指标	浓度变化趋势	Z	检验结果
桂林水文站	高锰酸盐指数	0.0003	0.27	无明显升降趋势
	氨氮	0.0009	0.27	无明显升降趋势
	总磷	−0.0007	−2.592	高度显著下降
灵渠水文站	高锰酸盐指数	0.0004	1.698	显著上升
	氨氮	−0.0004	−0.628	无明显升降趋势
	总磷	−0.0003	−1.88	显著下降

桂林水文站断面和灵渠水文站断面的高锰酸盐指数、氨氮、总磷的变化趋势通过流量调节 Kendall 检验与无流量调节 Kendall 检验结果基本一致，这表明，干流桂林水文站断面和支流灵渠水文站断面的高锰酸盐指数、氨氮、总磷的浓度变化趋势受径流量大小的影响较小，径流量大小不是造成水质指标浓度变化的主要原因，这 3 项主要污染物指标浓度的变化主要是由污染物因素引起。桂林水文站断面和灵渠水文站断面的溶解氧流量调节后的浓度均呈显著上升趋势，与调节前的变化趋势存在差别，这表明溶解氧浓度变化来自径流量大小和污染物因素的共同作用。

综上所述，漓江流域上游干支流水质的变化受到径流量大小和污染物因素的共同影响，但高锰酸盐指数、氨氮、总磷浓度的变化受径流量变化的影响相对较小，污染主要是由于污染物排放的变化引起。

3.2.3 径流与水质对应关系分析

通过散点图进一步确定高锰酸盐指数、氨氮、总磷污染物监测浓度与漓江流域上游径流量变化之间的关系。通常情况下，河流水质的污染物浓度大小与河流的径流量大小之间存在一定的相关关系，可以通过分析水质指标浓度与径流量之间的关系，来判断河流污染是来源于面源污染还是点源污染。当污染物主要由面源污染引起时，随着径流量的增加，水质状况将呈现下降的趋势；当污染物主要由点源污染引起时，随着径流量的增加，河流污染物被稀释，水质状况呈现好转趋势（郭丽峰 等，2014）。

2006—2015 年漓江流域上游干流桂林水文站、支流灵渠水文站断面流量与水质污染物浓度关系见图 3-5～图 3-10。

桂林水文站断面和灵渠水文站断面的高锰酸盐指数、氨氮、总磷的浓度与流量的相关系数绝对值变化范围为 0.068～0.300，均呈无相关或弱相关关系，说明水质指标大小与流量因素的相关性不明显，污染物浓度变化主要由污染源因素引起，受径流影响较小。

桂林水文站位于桂林市城区下游，承纳城区的生活污水、污水处理厂尾水以及工业污水的排放，桂林水文站径流量与氨氮、总磷、高锰酸盐指数浓度均呈负相关关系，随着径流量的增加，污染物浓度呈减小的态势，说明以点源污染为主。灵渠水文站位于桂林市上游的兴安县，主要是农业区域，其径流量与氨氮、总磷、高锰酸盐指数均呈正相关关系，随着径流量的增加，污染物浓度也随之增大，说明污染物主要由面源污染引起。

总的来说，图 3-5～图 3-10 各个水质指标浓度大小与径流量之间的相关性较差，散点图中的点均散乱地分布在关系曲线旁，这表明水质污染受到点源污染和面源污染的共同作用。

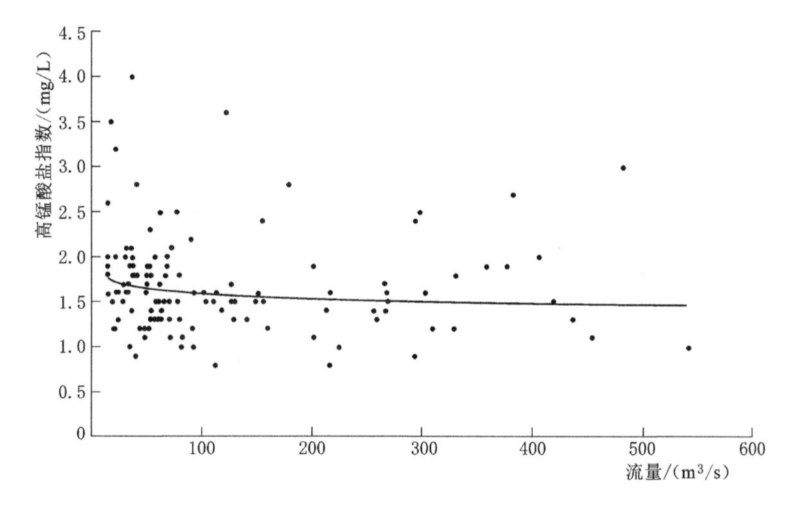

图 3-5 2006—2015 年桂林水文站断面流量与高锰酸盐指数关系图

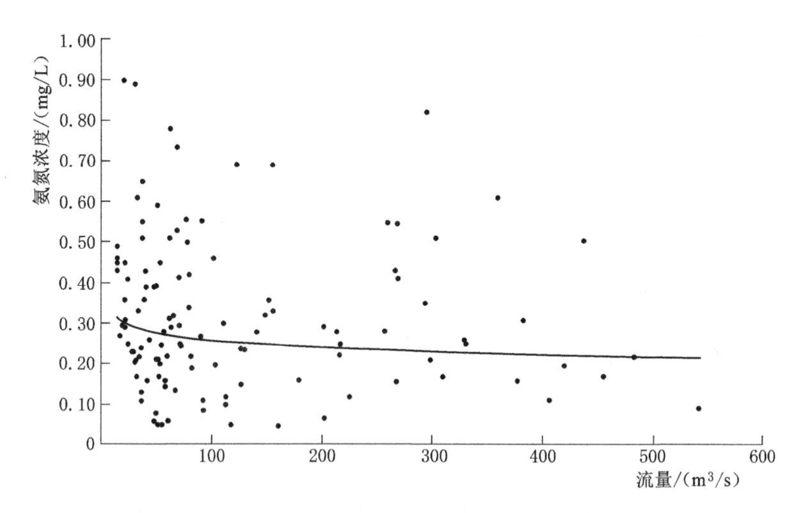

图 3-6 2006—2015 年桂林水文站断面流量与氨氮浓度关系图

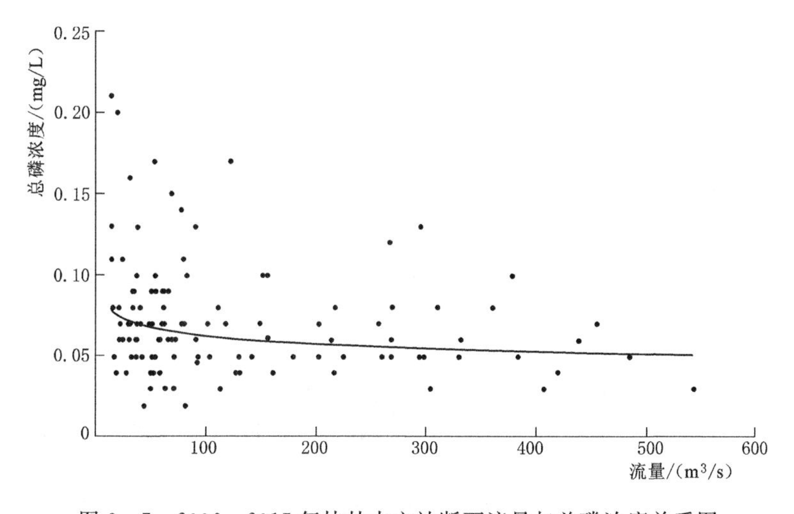

图 3-7 2006—2015 年桂林水文站断面流量与总磷浓度关系图

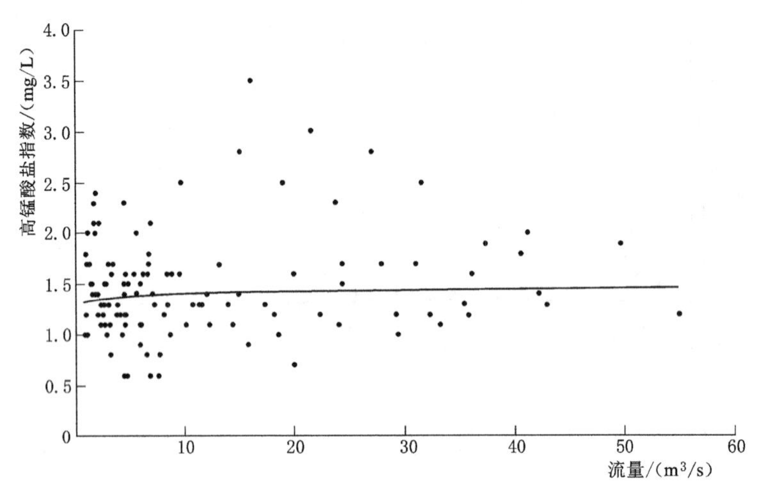

图3-8　2006—2015年灵渠水文站断面流量与高锰酸盐指数关系图

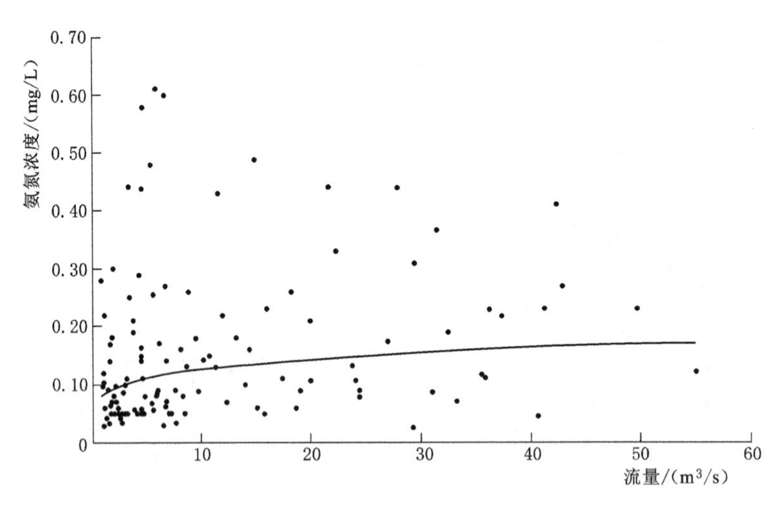

图3-9　2006—2015年灵渠水文站断面流量与氨氮浓度关系图

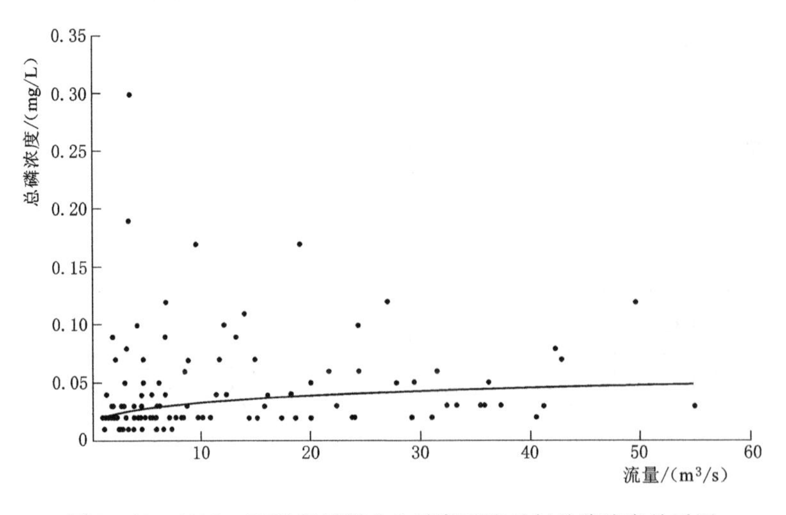

图3-10　2006—2015年灵渠水文站断面流量与总磷浓度关系图

3.2.4 丰枯水期水质变化分析

灵渠位于漓江流域上游，属于亚热带季风气候，降雨量的年际年内分配受季风活动的影响较大，雨季的降雨量高达1100～1400mm，而干季的降雨量仅为370～430mm，年平均蒸发量为1260.8～1792.2mm。本次研究选取了灵渠水文站1960—2019年径流数据和2004—2019年的水质数据，进行灵渠丰枯水期水量水质的变化分析。

采用统计分析法、Mann-Kendall法和Spearman秩相关系数法分析灵渠水量和水质的变化特点。

(1) 统计分析法用来分析径流的年内与年际分布特征，主要是计算出相应的参数，年内分布特征是用不均匀系数 C_n 和完全调节系数 C_r 来表示，年际分布特征是用极值比 K 与变差系数 C_v 来反映。C_n 与 C_r 越大则说明不同月份的径流量之间的差异就越大，则年内分布不均匀；K 值与 C_v 越大，则年际分布越明显。

(2) Mann-Kendall方法是一种非参数检验方法（宋培兵 等，2020），计算简便，不受异常数值的影响，该方法常被用来分析水文序列的变化趋势（于延胜和陈兴伟，2011），其公式如下：

$$S=\sum_{k=1}^{n-1}\sum_{j=k+1}^{n}\operatorname{sgn}(x_j-x_k) \tag{3-16}$$

$$\operatorname{sgn}(x_j-x_k)=\begin{cases}1, x_j-x_k>0\\0, x_j-x_k=0\\-1, x_j-x_k<0\end{cases}\quad (j<k; j=1,2,3,\cdots,n-1)$$

S 方差计算公式为

$$Var(S)=\frac{n(n-1)(2n+5)-\sum_{p=1}^{m}t_p(t_p-1)(2t_p+5)}{18} \tag{3-17}$$

式中：m、n 表示年时间序列中具有相同值的变量数目；t_p 是第 p 组的相同值数目。

统计量 Z 值的公式如下：

$$Z=\begin{cases}(S-1)/\sqrt{Var(S)}, S\geqslant 0\\(S+1)/\sqrt{Var(S)}, S<0\end{cases} \tag{3-18}$$

若 Z 值是正值，表明该序列有上升的倾向；负值则有下降倾向（吴奕 等，2021）。

(3) Spearman秩相关系数是一个非参数指标，是用来衡量两个变量之间的相互依赖性。利用单调方程表示变量之间的相关性，若两变量完全单调相关时，Spearman秩相关系数为1或−1，Spearman相关系数又被认为是等级变量之间的Person相关系数（杨盼等，2019）。

(4) 综合污染指数是评价水环境质量的一种重要方法（薛巧英和刘建明，2004），具体公式如下：

$$P=\frac{1}{n}\sum_{i=1}^{n}P_i \tag{3-19}$$

$$P_i=\frac{C_i}{S_i} \tag{3-20}$$

式中：P 为综合污染指数；P_i 为 i 污染物的污染指数；n 为污染物的种类；C_i 为 i 污染物的实测浓度平均值；S_i 为 i 污染物评价标准值。

3.2.4.1　不同水期内的径流、水质指标变化分析

1. 径流变化分析

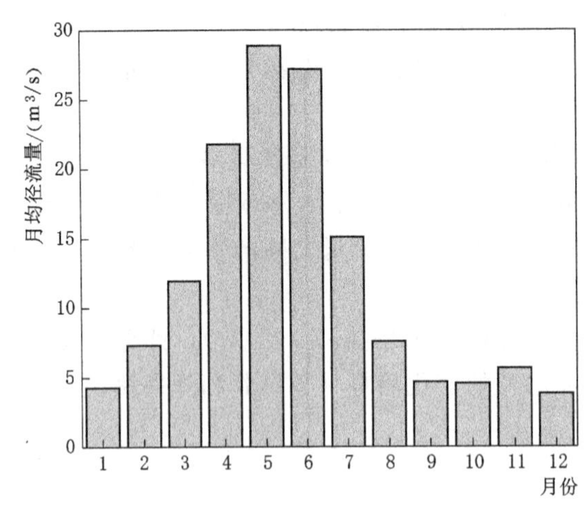

图 3-11　径流年内分配

依照灵渠流量变化将年内时段划分为两个水文期：丰水期（3—8 月）与枯水期（1—2 月，9—12 月）。灵渠各月径流大小差异较大（图 3-11），丰水期流量占总流量的 79%，5 月出现最大值，占全年流量的 20%；枯水期总流量占总流量的 21%，最小值则出现在 12 月。

为了方便分析，将 1960—2019 年径流以 10 年为时段计算 C_n、C_r（表 3-6）。绘制 C_n、C_r 曲线，见图 3-12 和图 3-13。结果表明，枯水期的 C_n、C_r 均值大于丰水期，且都处于波动上升状态，意味着枯水期径流量的变化比丰水期明显。

表 3-6　　1960—2019 年不同时段径流年内分配结果

项目		1960—1969 年	1970—1979 年	1980—1989 年	1990—1999 年	2000—2009 年	2010—2019 年	均值
丰水期	C_n	0.58	0.65	0.55	0.54	0.65	0.65	0.60
	C_r	0.25	0.28	0.22	0.23	0.27	0.29	0.26
枯水期	C_n	0.53	0.49	0.64	0.77	0.72	0.76	0.65
	C_r	0.23	0.21	0.27	0.33	0.29	0.32	0.27

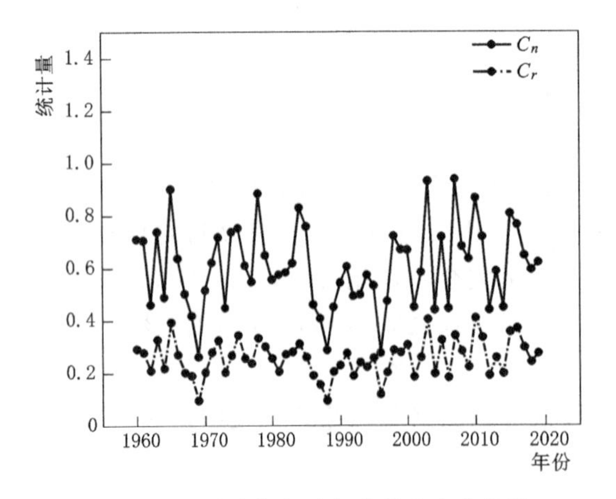

图 3-12　丰水期径流年内分配参数曲线

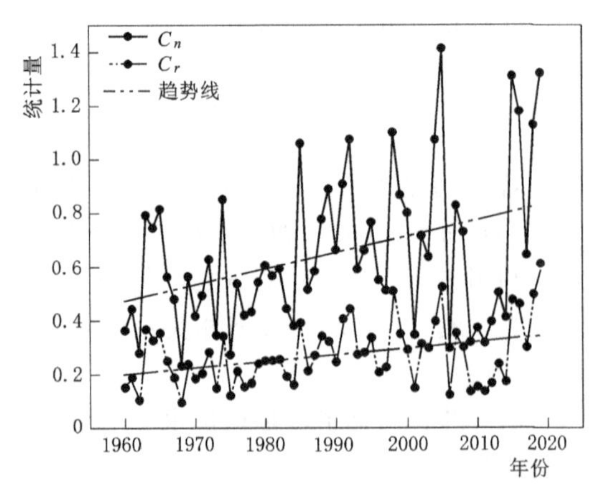

图 3-13　枯水期径流年内分配参数曲线

不同水文期的年际径流变化如图 3-14 显示，灵渠丰水期的径流呈现上升趋势，但幅度较缓，线性斜率 k 为 0.02，丰水期径流的变差系数 C_V 和年极值比 K 分别为 0.6、4.3。

枯水期的年际径流呈现下降趋势，线性斜率 k 为－0.04，C_V 值为 0.65，K 值为 17.76，两者均大于丰水期。

对丰枯水期的年径流序列进行非参数统计，1960—2019 年丰枯水期的统计量 Z 值分别为 0.23 和－2.96，且枯水期的统计值通过了 99%的显著检验，表明枯水期的径流下降趋势显著。

2. 水质变化分析

2004—2019 年灵渠高锰酸盐指数的浓度变化范围为 0.5～4.0mg/L，2004 年以外的其他年份均处于Ⅰ类水标准；氨氮浓度指标的变化范围为 0.01～0.62mg/L，含量基本达标，处于Ⅰ～Ⅱ类水；总磷指标变化范围为 0.01～0.5mg/L，仅有 2007 年处于Ⅲ类水，其余年份均处于Ⅰ～Ⅱ类水，总体情况较好。

灵渠属于Ⅲ类水质保护标准，据此计算灵渠水质污染综合指数变化（图 3－15）。结果表明，2004—2019 年水质状况总体好转，污染综合指数呈下降趋势，趋势线的斜率为－0.01。

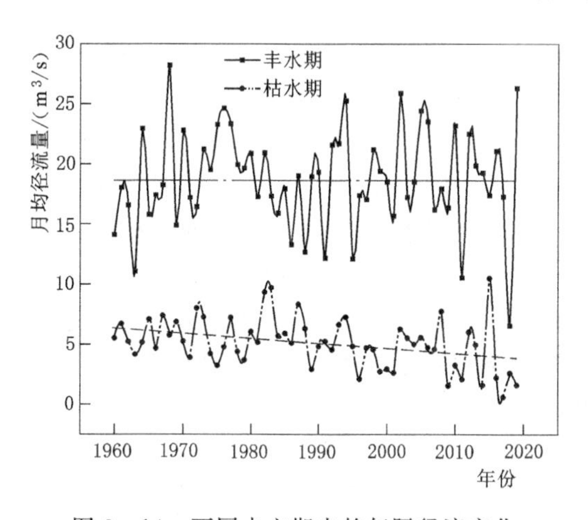

图 3－14 不同水文期内的年际径流变化

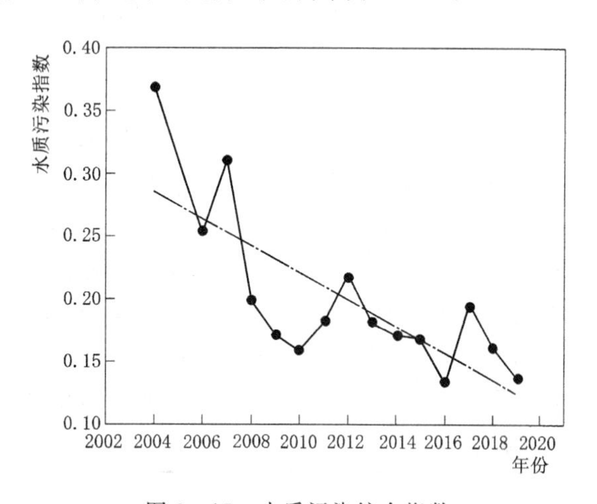

图 3－15 水质污染综合指数

应用 Mann－Kendall 法计算丰枯水期污染物浓度的统计值 Z（表 3－7），不同污染物浓度丰枯水期的变化关系见图 3－16 和图 3－17。结果显示，丰枯水期的高锰酸盐指数浓度统计值 Z 均为正值，但并未通过显著检验，处于不明显的上升趋势；氨氮、总磷浓度的统计值在丰枯水期都为负值，表明氨氮、总磷浓度在丰枯水期内整体呈现下降趋势，且氨氮通过了 99%的显著检验。

表 3－7　不同水期污染物浓度统计值

水期	高锰酸盐指数	氨氮	总磷
丰水期	0.32	－2.48	－1.22
枯水期	0.27	－2.57	－0.95

根据资料的详细程度，分析污染物通量的影响因素时，忽略了地下水交换的影响及底质背景对污染物通量的影响，主要分析水量和污染物浓度对污染物通量的影响。污染物通量是用丰（枯）水期的月均流量乘以丰（枯）水期各月实测污染物浓度的平均值，再乘以

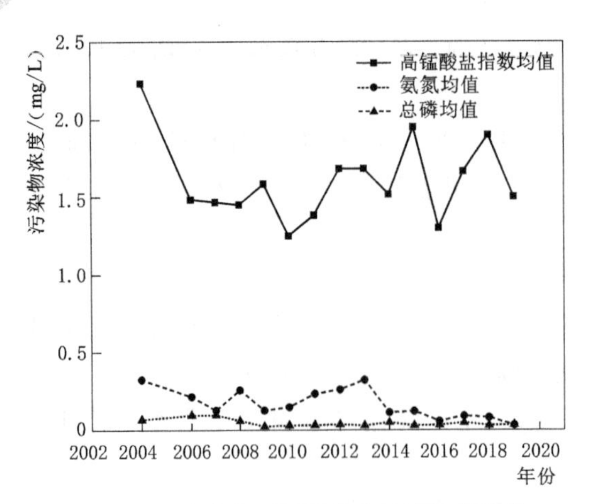

图 3-16 丰水期不同污染物浓度均值变化

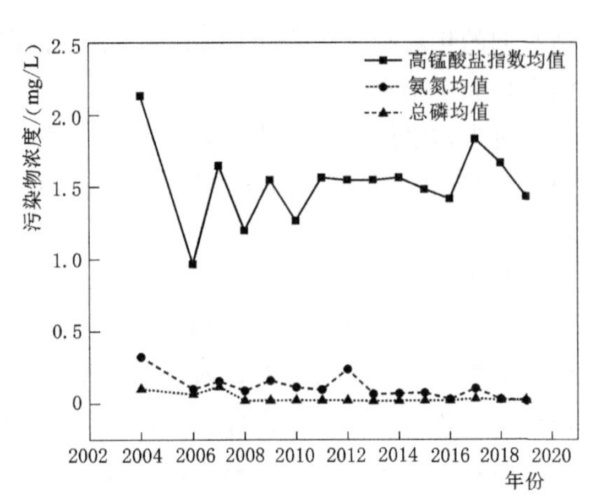

图 3-17 枯水期不同污染物浓度均值变化

时间转化系数来计算的，具体公式如下：

$$L=KQC \tag{3-21}$$

式中：L 为污染物通量；K 为时间转化系数；Q 为丰（枯）水期的月均流量；C 为丰（枯）水期各月实测污染物浓度的平均值。

对高锰酸盐指数、氨氮、总磷通量变化使用 Mann－Kendall 法进行分析，计算丰枯水期污染物通量的统计值 Z（表 3-8），丰枯水期高锰酸盐指数、氨氮、总磷通量变化趋势见图 3-18～图 3-20。结果显示，高锰酸盐指数通量在丰水期间变化比枯水期剧烈，高锰酸盐指数通量在丰水期呈上升去趋势，在枯水期呈下降趋势。氨氮通量统计值 Z 在丰枯水期和枯水期都为负值，通过了 99%的显著检验，说明氨氮通量在丰水期和枯水期都呈现明显的下降趋势。总磷通量在丰水期和枯水期都呈现下降趋势，枯水期总磷通量的变化小于丰水期。

表 3-8 不同水期污染物通量统计值 Z

水期	高锰酸盐指数	氨氮	总磷
丰水期	0.09	－2.70	－1.62
枯水期	－1.80	－2.79	－2.07

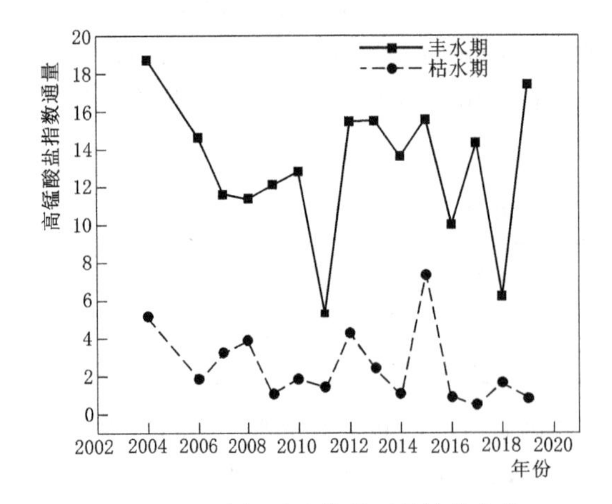

图 3-18 高锰酸盐指数通量均值变化

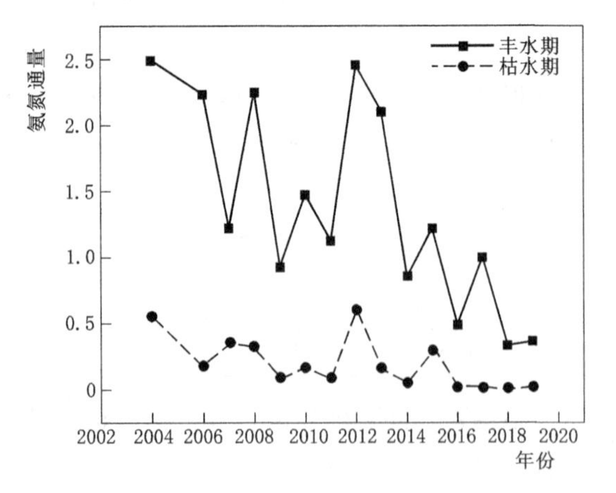

图 3-19 氨氮通量均值变化

3.2.4.2 不同水期内径流与水质指标的相关分析

1. 径流与水质指标浓度、污染物通量的相关关系

应用 Spearman 秩相关系数法对 2004—2019 年的径流量年平均值与水质指标浓度、污染物通量进行相关性分析，丰水期和枯水期径流与水质指标间的相关系数见表 3-9。结果显示：在丰水期和枯水期间，高锰酸盐指数浓度与径流相关系数都为负值；氨氮、总磷与丰枯水期径流的相关系数均为正值。丰水期、枯水期径流与高锰酸盐指数、氨氮、总磷通量间的相关系数均为正值，说明当径流量增加时，污染物通量也会随之上升，径流量大小对污染物通量起了决定作用。

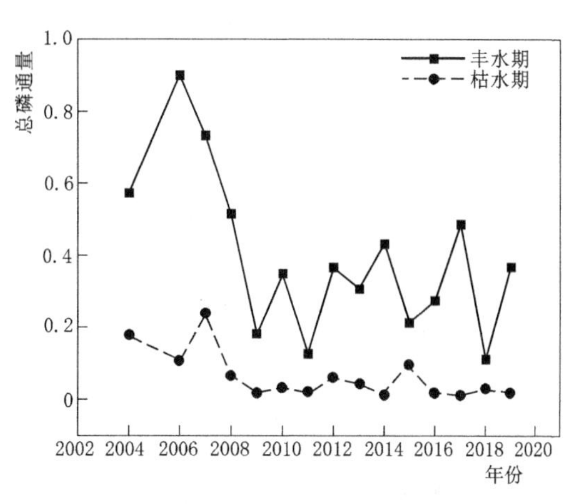

图 3-20 总磷通量均值变化

当处在枯水期时，径流与高锰酸盐指数、氨氮和总磷污染物浓度、污染物通量间的相关系数均大于丰水期，表明枯水期径流对污染物的影响更大。

表 3-9 **径流与污染物的相关性结果分析**

水　期	指　标	高锰酸盐指数	氨氮	总磷
丰水期	污染物浓度	−0.211	0.045	0.097
	污染物通量	0.543*	0.236	0.368
枯水期	污染物浓度	−0.280	0.170	0.110
	污染物通量	0.925**	0.786**	0.836**

注 * 表示差异显著（$P \leqslant 0.05$），** 表示差异极显著（$P \leqslant 0.01$）。

2. 河流污染物的来源分析

一般情况下，河流污染来自点源污染和面源污染两个方面，可以通过分析水质浓度变化与径流间的关系来判断河流污染的来源。当径流量增加，水质浓度呈现上升趋势时，此时污染物主要由面源污染引起；反之，随着径流量的增加，水质浓度出现下降的状况，污染物则主要由点源污染引起，此时的径流表现出对污染物的稀释作用（郭丽峰 等，2014）。

径流与污染物的相关性结果分析显示，随着径流的增加，高锰酸盐指数浓度下降，表明可氧化污染物主要来自点源污染；当径流增加时，氨氮与总磷浓度随之上升，说明氮磷污染以面源污染为主的特征。

3.3 漓江上游不同空间尺度水质变化分析

选取漓江流域上游的 3 个空间尺度，自上而下依次是青狮潭水库坝首断面→大面断面→桂

林水文站断面，分析不同尺度水质的变化。从青狮潭水库坝首流出的水流，流经西干渠、东干渠和甘棠江，部分水量及其回归水经甘棠江（漓江支流）汇入漓江，与漓江水量汇合后，首先流经漓江的大面断面，然后经过桂林市区，流向桂林水文站断面。

3个空间尺度的流域特征见表3-10。

表3-10　　3个空间尺度（断面）的流域特征

断面名称	断面类别	地　点	监测河段	所在河流	至河口距离	流入何处
青狮潭坝首	水质断面	桂林市灵川县青狮潭水库坝首	甘棠江青狮潭桂林饮用、农业用水区（10.0km）	甘棠江（漓江支流）	29.0km	漓江
大面	水质断面	桂林市灵川县灵川镇大面村	漓江桂林饮用水源区（21.0km）	漓江	342km	西江
桂林水文站	水质断面/水文站	桂林市七星区穿山乡渡头村	漓江桂林排污控制区（5.0km）	漓江	326km	西江

以高锰酸盐指数、氨氮、总磷为例，分析漓江流域上游青狮潭水库坝首断面→大面断面→桂林水文站3个空间尺度的水质变化。

3.3.1　不同空间尺度高锰酸盐指数变化

高锰酸盐指数（COD_{Mn}）是反映水体受还原性有机物、无机物污染程度的综合性指标（邢竹和朱德新，2012），但它不能反映水体中有机物总量，因为天然水体中的有机物一般只有部分被氧化。我国《地表水环境质量标准》（GB 3838—2002）规定COD_{Mn}容许值见表3-11。

表3-11　　高锰酸盐指数（COD_{Mn}）水环境质量标准容许值

高锰酸盐指数/(mg/L) ≤	Ⅰ类	Ⅱ类	Ⅲ类	Ⅳ类	Ⅴ类
	2	4	6	10	15

漓江流域上游不同尺度监测断面的高锰酸盐指数变化见图3-21，结果表明：

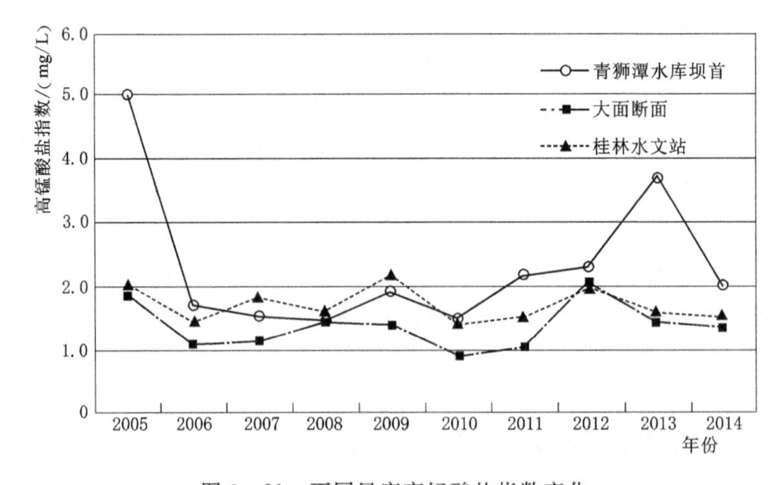

图3-21　不同尺度高锰酸盐指数变化

(1) 青狮潭水库坝首的高锰酸盐指数相对较高。2005 年青狮潭水库坝首高锰酸盐指数为Ⅲ类，2006—2010 年为Ⅰ类，2011—2014 年为Ⅱ类。大面断面和桂林水文站的高锰酸盐指数基本上为Ⅰ类。青狮潭水库坝首的高锰酸盐指数年际波动变化较大，2010—2014 年高锰酸盐指数呈上升趋势。大面断面和桂林水文站断面的高锰酸盐指数年际变化较小。

(2) 青狮潭水库的有机及无机可氧化物质（主要是有机污染物）含量较高，其有机污染物的来源主要包括以下方面：①库区内农作物施用的化肥和农药；②部分水库水体进行网箱养鱼或禽类养殖施用的饲料和有机肥料；③库区内森林茂盛，凋落物量多，气温较高，雨量丰富，分解速率较高，较多的有机质被分解和淋溶，致使水库中的有机物污染较高；④水库小型游船的漏油造成的有机污染。

3.3.2 不同空间尺度氨氮变化

氨氮（NH_3-N）是指水中以游离氨（NH_3）和铵离子（NH_4^+）形式存在的氮。

氨氮是水体中的营养素，可导致水体富营养化现象产生，是水体中的主要耗氧污染物。《地表水环境质量标准》（GB 3838—2002）规定氨氮容许值见表 3-12。

表 3-12　氨氮水环境质量标准容许值

氨氮	Ⅰ类	Ⅱ类	Ⅲ类	Ⅳ类	Ⅴ类
（NH_3-N）≤	0.15	0.5	1.0	1.5	2.0

不同尺度监测断面的氨氮变化（图 3-22）分析显示：①处于下游的桂林水文站的氨氮含量高于同期的青狮潭水库坝首和大面断面，桂林水文站的氨氮含量基本上处于Ⅱ类，其中 2012 年达到Ⅳ类。青狮潭水库坝首和大面断面的氨氮为Ⅰ～Ⅱ类，其波动变化较小。②漓江水流从大面断面流出后，流经桂林市区，然后到达桂林水文站。漓江流经市区时，城市生活污水和郊区农业生产、养殖业产生的排水流入漓江及其支流，汽车、游船等排放的含氮尾气溶于水后形成氨氮，造成处于下游的桂林水文站断面的氨氮含量升高。

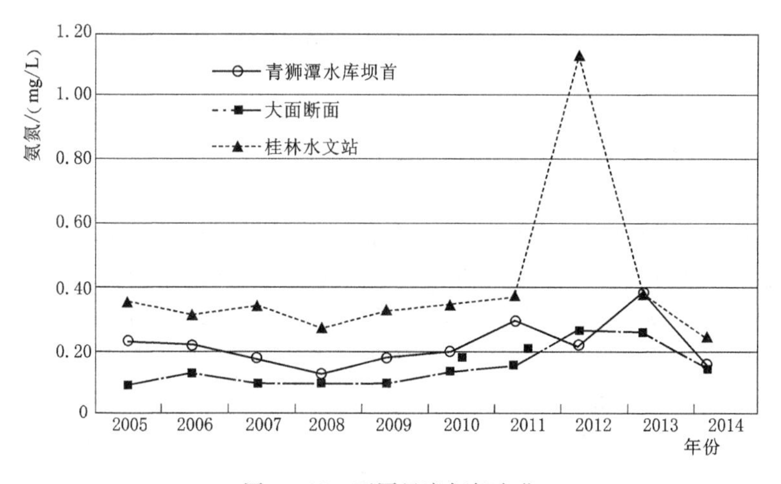

图 3-22　不同尺度氨氮变化

3.3.3 不同空间尺度总磷变化

总磷（TP）是控制水体富营养化主要指标之一，以水体中可被强氧化物质氧化，而转变成磷酸盐的各形态磷的总量计量。《地表水环境质量标准》(GB 3838—2002)规定总磷容许值见表3-13。

表3-13　　总磷水环境质量标准容许值

	Ⅰ类	Ⅱ类	Ⅲ类	Ⅳ类	Ⅴ类
总磷(以P)计/(mg/L) ≤	0.02	0.1	0.2	0.3	0.4
	0.010(湖、库)	0.025(湖、库)	0.050(湖、库)	0.100(湖、库)	0.200(湖、库)

不同尺度总磷的浓度变化(图3-23)显示:①处于下游的桂林水文站总磷含量高于同期的青狮潭水库坝首和大面断面,桂林水文站的总磷含量基本上处于Ⅱ类,其中2007年和2012年达到Ⅲ和Ⅳ类。青狮潭水库坝首和大面断面的总磷为Ⅱ类,两者的差别较小,且其波动变化不大。②漓江水流离开大面断面流经市区时,城市生活污水、洗涤剂所用的磷酸盐增洁剂和郊区农业生产化肥、有机磷农药、养殖业污水等流入漓江及其支流,使得桂林水文站断面水质中的总磷含量升高。

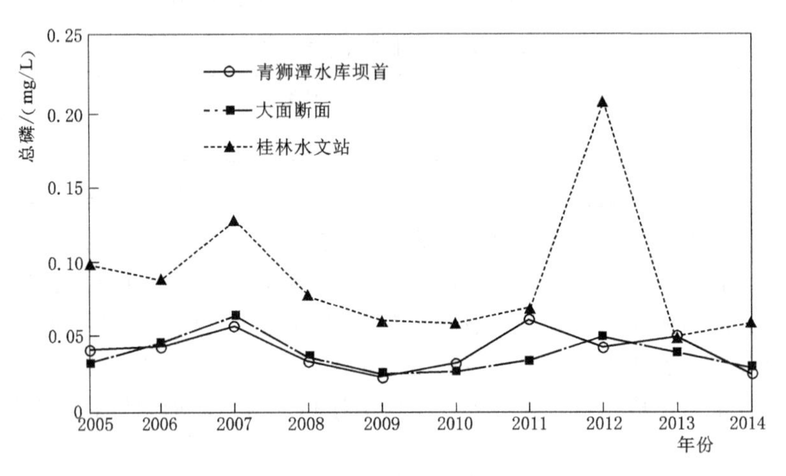

图3-23　不同尺度总磷变化

3.4　漓江上游面源污染比例计算

桂林市实施一系列水环境治理项目,漓江流域水质状况得到改善,水质类别为Ⅱ～Ⅲ类。但随着桂林市经济社会和旅游业的发展,漓江水质也面临着较大的污染风险。根据《2014—2019年桂林市环境质量报告书》,漓江干流主要污染超标因子为COD、BOD_5、氨氮、TP、TN和粪大肠菌群。为进一步了解近年漓江上游非点源污染的贡献率,基于2015—2020年实测水文、水质资料,运用数字滤波法对研究区大埠头、大面、桂林水文站、磨盘山4个监测断面的高锰酸盐指数、氨氮、TP、TN的污染负荷进行分割,并与第二次全国污染源普查数据进行对比,定量计算漓江上游非点源污染比例,为漓江流域的水质管理和污染防治提供依据,促进漓江水质持续保持优良状态。

3.4.1　面源污染比例计算方法

漓江是珠江流域西江水系的支流,属雨源型河流,水量丰富,多年平均降雨量为

1300～2000mm，丰水期（4—8月）的降雨占全年降雨的70%左右。多年平均流量约为132.6m^3/s，径流年内分配极不均匀。

漓江干流流经兴安、灵川、桂林、阳朔、平乐等市县，全长214km。桂林水文站以上的集水区域称为漓江上游。本书研究的漓江河段及其大埠头断面、大面断面、桂林水文站位于漓江上游，在漓江上游具有代表性，并向下游拓展至磨盘山断面。研究区范围和监测断面分布如图3-24，主要包括漓江桂林段的大埠头至磨盘山河段，主河道全长约60km，研究区流域总面积2767.72km^2。将研究区按照水力联系进行上下游划分，研究区的上游区域包括灵川流域、桃花江流域；中游区域包括七星流域、南溪河流域、瓦窑流域、花江流域；下游区域包括潮田河流域、良丰河流域、华侨农场流域和草坪乡流域。

图3-24 研究区范围

研究区主要土地利用现状分布情况见表3-14。

表3-14 研究区主要土地利用分布情况

主要土地类型	面积/km^2	主要分布子流域
林地	1780.07	潮田河流域、花江流域、灵川流域、草坪乡流域、华侨农场流域
水田	439.70	良丰河流域、灵川流域、桃花江流域
旱地	178.25	良丰河流域

续表

主要土地类型	面积/km^2	主要分布子流域
城镇用地	126.03	七星流域、南溪河流域、瓦窑流域、桃花江流域
农村居民点	83.27	灵川流域、桃花江流域、良丰河流域、潮田河流域
水库、坑塘	47.26	良丰河流域
工交建设用地	45.11	七星流域、桃花江流域
其他	68.03	无

注　其他土地类型包括河渠、草地、滩地、裸土地、裸岩等。

3.4.1.1　污染负荷计算

收集了大埠头断面和桂林水文站断面较完整的水位、流量、水质数据，以及大面断面、磨盘山断面的水位、水质数据。大埠头断面和桂林水文站断面采用水位流量关系曲线计算月平均流量，水位流量拟合方程 R^2 在 0.944～0.999。通过建立大面（磨盘山）断面水位和桂林水文站断面水位/流量之间的转换关系，插补获得大面和磨盘山断面的月平均流量。

月污染负荷根据月平均流量（m^3/s）、月水质浓度（mg/L）和该月时间（以 s 计）的乘积计算。年污染负荷由各月污染负荷加和计算。

3.4.1.2　非点源污染比例计算

为了量化分析漓江上游非点源污染对漓江水质影响的贡献率，从两个角度进行分割和解析。一是基于水文分割的数字滤波法，对研究区 4 个监测断面 2015—2020 年的高锰酸盐指数、氨氮、TP、TN 污染负荷量进行非点源负荷的分割；二是利用第二次全国污染源普查数据，从污染源产生的源头出发，统计研究区大埠头断面至磨盘山断面涉及子流域范围内不同污染源的污染物排放量，根据统计结果计算得到非点源污染占比。

1. *数字滤波法*

点源和非点源负荷比例是由月负荷量通过数字滤波法（张泳华 等，2020；莫崇勋 等，2020；Shao et al.，2020）计算而得，其中滤波方程中的滤波参数 β 取值区间为 0.85～0.95（Nathan and McMahon，1990），每次增加 0.25 进行分割，运行程序，输出相应分割结果。根据本研究，滤波参数为 0.925 进行 3 次滤波可得到较为理想的结果，与黎坤等（2010）的相关研究相符。

2. *污染源普查统计*

国家污染源普查范围包括工业污染源，农业污染源，生活污染源，集中式污染治理设施，移动源及其他产生、排放污染物的设施。第二次全国污染源普查标准时点为 2017 年 12 月 31 日。根据第二次全国污染源普查提供的点源污染和非点源污染排放量，通过 GIS 空间分析和数据统计分析，在面积比例平均分配的基础上，结合各子流域土地利用类型进行适当调整，将以行政区为单元的污染统计数据转化为以子流域为单元的污染统计数据，根据统计结果计算得到非点源污染占比。

3. *两种方法计算结果对比与分析*

（1）污染源普查统计法和数字滤波法计算非点源污染的原理存在差别。污染源普查统计法是从河流污染物来源上计算统计非点源污染的比例；数字滤波法是从河流污染物总量中计算非点源污染的比例，即将由地表径流输送的污染物算为非点源污染。

(2) 将2017年数字滤波法分割计算结果与2017年污染源普查统计结果对比，二者非点源污染比例氨氮的相对误差为－11.9%；TP的相对误差为－1.3%；TN的相对误差为－2.9%。两种方法的非点源污染比例计算结果接近，且污染源普查统计方法的计算结果相对偏大。

(3) 数字滤波法和污染源普查统计法计算非点源污染操作相对简单，需要的数据量较少，便于在污染物管理方面进行应用。但本研究在应用这两种方法时，也存在以下不足，影响了计算精度。

非点源污染的产生从机理上与降雨量、径流量关系较大，而降雨量、径流量在时空上具有随机性和不确定性，同时污染物在河流中迁移转化过程复杂，数字滤波法未考虑这些机理因素，可能造成估算误差。同时，由每月一次监测的水质数据代表该月平均的水质情况进行污染负荷计算，不可避免地造成月污染负荷量的估算误差。

污染源普查统计法统计的部分污染物精度不高，会影响计算的非点源污染比例。例如，城镇生活污水进入管网但处理率未达标的部分以及畜禽水产散养养殖产生的非点源污染等统计难度大等。

3.4.2 面源负荷时空特征分析

数字滤波法计算的2015—2020年4个断面各指标非点源负荷比例在0.55～0.82，其中高锰酸盐指数平均为0.72，氨氮平均为0.76，TP平均为0.75，TN平均为0.74，可知研究区非点源污染比例较高。

2017年度污染源统计情况显示，COD非点源排放量约4.67万t/年，非点源污染占比0.89；氨氮非点源排放量约0.24万t/年，非点源污染占比0.84；TP非点源排放量约0.03万t/年，非点源污染占比0.79；TN非点源排放量约0.41万t/年，非点源污染占比0.78。

3.4.2.1 面源污染时间变化特征

1. 非点源污染负荷年内变化特征

根据月负荷量乘以相应年份数字滤波法计算的非点源负荷比例得到非点源月负荷量，分析降雨量与各指标非点源污染负荷量的年内分布特征。图3-25为月降雨量与非点源月负荷量的变化趋势图，可以看出非点源负荷量的时间分布规律与降雨量分布趋势基本一致，有明显的季节规律。非点源负荷量9月—翌年2月变化平缓，4—5月开始大幅增加，峰值出现在5—6月。丰水期（4—8月）随着降雨量的增加，非点源负荷量显著增大；枯水期（9月—翌年2月）降雨量较小，负荷量也相应减小。非点源污染负荷量受降雨尤其是暴雨的影响较大。

2. 非点源负荷比例年际变化特征

根据数字滤波法计算的2015－2020年非点源负荷比例年际变化趋势如图3-26，除大埠头断面外，其他3个断面变化趋势相似。2018年非点源负荷比例明显降低，2015—2017年、2019—2020年非点源负荷比例呈现波动上升趋势。由于大埠头断面位于研究区上游，土地利用类型多为林地，其非点源负荷变化规律与其他断面有一定差别。

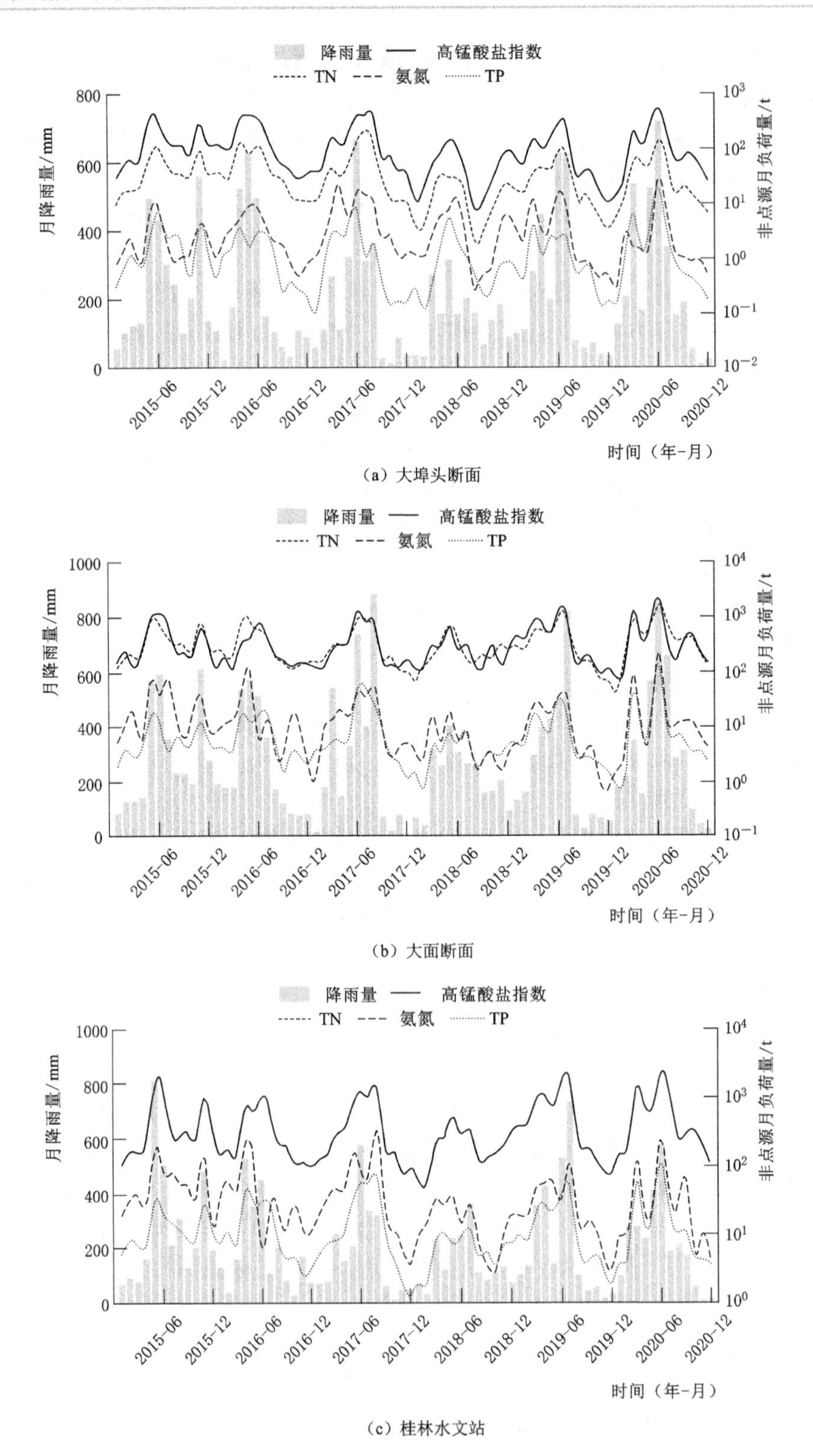

（a）大埠头断面

（b）大面断面

（c）桂林水文站

图3-25（一）　非点源负荷量与降雨量年内变化趋势

注：桂林水文站缺少TN水质监测数据，下同。

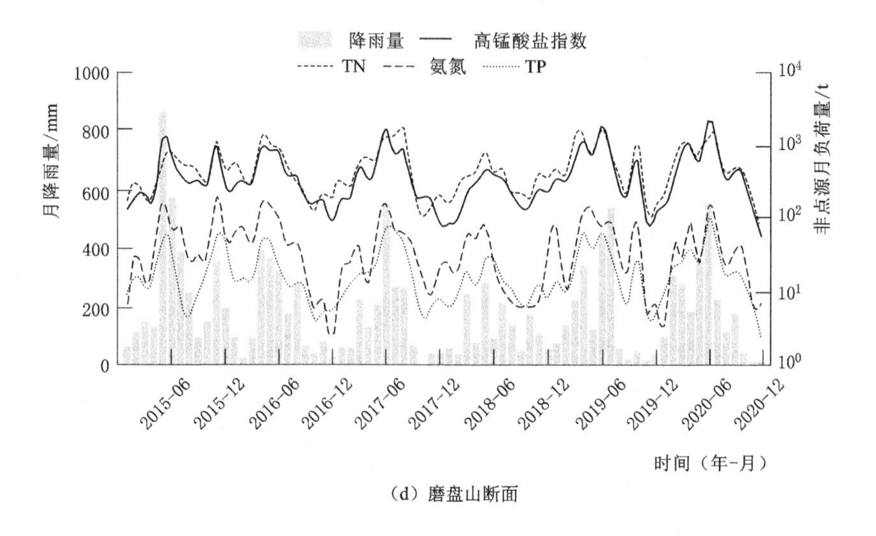

（d）磨盘山断面

图 3-25（二） 非点源负荷量与降雨量年内变化趋势

注：桂林水文站缺少 TN 水质监测数据，下同。

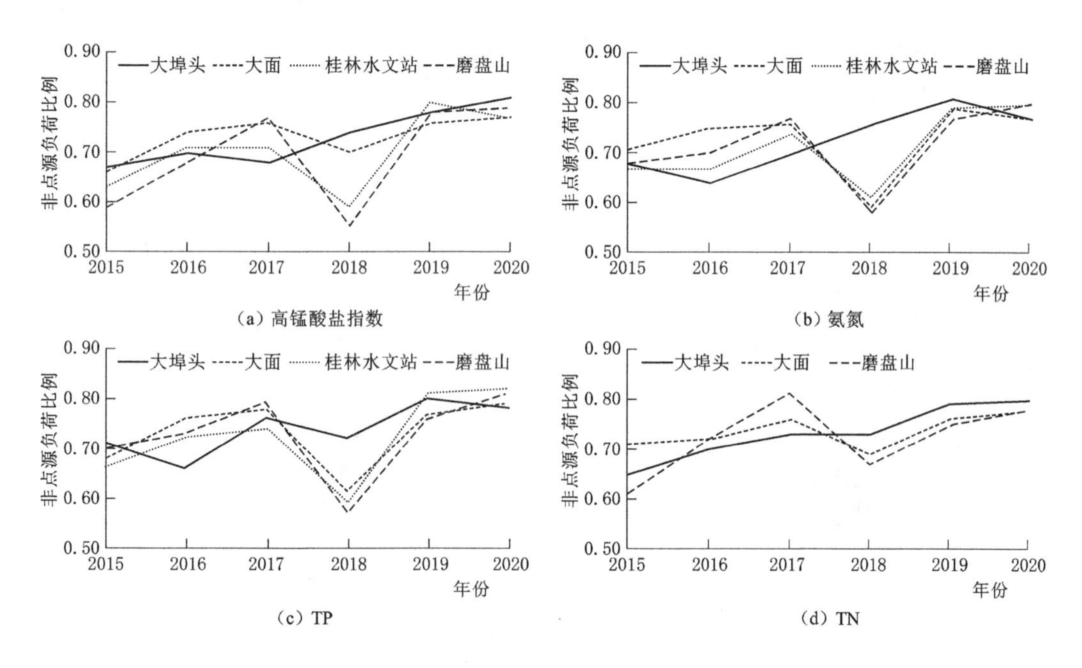

（a）高锰酸盐指数　（b）氨氮

（c）TP　（d）TN

图 3-26 非点源负荷比例年际变化

非点源污染负荷受降雨径流和点源污染治理工程的综合影响。2019—2020 年的降雨量（平均 2753mm）和径流量（平均 156m^3/s）较大，降雨径流冲刷带来的非点源污染也相应增大，高锰酸盐指数、氨氮、TP、TN 的非点源污染比例平均为 0.79，0.79，0.80，0.78。2015—2017 年的降雨量（平均 2700mm）和径流量（平均 134m^3/s）也较大，但其非点源负荷比例（高锰酸盐指数、氨氮、TP、TN 平均为 0.69，0.71，0.73，0.71）比

2019—2020年小，这可能与2015—2018年桂林漓江排污、截污、黑臭水体整治等系列环境治理工程相关，点源污染得到进一步控制。值得注意的是2018年是一个枯水年份（降雨量1871mm，径流量72m^3/s），比2015—2020年的平均值（降雨量2580mm，径流量131m^3/s）小很多，2018年的非点源负荷比例（高锰酸盐指数、氨氮、TP、TN平均为0.65，0.64，0.62，0.70）也减小，说明降雨量和径流量年际变化对非点源负荷产生影响。

3.4.2.2　面源污染空间变化特征

1. 干流断面非点源负荷沿程变化特征

从研究区的上游大埠头断面至下游磨盘山断面，随着水流方向，沿程不断汇入污染物，污染物入河量不断增加，非点源负荷量总体呈上升趋势。其中大埠头至大面河段非点源负荷量上升幅度较大，大面至桂林水文站河段上升幅度次之。但因降雨量、径流量、污染物监测浓度变化等因素的影响，桂林水文站至磨盘山河段2015年、2017年、2019和2020年高锰酸盐指数负荷量有降低趋势，2017年和2020年氨氮负荷量出现下降。

2. 非点源污染排放量空间分布特征

非点源污染排放量与降雨、地形、土地利用、子流域范围内污染源类型有关。根据2017年第二次全国污染源普查数据，非点源污染单位面积排放量空间分布呈现上游和中游区域大于下游区域，如图3-27所示。城镇地区非点源污染单位面积排放量较大，主要污染源为城镇生活污水（未集中收集部分），如七星流域、桃花江流域和南溪河流域；农业地区和农村居民区主要污染源为种植业、农村生活污水和畜禽养殖污染，如灵川流域。

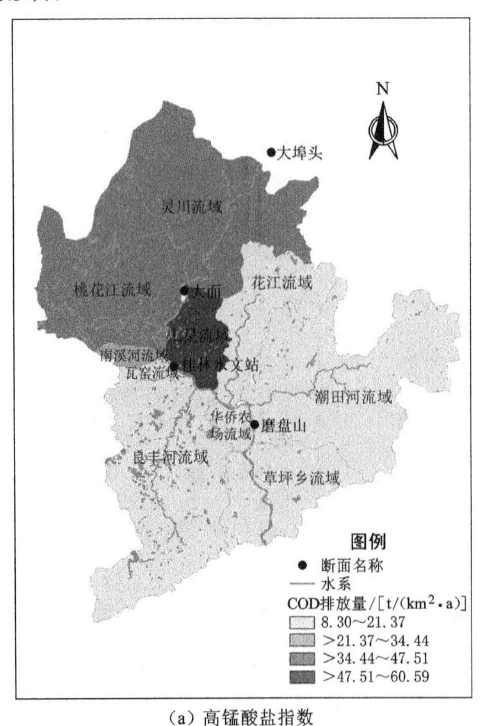

(a) 高锰酸盐指数

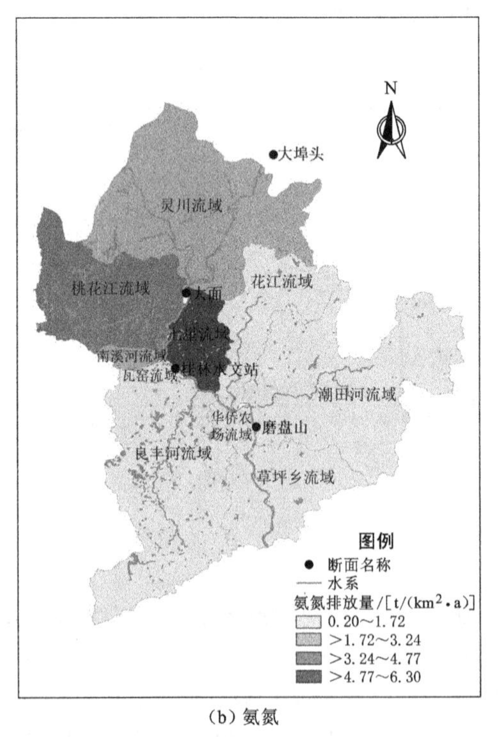

(b) 氨氮

图3-27（一）　非点源污染单位面积排放量空间分布

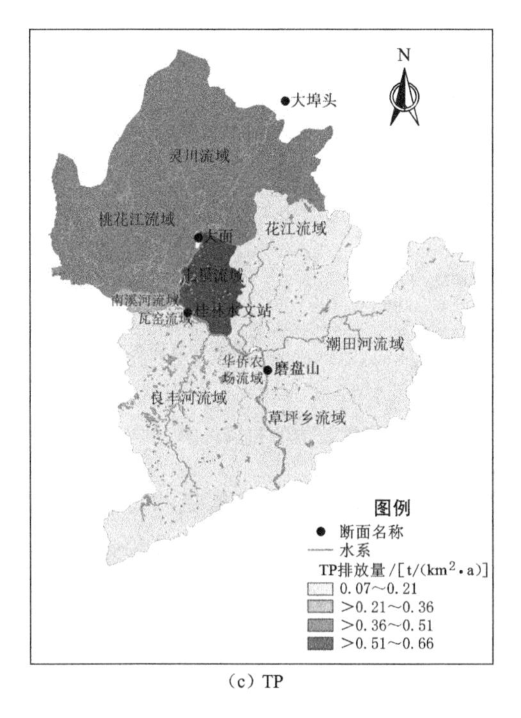

(c) TP

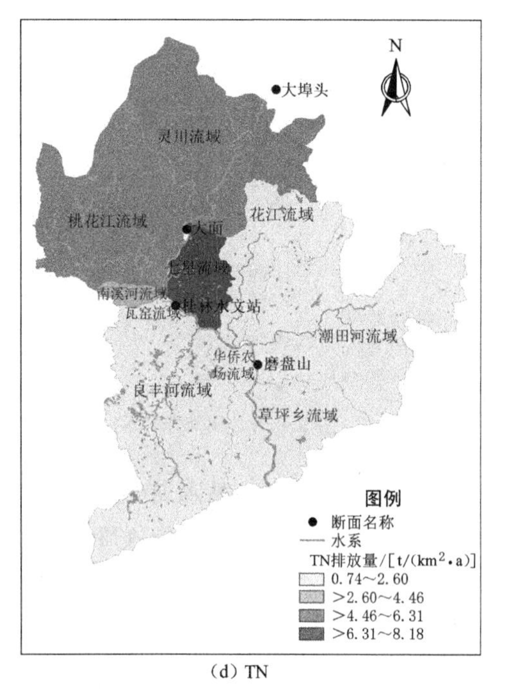

(d) TN

图 3-27（二）　非点源污染单位面积排放量空间分布

3.5　面源污染负荷估算

建立降雨量和径流量与面源污染负荷之间的相关关系，可为流域面源污染负荷的预测和治理提供参考。以漓江上游桂林水文站 2005—2014 年各月的水质和流量资料为基础，采用径流分割法、降雨量差值法和径流量差值法，建立降雨量（P）/径流量（Q）与面源负荷（L_n）的相关关系，对漓江流域上游的主要面源污染物高锰酸盐指数（COD_{Mn}）、氨氮（NH_3-N）和总磷（TP）进行分析。

3.5.1　基于径流分割法的面源污染负荷估算

流域的径流过程（Q）包括地表径流（Q_s）和河川基流（Q_g），降雨径流的冲刷是面源污染（L_n）产生的原动力，径流排水是面源污染物运移的主要载体。为简化面源污染负荷计算过程，可以假定面源污染主要由汛期地表径流引起，而枯水季节的水质污染主要由点源污染所引起（郝芳华 等，2006）。进行面源污染负荷估算时，径流分割法（李怀恩，2000）先由降雨量推求径流总磷量或者直接利用径流量实测值，将总径流量分割为汛期地表径流和枯季径流，以枯水期的平均流量作为河川基流量，平均浓度作为基流浓度，然后进行污染物的分割计算。

对于漓江流域，4—8 月为丰水期，2—3 月、9—11 月为平水期，12 月和翌年 1 月为枯水期。计算丰水期与枯水期的流量差值和相应的污染物负荷（通量）差值，建立其相关关系（图 3-28）。结果显示，丰枯水期的污染物负荷差值和流量差值拟合方程的决定系数在 0.88 以上，说明两者的拟合程度较好。

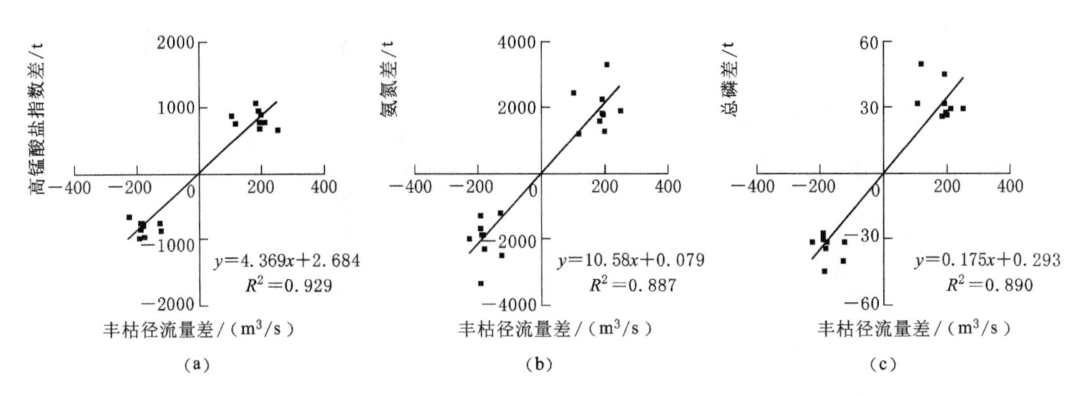

图 3-28 相邻丰水期-枯水期污染物差值与径流量差值的相关关系

按丰水期、平水期、枯水期分别计算监测断面的高锰酸盐指数、氨氮和总磷浓度，然后计算面源污染负荷和点源污染负荷（表 3-15）。其中，年污染物负荷实测值由月污染物负荷实测值加和求得，月污染物负荷实测值由月流量与月污染物实测平均浓度的乘积来计算。

表 3-15 径流分割法的面源污染计算结果

年份		2005	2006	2007	2008	2009	2010	2011	2012	2013	2014
丰水期	流量/(m^3/s)	223.34	211.6	147.84	220.86	224.46	271.38	150.8	229.82	233.6	233.6
	COD_{Mn}/(mg/L)	1.78	1.6	1.54	1.52	2.04	1.34	1.704	1.88	1.54	1.46
	NH_3—N/(mg/L)	0.228	0.32	0.212	0.318	0.282	0.338	0.428	0.3892	0.5702	0.2358
	TP/(mg/L)	0.0642	0.076	0.096	0.086	0.054	0.062	0.064	0.062	0.058	0.058
平水期	流量/(m^3/s)	71.88	56.62	50.96	84.14	35.62	34.08	44.16	62.56	82.52	52.62
	COD_{Mn}/(mg/L)	2.2	1.14	2.18	1.7	2.2	1.5	1.68	2.2	1.6	1.66
	NH_3—N/(mg/L)	0.284	0.204	0.33	0.228	0.382	0.314	0.26	0.355	0.2268	0.2558
	TP/(mg/L)	0.1234	0.0812	0.126	0.07	0.068	0.052	0.068	0.096	0.042	0.064
枯水期	流量/(m^3/s)	30.45	26.45	17.95	32.6	29.75	43.45	23.05	48.5	40.7	26.15
	COD_{Mn}/(mg/L)	2.4	1.9	1.9	1.7	2.6	1.55	1.6	1.55	1.85	1.55
	NH_3—N/(mg/L)	0.845	0.555	0.695	0.255	0.3	0.45	0.67	0.3205	0.299	0.2315
	TP/(mg/L)	0.121	0.1295	0.205	0.07	0.055	0.065	0.075	0.065	0.045	0.045
COD_{Mn}	面源计算值/t	4837	4182	2811	4118	5607	4422	3181	5279	4329	4266
	点源计算值/t	2461	1112	1638	2170	1435	1025	1168	2202	2129	1360
	总负荷计算值/t	7298	5294	4449	6287	7043	5447	4349	7482	6458	5626
	总负荷实测值/t	7439	5605	4678	6266	8389	5799	3569	8540	6583	5721
NH_3—N	面源计算值/t	534	812	346	879	784	1102	766	1093	1685	692
	点源计算值/t	403	229	286	296	226	243	232	373	310	209
	总负荷计算值/t	937	1041	632	1174	1010	1345	998	1466	1995	900
	总负荷实测值/t	1057	1029	671	1073	1004	1338	976	1671	1956	933

续表

年份		2005	2006	2007	2008	2009	2010	2011	2012	2013	2014
TP	面源计算值/t	188	211	186	249	159	221	127	187	178	178
	点源计算值/t	136	78	104	89	40	38	49	95	55	50
	总负荷计算值/t	324	289	290	339	199	259	175	282	233	228
	总负荷实测值/t	311	278	294	320	202	244	162	306	231	232

为了评价径流分割法计算结果的合理性，采用线性回归法分析径流分割法计算的污染物总负荷与实测值的拟合程度（图 3-29）。结果表明，污染物负荷计算值和实测值的决定系数在 0.91 以上，散点比较均匀地分布在拟合直线的两侧，说明径流分割法的计算结果较合理。

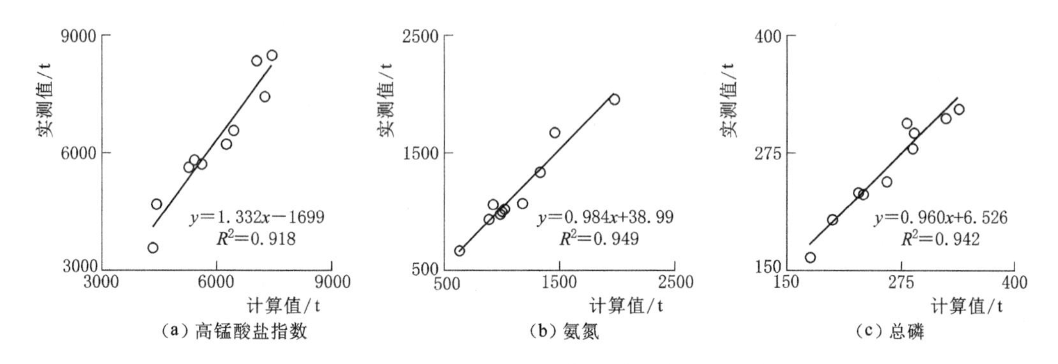

图 3-29 基于径流分割法的污染物总负荷计算值与实测值的相关关系

3.5.2 基于降雨量差值法的面源污染负荷估算

一般来说，无降雨量或者降雨量小而不产生地表径流时，流域的污染主要由点源污染引起，年内（或一段时间内）点源污染负荷变化波动不大。当降雨产生地表径流时，流域同时发生点源污染和面源污染。降雨量插值法认为，任意两年洪水（或任意两月，任意两场）产生的污染总负荷（包括点源和面源）之差（ΔL）应为这两年降雨量之差（ΔP）引起的面源污染负荷（L_n）。据此，可以建立降雨量差值与面源污染负荷差值（ΔL_n）之间的相关关系，降雨量差值法的计算公式详见文献（蔡明 等，2005）。

降雨量差值法避开了污染物从产生到流出流域出口的迁移转化过程，直接估算流域出口的面源污染负荷，适用于径流量观测缺少的地区（蔡明 等，2007；黄国如 等，2011）。

根据桂林水文站月降雨量差值和污染物负荷的差值，建立其相关关系（图 3-30），在月降雨量差小于 150mm 时，相关关系图的散点较为集中，分布于拟合直线的附近。但当月降雨量差值大于 150mm 时，降雨量越大，散点偏离拟合直线的程度较大。

根据图 3-31 的拟合方程，可建立月污染物负荷差值与降雨量差值的函数关系。

3.5.3 基于径流量差值法的面源污染负荷估算

一般来说，如果没有地表径流（Q_s）的产生，面源污染物很难进入受纳水体。因此，面源污染 L_n 与地表径流 Q_s 存在密切关系。假定流域各年（月）点源污染负荷排放量为常

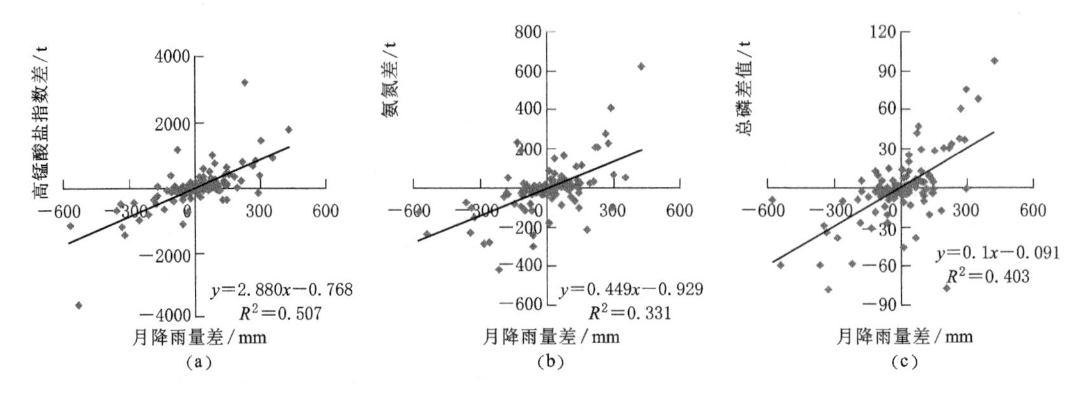

图 3-30　相邻月份污染物差值与降雨量差值的相关关系

数，则流域相邻各年（月）出口断面总负荷差值（ΔL）可认为是由径流过程引起的面源污染负荷（L_n）。据此，ΔL 与相邻各年（月）地表径流量差值（ΔQ_s）之间存在函数关系。利用径流量差值法计算面源污染负荷 L_n 的方法详见文献（李怀恩 等，2013）。

以当年的最枯月径流为基流，计算各月的地表径流。建立月地表径流量差值和污染物负荷差值的相关关系（图 3-31）。

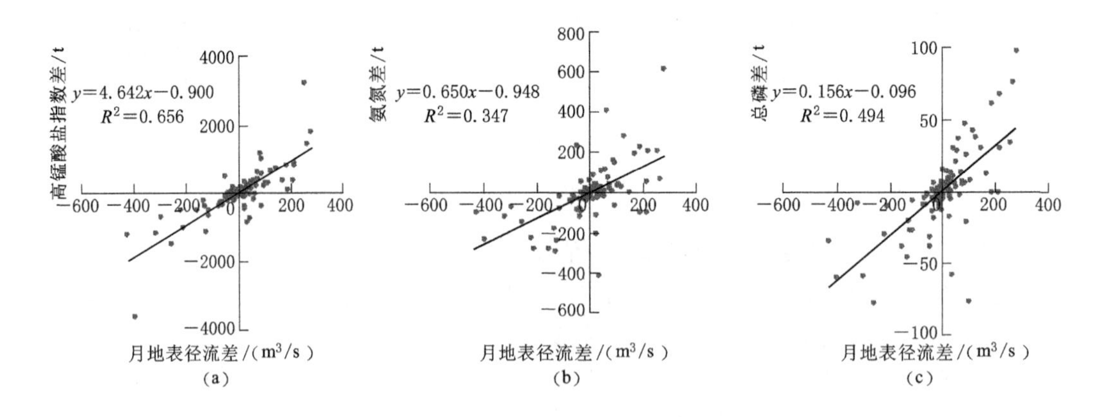

图 3-31　相邻月份污染物差值与地表径流量差值的相关关系

根据图 3-31 的拟合方程，可建立月污染物差值与地表径流量差值的函数关系。

径流分割法、降雨量差值法和径流量差值法 3 种计算方法在漓江上游的计算结果表明，丰枯径流量差值（径流分割法）与面源污染的相关性最好，决定系数在 0.88 以上。月径流量差值和月降雨量差值与面源污染的相关性低于丰枯径流差值的，其决定系数在 0.331～0.656，说明面源污染与降雨和径流量不是简单的线性关系，还与降雨的强度和径流的流速等因素有关，漓江流域的岩溶地貌也是影响面源污染产生不可忽视的因素。漓江流域岩溶发育等复杂的下垫面条件，也影响着污染物到达流域出口的运动过程。由于岩溶发育地区土壤厚度薄、不连续或土壤表层缺失，表层储水介质的孔隙率、裂隙率高，导致其降雨入渗透率较高，再加上岩溶裂隙的存在，使得面源污染物可随壤中流和基流而运动，从而减弱了面源污染与地表径流的相关性。

3.6 本章小结

研究了漓江上游干支流径流序列的年内、年际变化和水质变化特征，对径流和水质之间的相关关系进行分析。

（1）2006—2015 年，漓江上游水质状况良好，综合污染指数平均值总体上随年份推移呈现出略微下降的趋势，说明漓江上游的污染逐步得到控制。综合单因子指数评价法、综合污染指数评价法、Mann - Kendall 趋势检验法和 Daniel 趋势检验法分析结果显示，漓江上游近年来水质达标率较高，总体保持向好的态势。

（2）漓江流域上游桂林水文站断面和灵渠水文站断面 2006—2015 年的径流量与高锰酸盐指数、氨氮、总磷之间的相关关系不明显。高锰酸盐指数、氨氮、总磷的浓度变化趋势与径流量大小关系不大，污染物浓度变化主要由污染源因素引起。桂林水文站断面的径流量与氨氮、总磷、高锰酸盐指数浓度均呈负相关关系，污染物浓度随流量的增加而降低，以点源污染为主。灵渠水文站断面径流量与氨氮、总磷、高锰酸盐指数均呈正相关关系，污染物浓度随流量的增加而增大，污染主要来自于面源。

（3）漓江上游灵渠的高锰酸盐指数浓度在丰、枯水期都呈现不显著的上升趋势，氨氮浓度在丰、枯水期都呈现显著的下降趋势，总磷浓度在丰、枯水期的变化幅度最小，呈现不显著的下降趋势。年际间高锰酸盐指数浓度的变化比氨氮、总磷剧烈。高锰酸盐指数、氨氮、总磷通量在丰水期的变化均大于枯水期。氨氮、总磷通量在丰枯水期都呈现下降趋势，并且氨氮通量的下降趋势显著。

枯水期径流与高锰酸盐指数、氨氮、总磷浓度和污染物通量的相关性，大于丰水期径流与污染物浓度和污染物通量的相关性。丰、枯水期径流与污染物通量之间的相关系数绝对值大于相应水期径流与浓度之间的相关系数绝对值，表明径流量与污染物通量之间的相关性更高。丰、枯水期高锰酸盐指数浓度与径流量都呈现负相关，说明径流量增大对高锰酸盐指数的稀释作用起主导作用；丰、枯水期氨氮、总磷浓度与径流量都呈正相关，说明径流量增大引起的氨氮和总磷污染物入河增加量，大于径流量对河流氮磷污染物的稀释量（能力）。

河流水质变化会受点源、面源污染两方面的影响，丰、枯水期的高锰酸盐指数浓度随着径流的增加而减小，说明高锰酸盐指数污染以点源为主。丰、枯水期氨氮、总磷浓度随着径流的增加而增加，说明氮磷污染以面源为主。

（4）漓江上游氮磷、COD 和高锰酸盐指数的污染来源以非点源污染为主。基于水文分割的数字滤波法，2015—2020 年大埠头、大面、桂林水文站、磨盘山断面的非点源负荷比例为，高锰酸盐指数平均 0.72，氨氮平均 0.76，总磷平均 0.75，总氮平均 0.74。基于 2017 年第二次全国污染源普查统计，研究区非点源污染比例 COD 为 0.89，氨氮为 0.84，总磷为 0.79，总氮为 0.78。

（5）径流分割法、降雨量差值法和径流量差值法 3 种计算方法在漓江流域上游的面源污染负荷计算结果表明，径流分割法的计算精度最高，丰枯水期污染物负荷差值和流量差值的拟合方程决定系数在0.88以上；基于径流分割法的污染物总负荷计算值和实测值的决定系数在0.91以上，计算值与实测值的结果接近。

参考文献

[1] 陆卫军，张涛．几种河流水质评价方法的比较分析［J］．环境科学与管理，2009，(34) 6：174-176.

[2] 田龙．台兰河流域水文气象要素变化特征分析［J］．广西水利水电，2014，4：26-29.

[3] 高伟，陈岩，徐敏，等．抚仙湖水质变化（1980—2011年）趋势与驱动力分析［J］．湖泊科学，2013，25 (5)：645-642.

[4] 万黎，毛炳启．Spearman秩相关系数的批量计算［J］．环境保护科学，2008，34 (5)：53-55.

[5] 董志兵．锡林河流域径流变化规律及预测研究［D］．呼和浩特：内蒙古农业大学，2016.

[6] 郭丽峰，郭勇，罗阳，等．季节性Kendall检验法在滦河干流水质分析中的应用［J］．水资源保护，2014，30 (5)：60-67.

[7] 宋培兵，孙嘉辉，王超，等．宁波市白溪水库水文特征演变规律分析［J］．人民长江，2020，51 (4)：101-102.

[8] 于延胜，陈兴伟．基于Mann-Kendall法的水文序列趋势成分比重研究［J］．自然资源学报，2011，26 (9)：1586-1587.

[9] 吴奕，宋瑞鹏，张红卫，等．河南省降水量、地表水资源量变化趋势及演变关系［J］．人民黄河，2021，43 (9)：59-60.

[10] 杨盼，卢路，王继保，等．基于主成分分析的Spearman秩相关系数法在长江干流水质分析中的应用［J］．环境工程，2019，37 (8)：77-80.

[11] 薛巧英，刘建明．桂水污染综合指数评价方法与应用分析［J］．环境工程，2004，22 (1)：64-69.

[12] 邢竹，朱德新．关于高锰酸钾指数测定中影响因素的探讨［J］．广东化工，2012，2 (39)：202-203.

[13] 张泳华，刘祖发，赵铜铁钢，等．东江流域基流变化特征及影响因素［J］．水资源保护，2020，36 (4)：75-81.

[14] 莫崇勋，谢燕平，班华珍，等．不同基流分割方法在澄碧河的适用性探讨［J］．南水北调与水利科技，2020，18 (2)：86-92.

[15] Shao G W，Zhang D R，Guan Y Q，et al. Application of different separation methods to investigate the baseflow characteristics of a Semi-Arid Sandy Area，Northwestern China［J］．Water，2020，12 (2)：434.

[16] Nathan R J，McMahon T A. Evaluation of automated techniques for baseflow and recession analyses［J］．Water Resources Research，1990，26 (7)：1465-1473.

[17] 黎坤，林凯荣，江涛，等．数字滤波法在点源和非点源污染负荷分割中的应用［J］．环境科学研究，2010，23 (3)：298-303.

[18] 郝芳华，杨胜天，程红光，等．大尺度区域非点源污染负荷估算方法研究的意义、难点和关键技术［J］．环境科学学报，2006，26 (3)：363-365.

[19] 李怀恩．估算非点源污染负荷的平均浓度法及其应用［J］．环境科学学报，2000，20 (4)：397-400.

[20] 蔡明，李怀恩，庄咏涛．估算流域非点源污染负荷的降雨量差值法［J］．西北农林科技大学学报（自然科学版），2005，33 (4)：102-106.

[21] 蔡明，李怀恩，刘晓军. 非点源污染负荷估算方法研究 [J]. 人民黄河，2007，29 (7)：36 - 37，39.

[22] 黄国如，姚锡良，胡海英. 农业非点源污染负荷核算方法研究 [J]. 水电能源科学，2011，29 (11)：28 - 32.

[23] 李怀恩，李家科. 流域非点源污染负荷定量化方法研究与应用 [M]. 北京：科学出版社，2013，214 -216.

第4章

漓江上游污染物运移模拟

4.1 污染负荷（污染通量）计算

4.1.1 流量计算

河流流量与水质指标（污染物浓度）是河流污染负荷（污染物通量）计算的基础数据，对于分析污染物在漓江上游干支流水系中的变化和运移十分重要。一些水文监测断面只监测水位而缺少实测流量，大部分河流的水文监测断面与水质监测断面不是完全匹配，造成水质断面缺少流量数据。本书采用水位～流量（$Z \sim Q$）关系曲线法、水文比拟法（距离插补法）、等值线图法3种方法估算漓江上游干支流水文/水质监测断面的流量数据，其中等值线图法作为校验依据，估算流量数据的这些断面也是漓江上游干支流水系氮磷运移的节点。根据现有资料的实际情况，采用相应的方法计算不同断面的流量，见表4-1。

表4-1 漓江上游干支流断面（节点）流量计算方法

	断面（节点）	方法
干流	大溶江	$Z \sim Q$ 曲线法
	三街	$Z \sim Q$ 曲线法
	甘潭浮桥	距离插补法、等值线图法
	大面	距离插补法、等值线图法
	解放桥	距离插补法、等值线图法
	净瓶山大桥	采用桂林水文站已有的长系列资料
	港建大桥	距离插补法、等值线图法
	磨盘山	距离插补法、等值线图法
支流	甘棠江	水文比拟法
	桃花江	$Z \sim Q$ 曲线法
	南溪河	$Z \sim Q$ 曲线法
	小东江	水文比拟法
	良丰河	$Z \sim Q$ 曲线法
	花江	$Z \sim Q$ 曲线法
	涧沙河	$Z \sim Q$ 曲线法
	潮田河	$Z \sim Q$ 曲线法

4.1.1.1 水位～流量关系曲线法

净瓶山大桥距离桂林水文站非常近，其流量直接采用桂林水文站实测的长系列流量数据。对于水位、流量数据较全的站点，建立相应的 $Z \sim Q$ 关系曲线。干流断面建立大溶江（大埠头）、三街的 $Z \sim Q$ 曲线，得到相应的拟合方程。支流断面建立潮田河、大圩（涧沙河）、良丰河（相思江）、南溪河、桑林（花江）、桃花江的 $Z \sim Q$ 曲线，得到拟合方程。同时将部分站点适当进行高低水延长，做出相应的高水延长线与低水延长线，提高不同水期的拟合度。$Z \sim Q$ 曲线示例如图 4-1 所示，拟合方程见表 4-2。

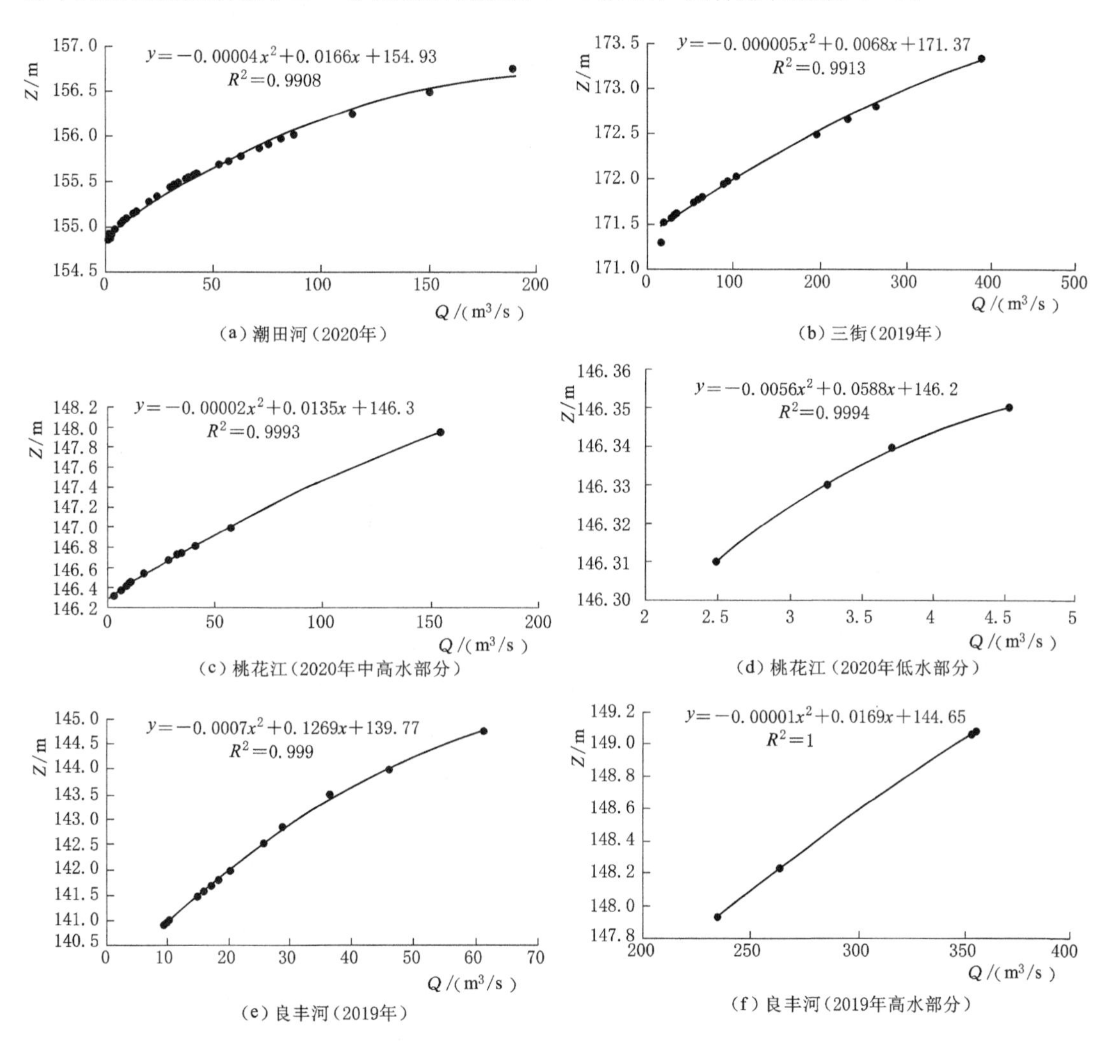

图 4-1 干支流部分节点 $Z \sim Q$ 关系曲线

根据所得 $Z \sim Q$ 曲线以及各站点日水位数据，将水位数据代入拟合公式（拟合程度 R^2 平均在 0.94 以上），计算出各干支流断面月平均流量，对照各站点月累计降雨数据及逐日降雨数据检查计算流量的合理性。

以 2019 年支流潮田河断面为例，拟合公式 $y=-0.00005x^2+0.018x+154.94$，$R^2=0.9929$，计算过程见表 4-3。

表 4-2　干支流断面（节点）$Z \sim Q$ 曲线拟合方程

河流	断面	年份	水期	拟合方程	R^2
干流	大溶江	2017	—	—	—
		2018	低水	$y=-0.0084x^2+0.1377x+182.97$	0.9885
			中高水	$y=-0.000009x^2+0.0107x+183.46$	0.9547
		2019	低水	$y=-0.019x^2+0.2211x+182.81$	1.0000
			中低水	$y=-0.0004x^2+0.0364x+183.26$	0.9999
			中水	$y=-0.00002x^2+0.0109x+183.66$	0.9999
			高水	$y=-0.000002x^2+0.0052x+184.06$	1.0000
		2020	低水	$y=-0.0019x^2+0.065x+183.14$	0.9955
			中高水	$y=-0.000002x^2+0.0065x+183.6$	0.9735
	三街	2017	—	—	—
		2018	—	$y=-0.000005x^2+0.0068x+171.37$	0.9913
		2019	—	$y=-0.000005x^2+0.0068x+171.37$	0.9913
		2020	—	$y=-0.0000005x^2+0.0025x+171.52$	0.9799
支流	桃花江	2017	低水	$y=-0.1162x^2+0.4874x+145.8$	0.9400
			中高水	$y=0.0129x+146.31$	0.9963
		2018	—	$y=0.0122x+146.31$	0.9871
		2019	低水	$y=-0.0694x^2+0.3384x+145.9$	0.9996
			中高水	$y=0.0124x+146.31$	0.9846
		2020	低水	$y=-0.0056x^2+0.0588x+146.2$	0.9994
			中高水	$y=-0.00002x^2+0.0135x+146.3$	0.9993
	南溪河	2017	—	$y=-0.0039x^2+0.1941x+145.05$	0.9832
		2018	—	$y=-0.0039x^2+0.1941x+145.05$	0.9832
		2019	低水	$y=-0.0583x^2+0.8444x+143.16$	0.9992
			中高水	$y=-0.0007x^2+0.0961x+145.72$	1.0000
		2020	—	$y=-0.0039x^2+0.1941x+145.05$	0.9832
	良丰河	2017	—	$y=-0.0035x^2+0.2096x+140.13$	0.9999
		2018	—	$y=-0.0035x^2+0.2096x+140.13$	0.9999
		2019	中低水	$y=-0.0007x^2+0.1269x+139.77$	0.9999
			高水	$y=-0.00001x^2+0.0169x+144.65$	1.0000
		2020	中低水	$y=-0.0007x^2+0.1269x+139.75$	0.9995
			高水	$y=-0.00001x^2+0.016x+144.73$	0.9998
	花江	2017	—	$y=0.0191x+139.02$	0.9950
		2018	—	$y=0.0191x+139.02$	0.9950
		2019	—	$y=0.0191x+139.02$	0.9950
		2020	—	$y=0.0191x+139.02$	0.9950

续表

河流	断面	年份	水期	拟 合 方 程	R^2
支流	涧沙河	2017	低水	$y=0.0813x+139.06$	0.9994
			中高水	$y=-0.0002x^2+0.04x+139.26$	0.9943
		2018	—	$y=-0.0001x^2+0.0296x+139.57$	0.9997
		2019	—	$y=-0.00004x^2+0.0231x+139.63$	0.9978
		2020	—	$y=-0.00008x^2+0.0269x+139.59$	0.9990
	潮田河	2017	—	$y=-0.0003x^2+0.0277x+154.91$	0.9859
		2018	—	$y=-0.0001x^2+0.0216x+154.9$	0.9916
		2019	—	$y=-0.00005x^2+0.018x+154.94$	0.9929
		2020	—	$y=0.00004x^2+0.0166x+154.93$	0.9908

表 4-3　2019 年支流断面潮田河 $Z \sim Q$ 曲线法计算示例

月份	水位 y/m	a	b	c	b^2-4ac	流量 x/(m^3/s)
1	155.22	−0.00005	0.0181	−0.28	0.016481	16.194
2	155.13	−0.00005	0.0181	−0.19	0.017018	10.821
3	155.38	−0.00005	0.0181	−0.44	0.015479	26.207
4	155.61	−0.00005	0.0181	−0.67	0.013914	41.856
5	155.35	−0.00005	0.0181	−0.41	0.015672	24.281
6	155.53	−0.00005	0.0181	−0.59	0.014478	36.221
7	155.59	−0.00005	0.0181	−0.65	0.014057	40.426
8	155.01	−0.00005	0.0181	−0.07	0.017709	3.910
9	154.95	−0.00005	0.0181	−0.01	0.018265	0.899
10	154.96	−0.00005	0.0181	−0.02	0.01821	0.927
11	155.08	−0.00005	0.0181	−0.14	0.017309	7.908
12	155.04	−0.00005	0.0181	−0.10	0.017539	5.612

注　表中水位为各月平均水位，m；拟合二项式中，$a=-0.00005$，$b=0.0181$，$c=154.94-y$；x 为计算所得各月平均流量，m^3/s。

4.1.1.2　水文比拟法

水位、流量数据缺失的部分站点，无法采用 $Z \sim Q$ 关系曲线法进行计算，故采用水文比拟法。水文比拟法就是将参证流域的径流资料、分析成果按要求有选择地移置到设计流域上来。具体计算方法如下：

$$\overline{Q}=K_1K_2\overline{Q}_c \tag{4-1}$$

$$K_1=A/A_c \tag{4-2}$$

$$K_2=P/P_c \tag{4-3}$$

式中：$\overline{Q}$ 为设计流域（站）平均流量，m^3/s；$\overline{Q}_c$ 为参证流域（站）平均流量，m^3/s；K_1 为面积修正系数；A 为设计流域（站）集水面积，km^2；A_c 为参证流域（站）集水面积，km^2；K_2 为降雨修正系数；P 为设计流域（站）多年平均降雨量，mm；P_c 为参证流域（站）多年平均降雨量，mm。

主要站点的集水面积见表4-4。

表4-4　　主要站点集水面积

流域名称	集水面积/km^2	多年平均降雨量/mm	流域名称	集水面积/km^2	多年平均降雨量/mm
大溶江（大埠头）	722	1800	小东江	30.8	1890
甘棠江	305	1850	遇龙河、金宝河	334	1560
桃花江	322	1870	灵渠	248	>1900
潮田河	428	1800	桂林水文站	2762（水文站控制面积）	1896
良丰河	218	1850	阳朔水文站	5585（水文站控制面积）	1560
南溪河	27.4	1900			

因桂林水文站具有长系列实测水位、降雨、径流等水文资料，将其作为参证站，其集水面积为2762km^2，多年平均降雨量1896mm。采用水文比拟法计算的支流断面包括甘棠江、小东江。以甘棠江为例，青狮潭水库以下的甘棠江集水面积$A=305km^2$，$P=1850mm$；参证站桂林水文站$A_c=2762km^2$，$P_c=1896mm$，集水面积修正系数$K_1=305/2762=0.11$，降雨修正系数$K_2=1850/1896=0.9757$。2005年甘棠江流量$Q_1=128.083\times0.11\times0.9757=13.75m^3/s$，其余年份计算结果见表4-5。

表4-5　　甘棠江水文比拟法计算示例

年份	年平均流量/(m^3/s)		年份	年平均流量/(m^3/s)	
	桂林水文站（参证站）	甘棠江（设计站）		桂林水文站（参证站）	甘棠江（设计站）
2005	128.08	13.75	2013	138.50	14.86
2006	116.17	12.47	2014	123.62	13.27
2007	85.82	9.21	2015	181.40	19.47
2008	132.52	14.22	2016	152.22	16.34
2009	113.32	12.16	2017	163.90	17.58
2010	134.52	14.44	2018	76.17	9.50
2011	84.52	9.07	2019	169.57	21.58
2012	129.91	13.94	2020	152.14	23.05

将由$Z\sim Q$曲线计算得到的年平均流量与水文比拟法计算得到的流量作对比，相对误差平均10%左右（表4-6），在可接受范围内，水文比拟法可作为流量资料插补的一种有效方法。

本书采用水文比拟法计算年平均流量，在分配到月平均流量时，按照桂林水文站各年的月平均流量等比例分配，计算的站点月平均流量有一定的误差。

4.1.1.3　等值线图法

根据现有的广西多年平均径流深等值线图、C_V等值线图、多年平均降雨量等值线图等资料，桂林地区多年平均降雨量和多年平均径流深见表4-7和表4-8，多年平均径流系数为0.64左右（表4-9）。

表 4-6　　部分站点 $Z \sim Q$ 曲线法与水文比拟法对比

方　法	大溶江		良　丰　河				桃花江	
	2019 年	2020 年	2017 年	2018 年	2019 年	2020 年	2017 年	2018 年
Z～Q 曲线法/(m^3/s)	41.8	61.7	12.3	6.39	19.5	21.5	17.8	10.2
水文比拟法/(m^3/s)	49.9	53.3	12.6	6.8	15.5	16.5	18.8	8.3
相对误差/%	19.38	13.61	2.44	6.42	20.51	23.26	5.62	18.63

上述水位流量曲线法和水文比拟法两种流量插补方法与等值线图进行对比，以等值线图中多年平均径流深为准，对两种方法插补的流量进行修正。修正结果表明，水位流量曲线法的结果更为接近多年平均径流深，相对误差更小，在不能使用水位流量曲线的部分监测断面，再采取水文比拟法进行插补。

表 4-7　　桂林地区多年平均降雨量

地　　区	多年平均降雨量/mm	地　　区	多年平均降雨量/mm
桂林市区	1896	资源	1600～1800
兴安、临桂、灵川、永福	1800～1900	阳朔、龙胜、三江、全州、灌阳	1400～1600

表 4-8　　桂林地区多年平均径流深

地　　区	多年平均径流深/mm	地　　区	多年平均径流深/mm
桂林市区	1000～1100	永福	1200～1300
临桂、灵川	1100～1200	阳朔	800～1000
兴安	1400～1500		

表 4-9　　桂林市多年平均降雨总量及水资源量

地级行政区	面积/km^2	降水总量/亿 m^3	水资源总量/亿 m^3	径流系数
桂林市	27689	486.3	312.3	0.64
广西全区	236661	3637.4	1892.1	0.52

4.1.2　污染负荷计算

根据划分的子流域计算单元与干支流节点，整理加密监测点浓度数据与流量数据，计算各水质节点断面处的污染负荷。

（1）月污染负荷计算公式：

$$W = KCQ \tag{4-4}$$

式中：W 为当月负荷，t；K 为时段转换系数，月；C 为污染物浓度，mg/L；Q 为当月平均流量，m^3/s。

（2）年污染负荷计算公式（流量加权负荷）：

$$W = KC_g\overline{Q} \tag{4-5}$$

$$C_g = \frac{\sum_{i=1}^{n} C_i Q_i}{\sum_{i=1}^{n} Q_i} \tag{4-6}$$

式中：W 为年总负荷，t；K 为时段转换系数，年；C_g 为污染物流量加权浓度，mg/L；$\overline{Q}$ 为年平均流量，m^3/s。C_i 代表各月污染物浓度，mg/L；Q_i 代表各月平均流量，m^3/s。

干流计算区段及区段间是否有支流汇入情况见表4-10。

表4-10　干流断面区段信息

区　段	距离/km	是否有支流汇入
大埠头—三街	15.7	无
三街—甘潭浮桥	12.7	无
甘潭浮桥—糖榨园	2.4	无
糖榨园—大面	2.4	甘棠江
大面—虞山桥	6.3	无
虞山桥—解放桥	2.6	无
解放桥—漓江桥	2	桃花江文昌桥段
漓江桥—净瓶山	4	桃花江雉山桥段、南溪河、小东江
净瓶山—港建大桥	12.3	相思江
港建大桥—磨盘山	6.4	花江、涧沙河、潮田河

漓江干流污染负荷（通量）呈现沿程增加的趋势（图4-2），在丰水期更加明显，由于2020年6月、7月流量较大，这两月计算的污染负荷明显高于其他月份。一般而言，在浓度相差不大的情况下，污染负荷表现为丰水期＞平水期＞枯水期的特点。

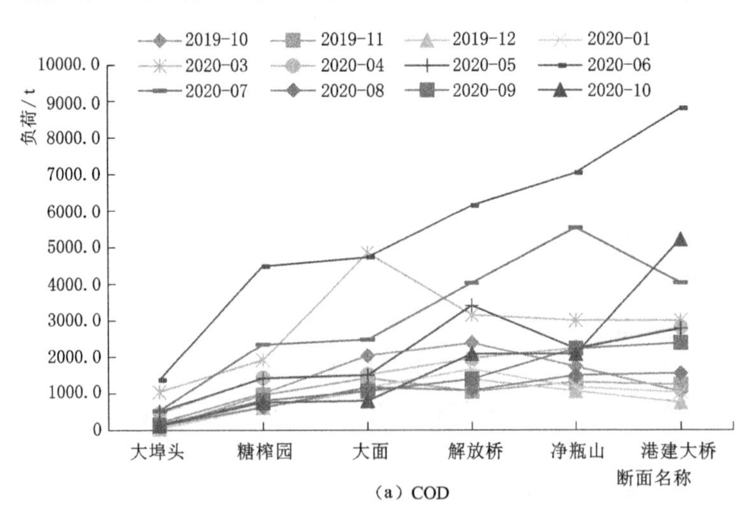

(a) COD

图4-2（一）　干流沿程月负荷变化

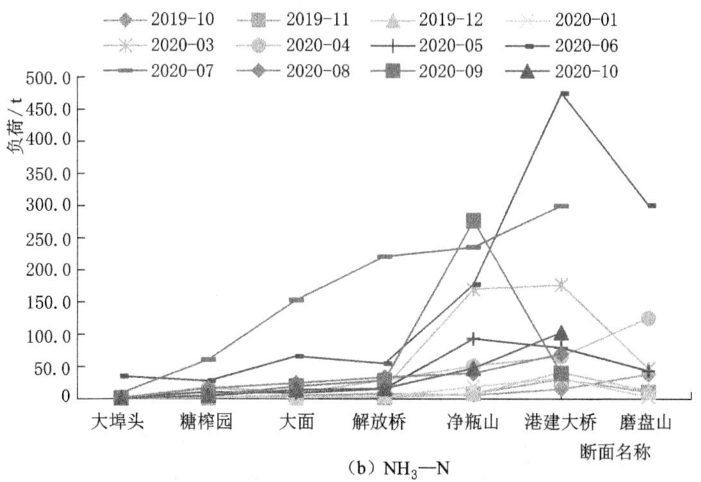

（b）NH_3—N

注：磨盘山断面缺2020年COD浓度监测数据。

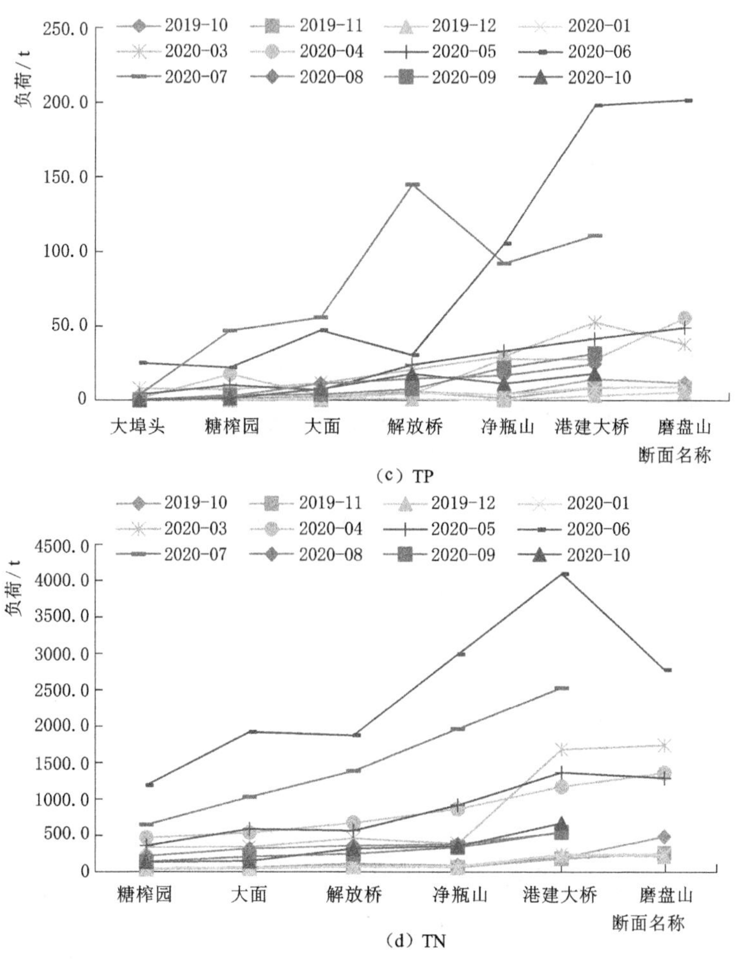

（d）TN

注：大埠头断面缺2020年总氮浓度监测数据。

图4-2（二） 干流沿程月负荷变化

漓江上游支流污染负荷变化见图4-3，支流的COD、总磷、总氮负荷值表现为甘棠江较大，桃花江、相思江次之，花江、潮田河、南溪河较小，洞沙河、小东江最小。其中南溪河污染物浓度较高，但流量较小，小东江流量也较小，因此其污染负荷较低。

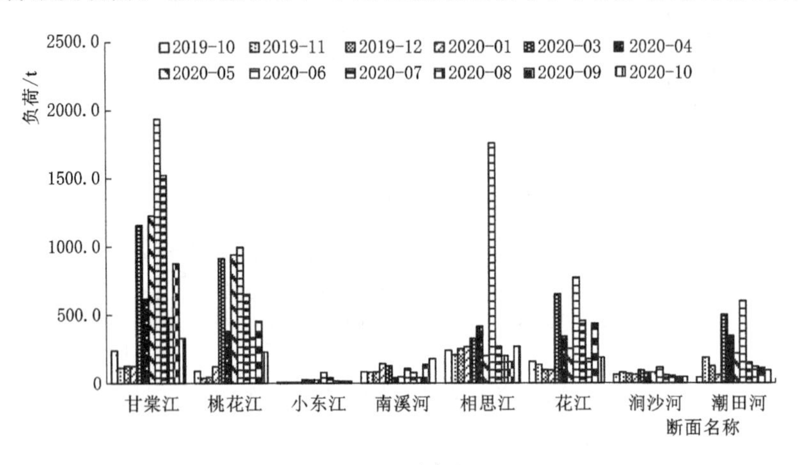

(a) COD

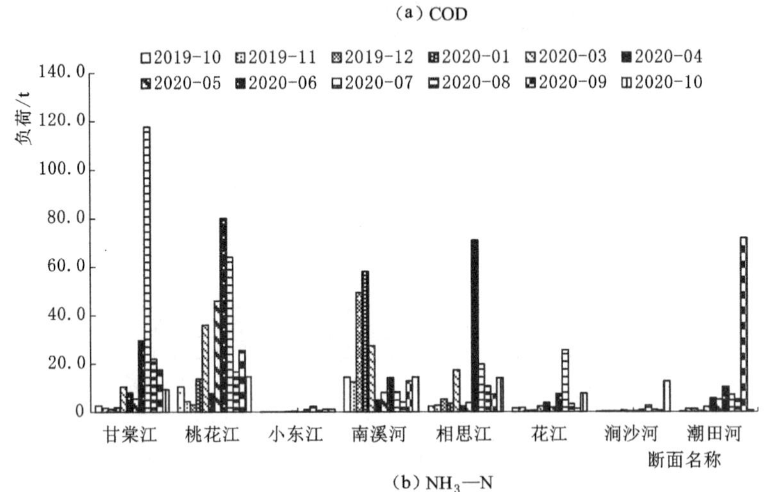

(b) NH_3—N

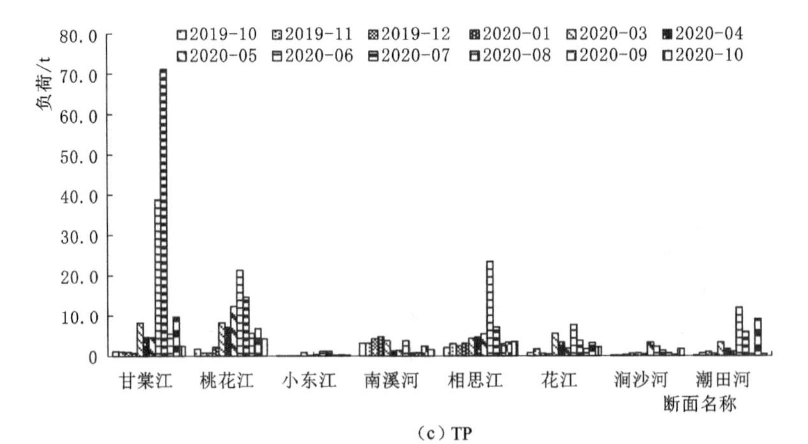

(c) TP

图4-3（一） 支流月负荷变化

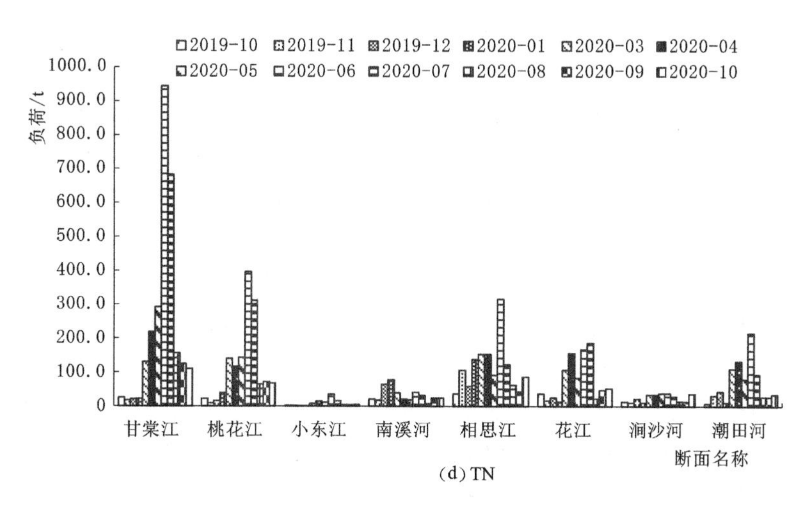

(d) TN

图 4-3（二） 支流月负荷变化

4.2 污染物入河量计算

4.2.1 地形地貌对入河系数的影响

漓江流域特殊的地形地貌、地质构造、岩溶分布、地下水埋藏特点，都会不同程度地影响流域内的污染物运移和污染物入河量。

（1）地形地貌对入河系数的影响。漓江流域（城区）位于桂林盆地腹部。由于受地层岩性和构造的控制，以及自白垩纪以来的剥蚀、侵蚀、溶蚀和堆积的长期作用，使区内地貌成因类型复杂，形态类型多样，在宏观上可分为三大成因类型，即西北部的剥蚀低山丘陵，广泛分布的溶蚀峰林平原和沿漓江两岸的堆积阶地。

地形地貌对入河系数的影响，主要体现在不同的坡度对径流过程的影响。在地形坡度较为陡峭的山谷、盆地等区域，伴随降雨而产生的地表径流汇入附近河网的量高于平原地区。

（2）岩溶发育对入河系数的影响。岩溶发育程度较高的地区，分布有落水洞、溶洞和地下河，如漓江东区发现洞穴数量有 223 处，密度为 5.58 个/km^2，地下溶洞规模占总面积的 43.93%。特殊的岩溶地貌导致面源污染会随着径流进入地下水系统，进而导致面源污染直接排入河流的入河系数减小。

（3）地下水位对入河系数的影响。地下水埋深较浅的区域，地表径流对地下水的补给量较小，地表径流进入附近河网的量相对也会比较高，入河系数相对较高；地下水埋深较深的区域，地表径流在流向河网的过程中，会入渗进入地下，补给地下水，进而导致面源污染进入地下水体，入河系数相对较小。

4.2.2 入河系数的取值

4.2.2.1 流域（子流域）地形地貌特征

（1）灵川漓江流域。灵川漓江流域大部分位于非岩溶区，地形主要为两侧为中低山脉，中间为山谷，漓江干流从大埠头到三街，两岸为以从丘谷地和缓坡谷地为主的山谷地貌。流域内地形坡度较高，两侧的径流向中间漓江谷地汇集，面源污染的入河系数相对较高。

(2) 甘棠江流域。甘棠江上游接青狮潭水库，下游流经灵川县城后汇入漓江。甘棠江流域呈三级阶梯地形，一级阶地为北侧的山脉、二级阶地为山麓冲洪积区和丘陵、三级阶地为甘棠江沿岸的残丘波状平原和谷地，总体地形特征可以概括为两侧高中间低、上游高下游低。流域内地形坡度较高，面源污染的入河系数相对较高。

(3) 桃花江流域。桃花江流域上游为缓坡谷地和残丘波状平原，农业区域面积分布较广；在中段，伍仙桥至芦笛岩的几字形弯处流经岩溶区，该区域的岩溶地貌主要是典型峰丛洼地和岛状峰丛洼地；桃花江从芦笛岩附近开始进入桂林市城区，先后穿过秀峰区和象山区，城区段的地貌为峰林平原，地形较为平整。桃花江区洞穴密度为 4.53 个/km^2，平均洞长 99.29m，地下溶洞占调查面积的 25.44%。该区域地下水可分为岩溶水、基岩裂隙水和孔隙水 3 种类型，地下水向漓江排泄。

(4) 七星区流域。七星区流域由两级阶地组成，在东二环以东区域为以典型峰林平原为主并伴随山麓冲洪积群山和丘陵地貌，在东二环以内至漓江沿岸，为桂林市城区，地貌以峰林平原为主，地势整体比较平整。七星区流域内的岩溶区主要分布在七星公园附近。漓江东岸阶地孔隙水，地下水埋深 7～9m。

(5) 南溪河流域。南溪河位于桂林市区西南，发源于临桂鲁山，流经桂林园林植物园（原黑山植物园）和南溪公园，由南溪山公园内的斗鸡山北侧汇入漓江。流域地质地貌较为复杂，以低山丘陵为主，兼有岩溶地貌，其中上游地势以低山、丘陵为主，中下游为平地。低山、丘陵约占流域总面积的 40%。南溪山以北的漓江西岸阶地地下水为孔隙潜水，地下水埋深 5～6m。

(6) 瓦窑流域。瓦窑流域上游为低山、丘陵，下游地形较为平整。瓦窑河为城区生活沟渠，经过综合整治后，目前下游已无明渠。

(7) 良丰河流域。良丰河上游发源于南边山，经六塘、雁山、奇峰镇汇入漓江。良丰河源头处为常态中低山，在六塘—雁山段主要为残丘波状平原和和岗地，下游以孤峰平原和峰丛洼地为主。良丰河流域分布有大量的岩溶区，其中著名的会仙湿地亦属于良丰河流域。良丰区洞穴密度 4.19 个/km^2，平均洞长 46.6m，地下溶洞占调查面积的 19.65%。奇峰镇地下水位埋深为 0.5～2.5m，水位年变幅小于 2m。

(8) 花江流域。花江发源于灵田镇附近，于港建大桥下游处汇入漓江。花江上游地形为残丘波状平原和缓丘谷地，中段为两侧高中间低的山谷地形，两侧峰丛洼地和岩溶石山，下游地形比较平缓。

(9) 潮田河流域。潮田河发源于大境瑶族乡，经潮田乡于大圩镇汇入漓江。潮田河上游地形为常态中低山和边缘峰丛洼地，河流中部有一片常态中低山将潮田河流域中下游的残丘波状平原分割为两个部分。流域内总体地形以山地居多，占流域总面积的 70%左右。

(10) 华侨农场流域。华侨农场流域东北部漓江沿岸是磨盘山，在磨盘山的西部及南部区域分布着峰林平原。

(11) 草坪乡流域。草坪乡流域为典型峰丛洼地，流域大部分为山地，农田和居民区较少。

4.2.2.2 点源污染入河系数

点源污染的入河系数受地形地貌和地下水特征的影响较小，影响点源污染入河系数的因素主要是与河流的距离。

点源污染的入河系数确定方法参照《全国水环境容量核定技术指南》。

(1) 根据企业排放口到入河排污口的距离（L）远近，确定入河系数。参考值如下：$L \leqslant 1$km，入河系数取1.0；1km$<L \leqslant$10km，入河系数取0.9；10km$<L \leqslant$20km，入河系数取0.8。

(2) 入河系数修正。

1) 渠道修正系数：通过未衬砌明渠入河，修正系数取0.6～0.9；通过衬砌暗管入河，修正系数取0.9～1.0。

2) 温度修正系数：气温在10℃以下，入河系数乘以0.95～1.0进行修正；气温在10～30℃时，入河系数乘以0.85～0.95进行修正。

综合上述分析，漓江流域上游点源污染入河系数取值见表4-11。

表4-11　点源污染入河系数取值

污染源类型	工业源	规模畜禽养殖场	城镇污水处理厂	农村集中污水处理设施
入河系数取值	0.85	0.80	0.90	0.70

4.2.2.3 面源污染入河系数

李维等（2012）对桂林市南溪河流域的入河系数进行了研究，南溪河流域城市生活污染入河系数的取值范围为0.69～0.85，农村生活源污染的入河系数取值为0.54～0.76，在参考文献《基于3S技术的城区小流域水污染监测调查与评价研究——南溪河污染现状调查》和《全国水环境容量技术指南》的基础上，根据不同子流域的地形地貌、水文地质条件和入河距离等综合因素，本书对漓江流域各子流域的面源污染入河系数取值见表4-12。

表4-12　面源污染入河系数取值

子流域	入河系数					
	城镇生活	农村生活	种植业	水产养殖	畜禽养殖（规模下）	其他土地利用
灵川漓江流域	—	0.55	0.55	0.55	0.55	0.55
草坪乡流域	—	0.50	0.50	0.50	0.50	0.50
潮田河流域	0.60	0.35	0.35	0.35	0.35	0.35
甘棠江流域	0.70	0.50	0.50	0.50	0.50	0.50
良丰河流域	0.60	0.30	0.30	0.30	0.30	0.30
南溪河流域	0.75	0.50	0.50	0.50	0.50	0.50
瓦窑流域	0.75	—	0.50	0.50	0.50	0.50
桃花江流域1	0.75	0.35	0.35	0.35	0.35	0.35
桃花江流域2	0.75	0.50	0.50	0.50	0.50	0.50
七星区流域1	0.80	0.70	0.70	0.80	0.80	0.70
七星区流域2	0.75	0.70	0.70	0.80	0.80	0.70

续表

子流域	入河系数					
	城镇生活	农村生活	种植业	水产养殖	畜禽养殖（规模下）	其他土地利用
七星区流域3	0.80	0.70	0.70	0.80	0.80	0.70
华侨农场流域1	—	0.50	0.50	0.50	0.50	0.50
华侨农场流域2	—	0.50	0.50	0.50	0.50	0.50
华侨农场流域3	—	0.50	0.50	0.50	0.50	0.50
花江流域	—	0.45	0.45	0.45	0.45	0.45

4.2.3　点源污染入河量计算

污染物入河量（Ln）等于污染物排放量（W）与入河系数（λ）的乘积。与面源污染相比，点源污染排放量和入河量较为稳定，受天气和降雨等影响较小，将点源污染年排放量和入河量分配到月份的时候直接除以12，得到点源污染的月均入河量（表4-13）。

表4-13　各子流域点源污染月平均入河量

子流域	COD/t	氨氮/t	总氮/t	总磷/t
灵川漓江流域	18.694	0.183	1.916	0.250
草坪乡流域	10.837	0.159	0.978	0.190
潮田河流域	14.313	0.303	1.952	0.259
甘棠江流域	57.043	1.153	7.754	0.986
良丰河流域	87.225	22.279	36.544	2.020
南溪河流域	0	0	0	0
瓦窑流域	0.211	0	0.010	0.002
桃花江流域1	69.895	2.094	14.818	1.468
桃花江流域2	2.145	0.021	0.093	0.017
七星区流域1	0.933	0.008	0.055	0.014
七星区流域2	0	0	0	0
七星区流域3	43.540	6.539	20.473	1.150
华侨农场流域1	0	0	0	0
华侨农场流域2	0	0	0	0
华侨农场流域3	0	0	0	0
花江流域	8.645	0.102	0.808	0.128
合计	313.479	32.840	85.400	6.483

4.2.4　面源污染入河量计算

《第二次全国污染源普查公报》和《环境统计》等资料都是以年为时间尺度统计的，前述的入河系数取值为年平均值，实际上面源污染入河量受降雨、径流等影响很大，在降雨量越大的月份，面源污染的入河量也会越大。本书在计算过程中，按照丰平枯水期的降雨量比例（表4-14）对面源污染月入河量进行分配。

表 4-14　　丰平枯季节降雨量比例

时期	时　间	平均月降雨量/mm	平均流量/(m^3/s)	月降雨量占年降雨量的比值/%
枯水期	2019-10—2020-01	48.63	39.70	1.93
平水期	2020-02、2020-08—2020-09	217.00	99.57	8.60
丰水期	2020-03—2020-07	334.80	339.80	13.28

则面源污染在丰平枯水期月平均入河量计算公式为

$$Ln = W\lambda P \tag{4-7}$$

式中：Ln 为月平均入河量；W 为年排放量；λ 为入河系数；P 为月降雨量占年降雨量的比值。

4.3　污染物运移计算模型构建与应用

4.3.1　计算单元和节点划分

为了分析漓江上游干流污染物运移和支流污染物汇入对漓江水质的影响，本研究根据水量水质数据情况建立了漓江上游污染物运移模型，漓江上游污染物运移的计算单元和节点划分见图 4-4。

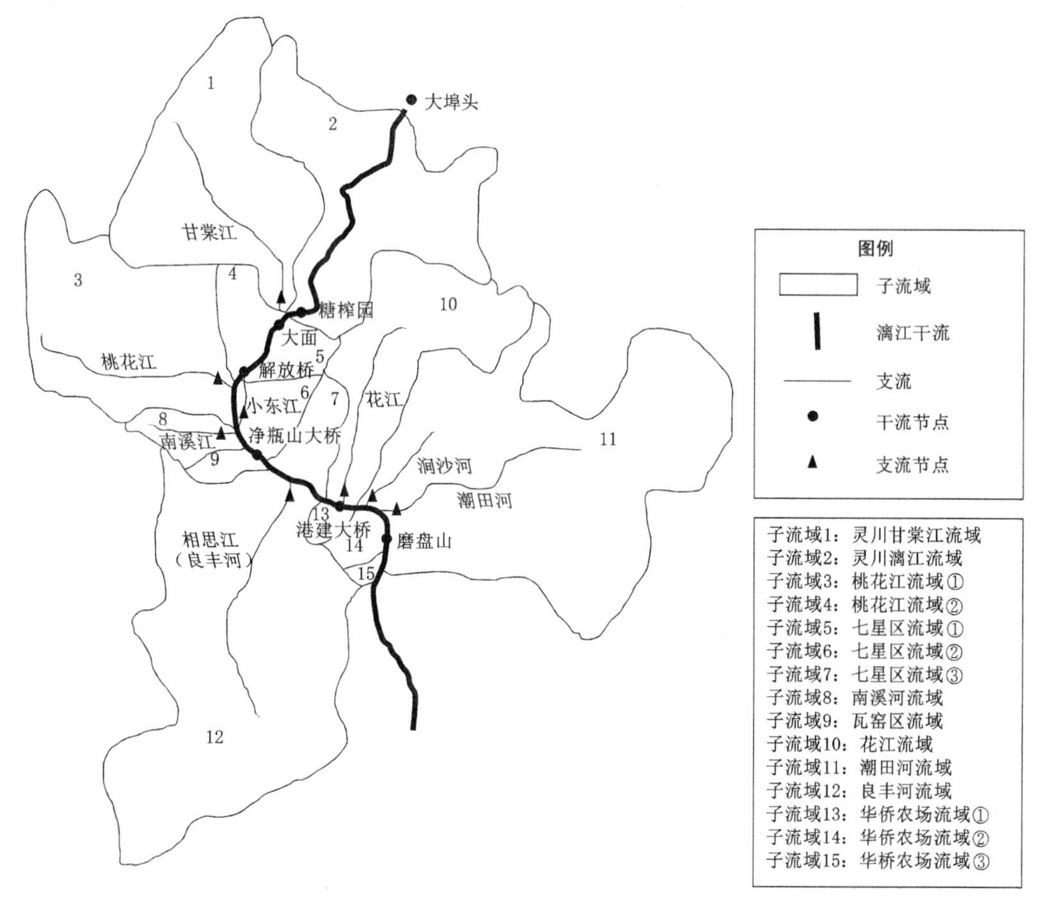

图 4-4　漓江上游污染物运移模型计算单元和节点划分示意图

各支流计算单元为该支流所对应的子流域（表4-15），该计算单元所对应的计算节点位于该子流域的出水口处，即各支流计算节点控制了子流域主要的污染负荷。

表4-15 计算单元及其出水口（节点）划分及控制面积

干流节点区间	区间距离/km	面积计算单元	主要支流汇入情况
大埠头—糖榨园	31.5	灵川漓江流域	无
糖榨园—大面	1.8	甘棠江流域	甘棠江
大面—解放桥	9.0	七星区流域1、桃花江流域2	无
解放桥—净瓶山大桥（桂林水文站）	6.0	桃花江流域1、南溪河流域、瓦窑流域、七星区流域2	桃花江、南溪河、小东江
净瓶山大桥—港建大桥	12.3	良丰河流域、七星区流域3、华侨农场流域1	良丰河
港建大桥—磨盘山	6.4	花江流域、潮田河流域、华侨农场流域3	花江、潮田河、涧沙河

综合考虑多种因素，从现有国控/区控/市控的水质水量监测点和本书新增监测点中，选择7个干流计算节点，6个区间，从上游至下游依次为：大埠头、糖榨园、大面、解放桥、净瓶山大桥、港建大桥、磨盘山。另外，将研究区内主要的支流出水口作为支流节点，包括的支流有甘棠江、桃花江、南溪河、小东江、瓦窑河、良丰江、花江、涧沙河、潮田河。

4.3.2 水量-水质平衡方程的建立

1. 水量平衡方程

水量平衡方程是水质模型的基础，在不考虑蒸发影响的条件下，漓江上、下游两个干流节点A到B，流量关系应满足以下方程：

$$Q_B = Q_A + \sum_{1}^{n} Q_{支} + Q_{地表} + Q_{地下} - Q_{渗漏} \tag{4-8}$$

式中：Q_A为上游节点A的流量，m^3/s；Q_B为下游节点B的流量，m^3/s；$\sum_{1}^{n} Q_{支}$为A到B之间汇入的支流流量的加和，m^3/s；$Q_{地表}$为A到B之间汇入的地表径流补给量，m^3/s；$Q_{地下}$为A到B之间汇入的地下径流补给量，m^3/s；$Q_{渗漏}$为A到B之间渗漏进入河床、溶洞、裂隙、地下水等的流量，m^3/s。

2. 污染负荷（污染物通量）计算方程

断面负荷为流量乘以浓度再乘以时间，即

$$W = QCT \tag{4-9}$$

式中：W为断面污染物负荷，t；Q为断面流量，m^3/s；C为断面月平均浓度，mg/L；T为时间，一个月按30天计算，$T=2592000$s。

则月负荷：

$$W_{月} = Q \times C \times 2.592 \tag{4-10}$$

3. 一维稳态模型及其改进

漓江干流污染物的沿程变化和运移采用改进的河流一维稳态模型。

河流污染物在上、下游断面间的运移一般采用一维稳态模式：

$$C=C_0\times\exp\left(-K\times\frac{x}{86400u}\right) \tag{4-11}$$

式中：C 为计算断面的污染物浓度，mg/L；C_0 为初始点污染物浓度，mg/L；K 为综合衰减系数，1/d；u 为河流流速，m/s；x 为从计算初始点到下游计算断面的距离，m。

由一维模型的方程可知，污染物的消减能力与综合衰减系数 K、断面距离 x，流速 u 相关。则干流的消减能力可表示为 $\exp\left(-K\times\frac{x}{86400u}\right)$，用字母 e_1 表示。

由于漓江干流两个断面区间内的地表径流补给、地下径流补给、渗漏及外源污染的汇入都是沿程随机进入干流的，本研究对其消减距离进行概化处理，认为其平均消减距离为干流上、下游断面节点间距离的一半，即 $0.5x$。则支流、地表径流补给、地下径流补给、渗漏及外源污染的消减能力可表示为 $\exp\left(-K\times\frac{0.5x}{86400u}\right)$，用字母 e_2 表示。

4. 水量-水质平衡方程

对于水量平衡方程（4-8），两边同时乘以对应的浓度 C 和时间 T，并对 A 点及中间汇入的浓度根据一维稳态模型进行消减，则可以表达为

$$Q_BC_BT=(Q_AC_A)e_1T+\left(\sum_1^n Q_{支}C_{支}+Q_{地表}C_{地表}+Q_{地下}C_{地下}+W_{外源}-Q_{渗漏}C_{渗漏}\right)e_2T \tag{4-12}$$

式中：C_B 为下游节点 B 的浓度，mg/L；C_A 为上游节点 A 的浓度，mg/L；$C_{支}$为 A 到 B 之间汇入的支流的浓度，mg/L；$C_{地表}$为在无外源污染排放下地表径流补给的基底浓度，mg/L；$C_{地下}$为在无外源污染排放下地下径流补给的基底浓度，mg/L；$C_{渗漏}$为 A 到 B 之间渗漏量的浓度，m^3/L。

公式（4-12）又可以表示为

$$W_B=W_Ae_1+\sum_1^n W_{支}+W_{地表}+W_{地下}+W_{外源}-W_{渗漏})e_2 \tag{4-13}$$

$W_{外源}$表示在 AB 区间内点源和面源污染的月入河量（此处计算时间以月为单位）。

由方程（4-13）右侧各参数的计算，模拟出下游节点 B 的污染物负荷 W_B 和浓度 C_B，由此建立河流污染物运移模型。

4.3.3　参数来源与模型计算

污染物运移模型参数的来源及计算过程说明如下。

（1）干支流的浓度和流量。漓江干流断面和各支流的污染物浓度为已知的实测数据，断面流量为实测数据和根据水位～流量（$Z\sim Q$）关系曲线法、水文比拟法（距离插补法）的计算数据。

（2）河流渗漏量和污染物渗漏浓度。河流断面间污染物的平均渗漏浓度以两个断面/节点污染物浓度的平均值进行表征。广西科学技术奖《漓江水量水质安全保障关键技术创新与应用》，李新建等（2018）研究表明漓江中下游（岩溶发育比上游强烈）河流平均渗漏率为12%左右，且各断面存在差异，本书以此为基础，根据漓江上游河段的岩溶发育程度等对其渗漏量进行取值（表4-16）。

表 4-16　河段渗漏率参数取值表

计算区段	渗漏率/%	计算区段	渗漏率/%
大埠头—糖榨园	3	解放桥—净瓶山大桥	8
糖榨园—大面	4	净瓶山大桥—港建大桥	8
大面—解放桥	4	港建大桥—磨盘山	12

(3) 径流补给量和浓度基底值。根据水量平衡方程，径流补给总量由河流下游断面的流量减去上游断面流量、支流汇入流量、渗漏量计算得到。径流补给量分为地表径流补给和地下径流补给，其中地下径流又称为基流。代俊峰等（2013）对漓江上游青狮潭水库的入库径流进行了分割，研究表明该区域基流指数为15%～34%。参考该文献，本次研究区域按照地表径流占80%和地下径流占20%进行分配，由径流补给总量分割为地表和地下的径流补给量。以大埠头—糖榨园河段为例：由于大埠头—糖榨园段岩溶发育水平较低，渗漏率取3%，渗漏量计算方法为大埠头和糖榨园两个断面平均流量的3%；径流补给总量为糖榨园流量减去大埠头流量，再加上渗漏量；再将径流补给总磷分割为地表径流补给和地下水径流补给，具体计算结果见表4-17。

表 4-17　大埠头—糖榨园水量平衡参数结果表

时期	大埠头/(m^3/s)	糖榨园/(m^3/s)	渗漏率/%	渗漏量/(m^3/s)	径流补给量/(m^3/s)	地表补给量/(m^3/s)	地下补给量/(m^3/s)
枯	7.79	21.47	3	0.44	14.12	11.30	2.82
丰	104.33	183.80	3	4.32	83.79	67.03	16.76
平	20.75	59.17	3	1.20	39.63	31.70	7.93

由于自然环境中的自然水体，并非是完全纯净的状态。即使无工业、生活、畜禽和农田施肥等人类活动影响下，土壤层和地下含水层中也含有一定的氮磷。因此，对径流补给到漓江中的水量应赋予一定的浓度基底值，本书中，地表径流污染物基底值参考附近断面一年中水质最好月份的浓度值，地下径流污染物基底值参考Ⅱ类水质标准，并根据模拟结果进行适当的调整。

4.3.4　模拟结果分析

根据现有数据情况，采用2019年10月—2020年10月的水质、流量数据进行模拟，为了减少偶然误差的影响，将以上时间分成丰平枯3个时期，以丰平枯内月平均浓度和平均流量进行模拟计算。以氨氮和COD为例，模拟结果及误差情况见表4-18～表4-20。

表 4-18　枯水期氨氮、COD模拟值对比

时期	断面	氨氮浓度/(mg/L)			COD浓度/(mg/L)		
		模拟值	实测值	误差率/%	模拟值	实测值	误差率/%
枯	糖榨园	0.049	0.047	4.26	4.92	6.50	−24.31
枯	大面	0.051	0.049	4.08	5.92	7.50	−21.07
枯	解放桥	0.082	0.067	22.39	6.79	13.00	−47.77
枯	净瓶山大桥	0.140	0.113	23.89	10.32	13.00	−20.62

续表

时期	断面	氨氮浓度/(mg/L)			COD浓度/(mg/L)		
		模拟值	实测值	误差率/%	模拟值	实测值	误差率/%
枯	港建大桥	0.200	0.178	12.36	11.08	9.00	23.11
枯	磨盘山	0.149	0.138	7.97	8.47	8.75	−3.20

表4-19　　丰水期氨氮、COD模拟值对比

时期	断面	氨氮浓度/(mg/L)			COD浓度/(mg/L)		
		模拟值	实测值	误差率/%	模拟值	实测值	误差率/%
丰	糖榨园	0.041	0.051	−19.61	3.82	4.20	−9.05
丰	大面	0.060	0.076	−21.05	4.32	5.60	−22.86
丰	解放桥	0.087	0.088	−1.14	5.24	5.20	0.77
丰	净瓶山大桥	0.173	0.180	−3.89	5.88	4.60	27.83
丰	港建大桥	0.181	0.192	−5.73	4.80	4.00	20.00
丰	磨盘山	0.154	0.170	−9.41	3.98	5.45	−26.97

表4-20　　平水期氨氮、COD模拟值对比

时期	断面	氨氮浓度/(mg/L)			COD浓度/(mg/L)		
		模拟值	实测值	误差率/%	模拟值	实测值	误差率/%
平	糖榨园	0.051	0.053	−3.77	4.26	4.00	6.50
平	大面	0.074	0.104	−28.85	4.56	6.00	−24.00
平	解放桥	0.140	0.108	29.63	5.88	5.00	17.60
平	净瓶山大桥	0.233	0.180	29.44	6.08	6.50	−6.46
平	港建大桥	0.229	0.202	13.37	6.35	5.50	15.45
平	磨盘山	0.186	0.171	8.77	5.35	6.50	−17.69

依据GB/T 22482—2008《水文情报预报规范》，水质模拟的许可误差为实测值的30%。上述模拟误差基本上在−30%～30%，说明总体模型的模拟效果良好。

4.4 本章小结

在收集流域空间属性数据和社会经济信息数据的基础上，划分子流域，确定计算单元和干支流计算节点；计算COD、总氮、氨氮、总磷点源和非点源污染年排放量，确定不同污染源的入河系数，计算污染物入河量；基于水量平衡、一维稳态模型和污染负荷计算方程构建水质运移模拟方程。

水质运移模型率定效果良好，率定期85%以上的模拟浓度与实测浓度相对误差在±30%以内，模拟浓度整体比实测浓度偏低。氨氮的率定效果比COD和总氮好，枯水期率定效果优于丰水期和平水期。水质运移模型验证效果良好，验证期氨氮的模拟效果比总氮效果好，丰水期效果较枯水期略好。

参 考 文 献

［1］ 李维，黄惠来，闫井玲，等．基于3S技术的桂林市南溪河污染现状调查［J］．中国环境监测，2012，4：141-148.

［2］ 李新建，刘曙光，梁梅英，等．漓江水量水质安全保障关键技术创新与应用［R］．广西科学技术进步类二等奖，2018.

［3］ 代俊峰，韩培丽，郑玉林，等．入库径流成分划分及其变化分析［J］．桂林理工大学学报，2013，33（3）：438-442.

第5章

漓江流域上游典型农业区氮磷排放时空分布

5.1 典型农业试区选取和试验监测

5.1.1 农业试区概况

5.1.1.1 地理位置

漓江流域上游的青狮潭灌区位于桂林市，灌溉范围北至大青山，南至良丰河与小江水库，东起尧山，西与义江水库引水灌溉工程相接，总灌溉面积约 $984km^2$。选取灌区内具有代表性的会仙岩溶试区和金龟河非岩溶试区（图5-1）开展氮磷等面源污染排放监测试验。

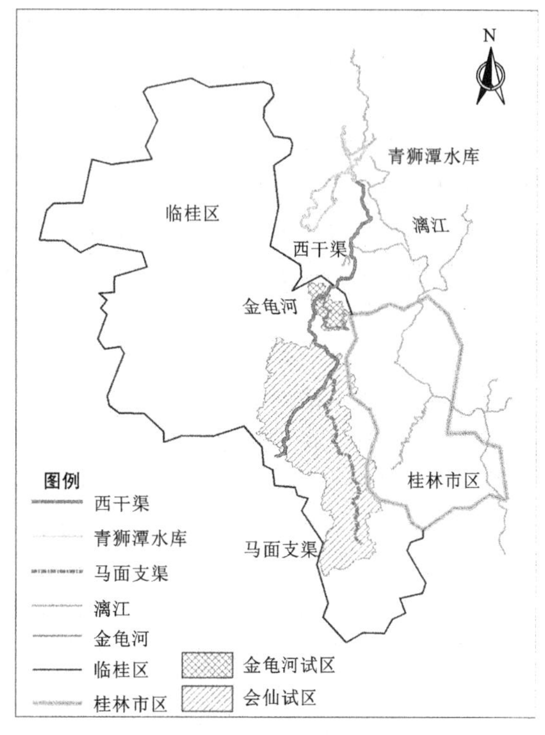

图5-1 漓江上游会仙试区和金龟河试区相对位置示意图

会仙试区地处漓江流域会仙岩溶湿地中南部，横跨桂林市临桂区和雁山区，总面积为 $377.83km^2$。试区内河流以会仙河、睦洞河、相思江、古桂柳运河为主，经马面支渠与青狮潭水库西干渠相连。金龟河试区位于桂林市临桂区，试区内的金龟河是西干渠支渠，不同河段分别由自然河流与人工渠道组成，总长13.8km，流域面积为 $27.25km^2$。

5.1.1.2 地形地貌

会仙试区中部以平坦、低洼的岩溶孤峰平原为主，平原上主要分布有海拔为150m左右的石峰、峰丛、低丘和垄岗。孤峰平原属于典型的岩溶地貌，低洼处长期积水形成湖泊、池塘和沼泽、水草地，是会仙湿地主要的水稻种植区，也是湿地核心区；垄岗上土层较厚，是会仙湿地旱作植物的主要种植区。会仙试区南部以中低山为主，山体地势由南向北倾斜，海拔 700～1200m，山脉北段外围受地表水源的侵蚀，形成由碳酸盐岩组成的岩溶山地。

金龟河试区地势总体呈南高北低，试区内地貌种类繁多，南部主要以碎屑岩地层组成的中低山地、丘陵、岗地为主，其海拔在 300～800m；试区北部地形地貌主要是岗地、阶地、丛丘、岭丘、缓丘和平原，海拔在 150～300m，地形较缓，主要是农业种植区。

5.1.1.3　气象条件

会仙试区与金龟河试区均处于低纬度地带，同属亚热带季风气候，气候温和湿润，日照时间充足，全年平均日照时数约 1600h。会仙试区多年平均气温为 18.8℃，春夏多雨，秋季多风，冬季偶有霜雪，其中 1 月试区全年温度最低，为 7～9℃，7 月温度最高，平均达到 28.3℃。金龟河试区多年平均气温为 16.5～20.2℃，最高气温通常出现在每年 7 月，极端高温曾达 39.5℃，最低气温通常出现在每年 1 月，极端低温曾达－4.9℃。

受季风气候影响，两个试区干湿季节十分明显。从每年 4 月开始，海洋暖湿气流北上导致水汽增加，雨量逐月增多，雨季一般为每年 4—9 月，降雨量为 1200～2000mm，占全年降雨量的 74%～76%；干季为每年 10 月—次年 3 月，降雨量为 380～440mm，仅占全年降雨量的 22%～26%。

5.1.1.4　水文水系

1. 会仙试区水系

(1) 马面支渠。马面支渠在青狮潭水库西干渠 44＋108 桩号处分水，是青狮潭灌区最大的支渠，设计全长 27.9km，已建成 23.5km。设计渠首输水流量为 $6.5m^3/s$，按输水流量 $5.5m^3/s$ 施工。马面支渠灌溉临桂区的二塘镇、四塘乡、会仙乡以及桂林市良丰农场等地的农田，设计灌溉面积 $41.3km^2$，1980 年有效灌溉面积达到 $31.1km^2$。该渠道多在岩溶发育地带，在 0～13km 段岩溶发育强烈。

青狮潭水库对会仙岩溶湿地的补水主要通过马面支渠及其分支渠道输送，补水主要用于农田灌溉，部分用于鱼塘用水或湿地生态需水。马面支渠次一级分支渠道覆盖整个湿地，包括四塘乡峨底—全洞—西官庄的清水江流域、会仙镇督龙—马面—莲塘、秦村、芬塘和会仙以西等地。由于青狮潭水库西干渠补水流量有限，尤其是农忙季节（每年 4—10 月），马面支渠属于管制性补水渠道。农忙季节实际补水天数平均每月不足 15 天，受渠道上段沿线渗漏和分流的影响，农忙季节补水实际只能到达督龙村一带，在峨底—督龙渠段由多个出口（或次一级渠道）排向湿地，补水量并不稳定。督龙村下游的渠道长期无水，处于废弃状态，部分渠段已遭受严重破坏。

(2) 地表河流。会仙岩溶湿地主要地表河流有良丰江、相思江，分属桂江水系、柳江水系。良丰江又称良丰河，位于会仙湿地东部，发源于临桂区南边山乡香草岩，从临桂区六塘镇流入雁山区，又流经雁山镇、柘木镇，注入漓江。河流长 68km，流域面积 $528km^2$，多年平均流量 $16.4m^3/s$。相思江位于会仙岩溶湿地西部，属于柳江水系洛清江支流，其主要支流有会仙河、太平河、四塘河、罗锦河、睦洞河和清水江。此外，还有人工水系，包括沟通良丰江、相思江，穿越会仙岩溶湿地的古桂柳运河（相思埭）、青狮潭水库西干渠和众多规模不一的灌排水系统。

(3) 地下水系。会仙岩溶湿地内地下水系发育，主要分布于会仙岩溶湿地的南、北两大岩溶水补给区。受地形和水文地质条件的影响，地下水系多于会仙岩溶湿地边缘排出地表，多为小型岩溶泉，个别区域有集中排泄的岩溶地下河，岩溶地下水为湿地主要补给水源。

岩溶泉总体上数量多，规模小，以岩溶裂隙泉或面状溢流型分散排泄岩溶泉为主。大多数岩溶泉分布于会仙岩溶湿地边缘的泥盆系灰岩和石炭系白云岩（或碎屑岩）接触界限附近，尤其在会仙文家—马面，冯家—灌塘—秦村、山尾—大源头、马头塘—杏外以及四塘乡娥底—面村、全洞一带分布较为密集，成为湿地内湖泊与沼泽的主要水源。

（4）主要湖泊与沼泽。会仙岩溶湿地属于典型的湖泊、沼泽湿地。唐代以前，会仙岩溶湿地面积宽广。自公元692年（唐长寿元年）在会仙岩溶湿地修建相思埭起，人类便开始规模性地介入并影响湿地生态环境演变，尤其是清代晚期以来，人类活动使湿地面积、数量逐渐减少。至20世纪60年代末，会仙岩溶湿地水域面积已经减少到不足$10km^2$。目前规模较大的自然湖泊主要有睦洞湖、寺湖、督龙湖、分水塘、莲塘、渣塘底、秦塘、八仙湖和全洞洼地（大型溶塘）等，湖泊水域总面积不足$5km^2$。

2. 金龟河试区水系

金龟河是青狮潭灌区西干渠的一条支渠，1958年建设青狮潭水库时，其为西干渠规划的3座引水工程之一，上游连接金陵水库和田边水库，西干渠每年4—10月向金龟河补水约$0.5m^3/s$。金龟河流经天华村、下桥村和风穴村等村庄，总长13.8km，流入桃花江，最终汇入漓江。金龟河试区是青狮潭灌区较有代表性的农业灌区，具有良好的封闭性且排水出口唯一。

5.1.1.5 土壤类型

会仙岩溶湿地土壤包括典型的湿地土壤和岩溶土壤。根据全国第二次土壤普查结果，湿地内主要土壤类型为石灰岩土、红壤或红黄壤、沼泽土、水稻土等。湿地岩溶石山地区主要分布母质为碳酸盐岩的石灰岩土，土层主要覆盖在石灰岩和岩溶裂隙中，厚薄不一，土壤pH均值在7.0以上，有机质含量在1.37%～5.15%，全氮、K_2O和P_2O_5含量分别为0.14%、1.49%和0.14%。湿地内红壤或红黄壤主要分布于丘陵、缓坡和垄岗等地形较高处，母质为不纯碳酸盐岩和碎屑岩，由于富铝化过程（淋溶作用）明显，土壤中可溶性物质流失严重，铁铝物质富集，导致土壤颜色呈红色，土壤pH在5.8～6.0。

沼泽土和湖泊沉积物统称为湿地土壤，也被叫做“水成土”，该类土壤是在水分饱和状态下形成，且在生长季有足够的淹水时间保证土层上部能够形成厌氧条件，我国科学家将其划分为沼泽土和泥炭土两类。湿地土壤在会仙湿地分布广泛，主要分布在各类湖泊、沼泽以及河流谷底和湿地周边的高位草地。土壤中多含铁、锰结核，土壤容积密度大、孔隙率低，土壤持水率和有机质含量较低，属于矿质土壤。湿地内的水稻土是指在沼泽土或沼泽淤泥的基础上经过人为水耕和旱耕交替熟化所形成的土壤，其母质为红黄壤和沼泽土，受母岩风化和富铝化过程的影响，土壤总体偏酸性；受水旱交替耕作的影响，土壤表层原有有机质比沼泽淤泥少。

金龟河试区主要由红壤、紫色土、水稻土、粗骨土和裸岩组成，土壤肥力相对较高，土壤有机质含量为1.62%～3.35%，土壤全磷含量大于$0.02\times10^{-6}mg/L$，土壤全钾含量大于$0.5\times10^{-6}mg/L$。

5.1.1.6　农业生产

会仙试区所属的会仙岩溶湿地农产品丰富，是桂林市著名的“粮食基地、蔬菜基地、鱼米之乡”。湿地主要粮食作物为水稻，年产粮约3万t，其中优质水稻比例在70%以上，其他经济作物主要有蔬菜、西瓜、南瓜和柑橘等。2006年统计数据显示，湿地内耕地面积44.95km^2，其中水田占70%，旱地占30%。

金龟河试区是桂林典型农业生产区，农业产品丰富。金龟河流经天华村、下桥村、凤穴村等大小村庄，主要种植水稻、蜜橘、夏橙、黑皮冬瓜、巴林瓜和辣椒，其中蜜橘、夏橙种植面积约1.67km^2，年产量约200t。除农业种植外，天华村和凤穴村也存在畜禽养殖，规模大小不一，天华村多为家庭散养，凤穴村则以大规模养殖为主，数目可达上千只。

5.1.1.7　生态环境

会仙试区所属的会仙岩溶湿地作为桂林主要农业区，人类活动对其水系统影响显著。湿地内大面积的农业开发，将湿地原本曲折且呈扩散状分布的自然河流改造成整齐集中的渠道，水系自然属性降低。众多水利设施的修建，沟通了原本排泄不畅的湖泊、池塘和沼泽，改变了水系和水流格局，导致漓江和洛清江在湿地内的分水岭不明显，易造成湿地水资源的流失、地下水位的下降、水域面积变小和水土流失加剧。总体上，会仙湿地干旱和洪涝灾害频发，水资源调节能力下降，生物栖息地被侵占，生物多样性和鸟禽类大幅减少，湿地生态功能已经呈衰退状态，水环境情况不容乐观。

金龟河试区河流径流量小，自净能力弱，下游凤穴村存在大规模的养殖业，养殖废水排放量大，试区内多处河流水体浑浊，水质状况不容乐观。

5.1.2　农业试区监测试验

5.1.2.1　采样点布设

采样点布设主要考虑以下原则：

（1）水力联系较好。根据实地勘测和卫星地图，会仙试区相思江及其支流睦洞河、会仙河与古桂柳运河具有良好的水力联系，古桂柳运河经睦洞河在莫家以西注入相思江。金龟河支渠水系简单，流入漓江的支流桃花江。

（2）以农业面源污染为主。依据调查资料和土地利用数据显示，相思江、睦洞河、会仙河、古桂柳运河、金龟河的集水区内具有大面积的农田，农田分散且原始化较强，居民点较少，水系主要受到面源污染影响，点源污染比重小。

（3）采样方便、安全便捷。会仙试区和金龟河试区地形地貌多样，存在较多未开发的区域，因此采样点主要布设在交通相对方便的区域。考虑到野外试验的连续性，在分析水系水力联系的基础上，采样点相对集中布设，避免每期取样分多次采样，减少采样误差。

（4）具有良好的代表性。会仙试区、金龟河试区采样点布设在不同类型河流上，包括金龟河、封闭性较好的睦洞河、流经岩溶区和多水利设施的会仙河、人工修建的渠道古桂柳运河以及大流量的相思江。根据空间尺度划分，采样点布设于各河流上中下游，以便更好研究不同尺度上的面源污染排放变化规律。

5.1.2.2　水肥管理调查

结合调查表获取研究区田间管理、种植作物等基本信息，会仙试区主要种植水稻、玉米、南瓜等农作物，其中以双季稻种植为主。金龟河试区主要种植中稻、柑橘等作物。考虑到水稻种植需水量大，土壤氮磷元素易随农田径流流失，因此主要调查两个试区内水稻施肥和灌溉需水情况，以此研究农业管理措施对试区面源污染的影响。

水稻主要种植管理措施如下。

（1）栽种。会仙试区内早稻每年3月中下旬整地、泡田和育秧，4月上旬插秧；晚稻在每年6月中下旬整地、泡田、育秧，7月上旬插秧。金龟河试区种植中稻，4月下旬开始整地、泡田、育秧，9月末收割水稻。

（2）水稻灌溉用水量。试区内稻田灌溉以抽水灌溉和农渠灌溉为主，两个试区灌溉季为4—9月，水稻各生育期灌溉需水量调查结果见表5-1。

表5-1　两个试区水稻生育期灌溉水量调查统计表

生育期		育秧期	插秧	返青期	分蘖期	拔节孕穗期	抽穗期	乳熟期	黄熟期
早稻	水层深度/mm	30	10～20	10～20	20～30	20～30	10～20	10～20	落干
	灌水量/(m^3/hm^2)	300	150	150	250	250	150	150	—
晚稻	水层深度/mm	30～50	10～20	10～20	20～30	20～30	10～20	10～20	落干
	灌水量/(m^3/hm^2)	400	150	150	250	250	150	150	—
中稻	水层深度/mm	30	20～30	20～20	20～30	10～20	10～20	10～20	落干
	灌水量/(m^3/hm^2)	300	250	250	250	150	150	150	—

（3）施肥。试区实地走访调查显示，试区水稻主要施用氮肥和复合肥，其中氮肥以施用含氮量46%的尿素为主，复合肥氮磷钾含量分别为15%。会仙试区种植早、晚稻施用肥料情况均为：基肥施用尿素10kg/亩、复合肥15kg/亩，后期依据水稻生长情况追肥2次，每次施用尿素10～20kg/亩、复合肥15～30kg/亩。金龟河试区单季稻肥料施用情况：基肥施用尿素、农家肥、复合肥15～25kg/亩，后期追肥1～2次，每次施用尿素、农家肥、复合肥15～37.5kg/亩。

根据实地调查结果，布设采样点进行野外原位监测，测量河道过水断面以及流速，采集各样点水样，并带回实验室分析。

5.1.2.3 氮磷监测及排放负荷计算

自2016年10月开始采集试区不同尺度出水口水样，考虑水稻生长期和降雨情况，每15～30d采集一次，同时测定出水口水流流速和流量。水样采集后24h内实验室分析，水样总氮（TN）用碱性过硫酸钾消解紫外分光光度法测定［《水质　总氮的测定　碱性过硫酸钾消解紫外分光光度法》（HJ 636—2012）］，氨态氮（NH_4^+—N）用纳氏试剂比色法测定［《水质　氨氮的测定　纳氏试剂分光光度法》（HJ 535—2009）］，总磷（TP）和可溶性总磷酸盐（TDP）用钼酸铵分光光度法测定［《水质　总磷的测定　钼酸铵分光光度法》（GB 11893—1989）］。

采用流速仪实地监测径流流速，利用水尺通过五点等分法测量过水断面水深和面积，计算出水口流量和单位面积排水量。

$$Q=VS \tag{5-1}$$

$$q=\frac{Q}{A} \tag{5-2}$$

式中：Q 为各尺度出水口径流流量，m^3/s；q 为单位面积排水量，m^3/km^2；V 为各尺度出水口流速，m/s；S 为各尺度出水口过水断面面积，m^2；A 为各尺度的控制面积，km^2。

各尺度出水口氮磷排放负荷计算公式如下：

$$L=(PQ\times10^{-3}\times T)\div A \qquad (5-3)$$

式中：L 为各尺度氮磷排放负荷，kg/km^2；P 为各尺度径流排水中氮磷质量溶度，mg/L；Q 为各尺度的径流流量，m^3/s；T 为时间，s；A 为各尺度的控制面积，km^2。

5.2 会仙试区氮磷排放浓度时空变化

会仙试区土地利用类型主要为耕地、果园、林地、草地及居民区，各土地利用类型占比见表5-2。

表5-2 研究区内不同土地利用类型面积及占比

土地利用类型	面积/km^2	占试区面积比/%	土地利用类型	面积/km^2	占试区面积比/%
耕地	26.61	64.51	草地	0.23	0.57
果园	5.25	12.75	居民区	1.56	3.80
林地	7.57	18.37	总计	41.25	100

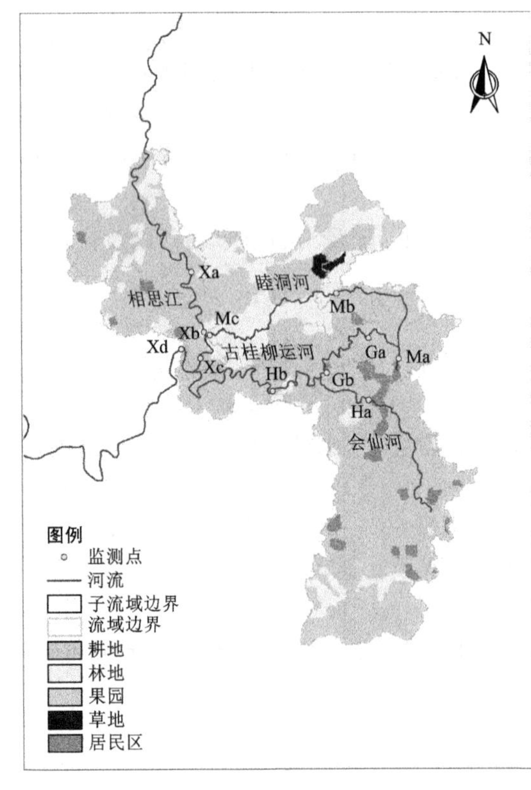

图5-2 会仙试区采样点位置分布和土地利用图

试区内水稻灌溉方式主要为“薄、浅、湿、晒”，一般每季施肥3次，分别为基肥、分蘖肥、孕穗肥。主要的施肥时间一般为抛栽秧苗前施基肥，抛栽后10～15d施分蘖肥，幼穗分化前期施孕穗肥。符娜等（2014）对西南地区水稻灌溉需水量的研究表明分蘖期和抽穗期为水稻生长需水关键期。广西区内水稻种植氮肥施用量适中偏高，且早稻要略高于晚稻（蒙世欢，2007）。早稻氮、磷、钾施用比为1.00：0.13：0.18，晚稻氮、磷、钾施用比为1.00：0.12：0.19（李贞宇，2010），而其施用量最佳比为1.00：0.52：0.34（蒋宝琼，2012），可见水稻种植施用的氮肥量较大。

会仙试区地表水系多样性强，便于比较其差异性，更具代表性。研究试区采样点位置分布及研究区主要土地利用类型见图5-2。根据桂林市水环境功能区划，会仙试区水系均需达Ⅲ类水等级标准。

于2016年9月—2018年7月对会仙试区的水样进行采集，采样频率为水稻生产季节15d取1次，非水稻生长季节30d取1次。采样时间从早上8点到下午5点，取约1000mL水样装入棕色玻璃瓶。水样在4℃条件下保存，8～24h进行测定。

按会仙试区平均流量划分3个水文期：枯水期（每年10月—翌年1月，共4个月）、平水期（每年的2—3月、8—9月，共4个月）、丰水期（每年4—7月，共4个月）。结合水文年，将其分为8个阶段并命名如下：①2016年9月为16平水期＋灌溉期（PG）；②2016年10月—2017年1月为16枯水期＋非灌溉期（KF）；③2017年3月为17平水期＋非灌溉期（PF）；④2017年4月—2017年7月为17丰水期＋灌溉期（FG）；⑤2017年8月—2017年9月为17平水期＋灌溉期（PG′）；⑥2017年10月—2018年1月为17枯水期＋非灌溉期（KF′）；⑦2018年3月为18平水期＋非灌溉期（PF′）；⑧2018年4月—2018年7月为18丰水期＋灌溉期（FG′）。

5.2.1 睦洞河氮磷排放时空变化

睦洞河沿程选取3个监测点，从上游至下游依次为三义码头（Ma）、睦洞河中游（Mb）及睦洞河出水口（Mc），其中监测点Ma的土地利用类型为居民区，监测点Mb和Mc附近土地利用类型为农田。根据桂林市水环境功能区划，睦洞河应达到Ⅲ类水质标准。如图5-3所示，睦洞河全程总氮达标率及Mc点总磷达标率极低，而各点氨氮达标率相对较高。

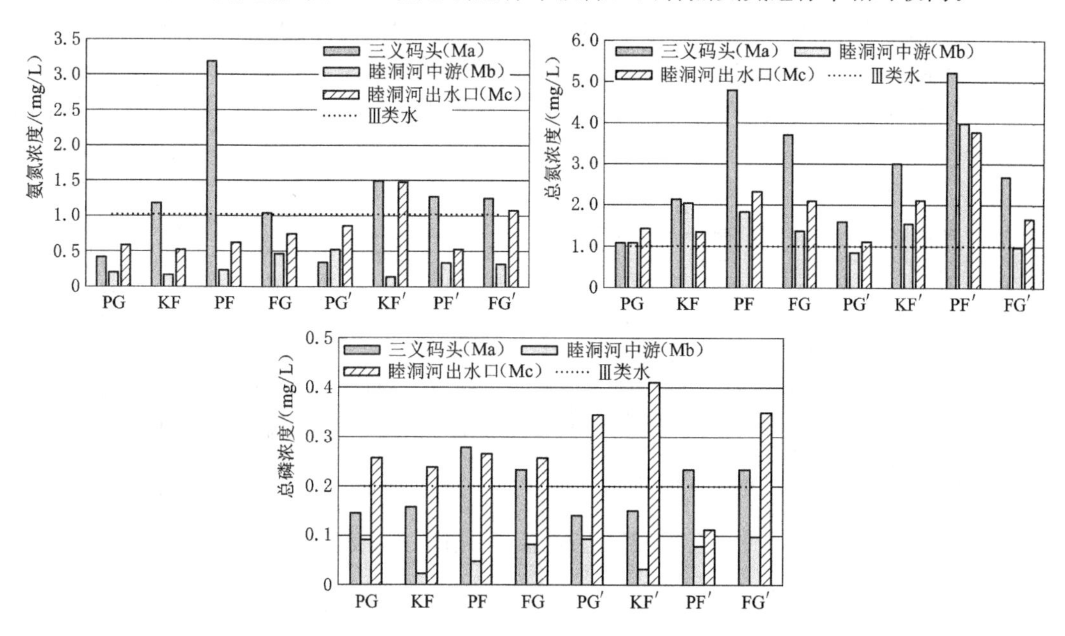

图5-3 睦洞河沿程氨氮、总氮、总磷浓度变化

在时间上，在整个观测期氨氮浓度的高值出现在KF′期，低值出现在平水期＋灌溉期（PG＋PG′），总氮浓度变化趋势与氨氮变化趋势相似。总磷浓度观测期内最大值出现在KF′期Mc点，最小值出现在枯水期Mb点。根据单因素方差分析，发现除Mc点氨氮（$F_{7,17}=2.613$，$P=0.05$）、总磷（$F_{7,17}=2.04$，$P=0.109$）外，各监测点不同指标浓度在不同阶段均存在显著差异（$P<0.05$）。总体上，氮磷浓度表现为灌溉期＞非灌溉期，但Ma点氮磷浓度表现为非灌溉期＞灌溉期，且该点平水期＋非灌溉期（PF＋PF′）

氮磷浓度较高，一方面可能是因为PF、PF′期河道水量较少，在污染物相同输出情况下，径流量减少，氮磷输出浓度有所上升；另一方面与监测点土地利用方式有关，平水期+非灌溉期为春节前后，外出务工人员返乡导致农村人口突增，生活污废水氮磷含量增加（袁晓燕 等，2010），大量污废水未经处理直接排入睦洞河中造成水体污染。

在空间上，观测期内Ma处氨氮平均浓度为1.22mg/L，总氮平均浓度为2.91mg/L，总磷平均浓度为0.19mg/L；Mb处氨氮、总氮、总磷平均浓度分别为0.29mg/L、1.54mg/L及0.07mg/L；Mc处氨氮、总氮、总磷平均浓度分别为0.92mg/L、1.84mg/L及0.31mg/L。三个指标均呈现出沿程先递减后递增的趋势，原因主要是睦洞河在Ma与Mb间流经湿地湖泊，水质得以净化；Mb之后由于沿程农田面积占比增大，污染来源增多，导致氮磷浓度沿程不断增加。

5.2.2 古桂柳运河氮磷排放时空变化

在古桂柳运河西段自上游至下游共设两个监测点，依次为古运河Ga及龙门桥Gb，Ga点附近土地利用类型为农田，Gb点附近为农田及小块居民区。如图5-4所示，时间上，氨氮最高值出现在FG期Gb点，最低值出现在KF′期Ga点。总氮最高值出现在PF′期Gb点，低值出现在PG、PG′期。总磷变化趋势与氨氮相近，Spearman相关分析发现氨氮和总磷呈显著相关。非灌溉期总氮浓度显著高于灌溉期，这可能是秋收后沿程农田缺少作物和覆盖，土壤中营养物质流失至水体，且非灌溉期水体中的水生植物开始死亡腐烂，同时因降水减少，河道径流量减少，进一步降低了河道生态环境容量。此外，单因素方差分析结果显示，除下游Gb点总磷指标外，各监测点不同指标浓度在不同阶段均存在显著差异（$P<0.05$）。

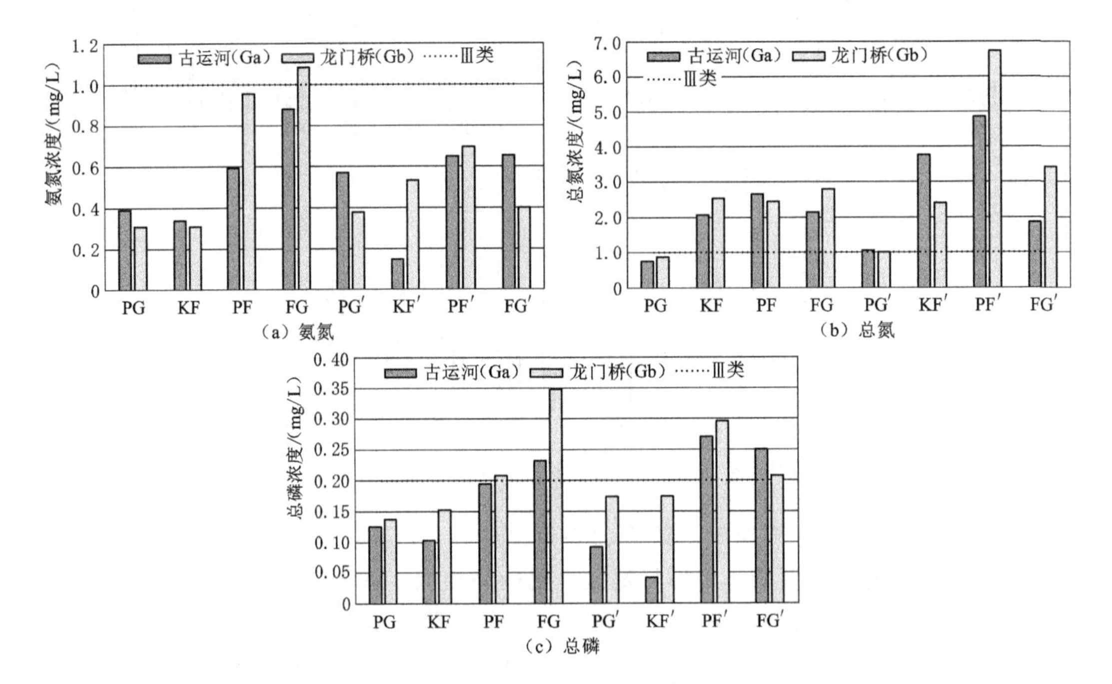

图5-4 古运河沿程氨氮、总氮、总磷浓度变化

空间上，上游 Ga 氨氮、总氮、总磷平均浓度分别为 0.51mg/L、2.32mg/L 及 0.16mg/L；下游 Gb 氨氮、总氮、总磷平均浓度分别为 0.56mg/L、2.72mg/L 及 0.21mg/L，3 个指标浓度均呈沿程缓慢升高趋势，但上、下游不同指标平均浓度无显著差异。原因可能是自 1973 年兴修相思江排涝工程后，古运河西段睦洞至莫家河道被缩窄，同时莫家以西河段被堵断，导致河道淤塞水流不畅，水面覆盖大量的水葫芦，有研究表明，一定覆盖度的水葫芦能吸收去除氮磷（周新伟 等，2016），因此上、下游氮磷指标浓度增加不明显，这一结果与蔡德所在会仙湿地寺湖关于水葫芦生态功能的研究结果一致（蔡德所，2012）。

5.2.3 会仙河氮磷排放时空变化

会仙河是相思江的一级支流，该河下游过水断面狭窄，丰水期常导致洪水排泄不畅而成灾，枯水期大部分河水用于引水灌溉农田，下游河水基本干枯。会仙河从上游至下游布设四益村 Ha 和下庄拱桥 Hb 两个监测点，土地利用类型主要为农田。

如图 5-5 所示，时间上，Ha 和 Hb 氨氮和总磷浓度均呈现出灌溉期大于非灌溉期的规律，且观测期内氨氮和总磷的浓度波动性变化较为相似，而总氮浓度则表现出非灌溉期>灌溉期的规律。单因素方差分析发现，Hb 点的总氮和总磷指标在不同阶段内差异不明显，观测期内该点总氮总磷达标率较低。

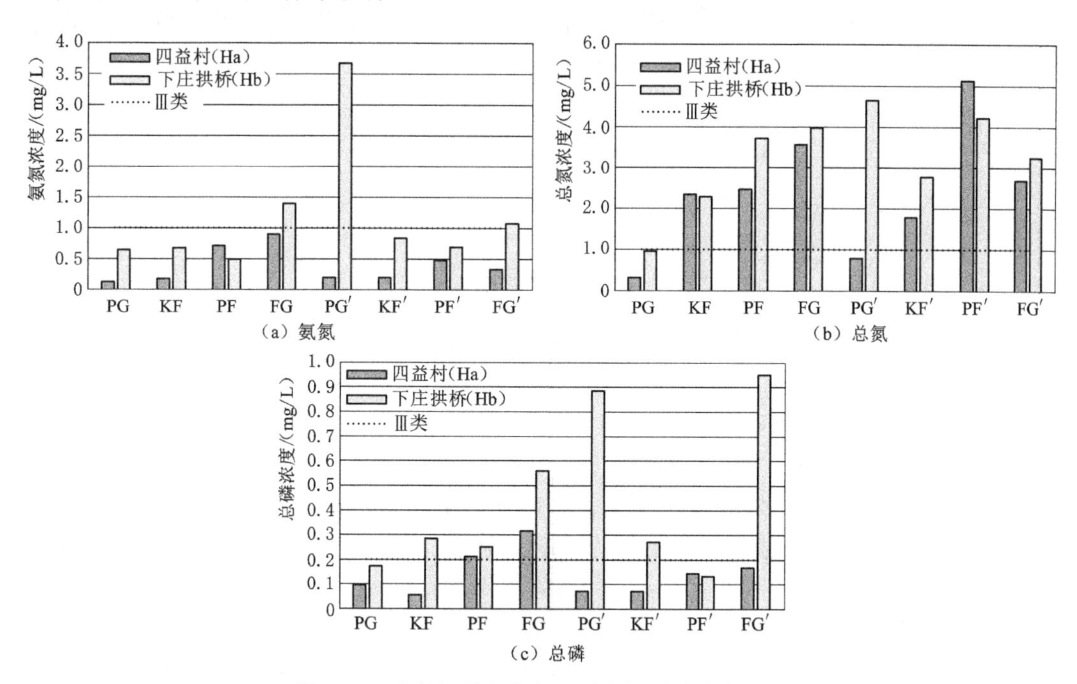

图 5-5 会仙河沿程氨氮、总氮、总磷浓度变化

会仙河沿程观测点氮磷质量浓度相差较大，Ha 氨氮浓度在 0.10～1.25mg/L，平均浓度为 0.37mg/L，总氮浓度在 0.30～5.30mg/L，平均浓度为 2.41mg/L，总磷浓度则在 0.03～0.40mg/L，平均浓度为 0.14mg/L。Hb 氨氮浓度在 0.35～4.11mg/L，平均浓度为 1.22mg/L，总氮浓度在 0.89～7.86mg/L，平均浓度为 3.24mg/L，总磷浓度在 0.11～2.49mg/L，平均浓度为 0.51mg/L。氮磷浓度沿程呈升高趋势，其原因为沿程分布

大量农田，农田灌溉排水、雨水径流汇入会仙河，造成氮磷不断富集，导致会仙河整体富营养化程度较高，河面水葫芦覆盖度较高。

5.2.4 相思江氮磷排放时空变化

相思江位于会仙岩溶湿地西部，沿程设相思江1（Xa）、相思江2（Xb）、江头村新桥Xc及袁氏宗祠Xd 4个监测点，Xa、Xb及Xc附近土地利用类型均为农田，Xd点附近分布着小块居民区。相思江沿程氨氮、总氮、总磷浓度变化（图5-6）显示，氨氮和总氮浓度年内、年际变化规律相似，高值均出现在KF′期，低值均出现在PG期；总磷浓度年内年际波动不大，高值出现在KF′期，低值出现在PF′期。非灌溉期氨氮、总氮浓度明显大于灌溉期，这可能是因为9月后降雨量减少，河道水量减少，污染物无法得到有效的稀释；不同时期总磷浓度变化不大。

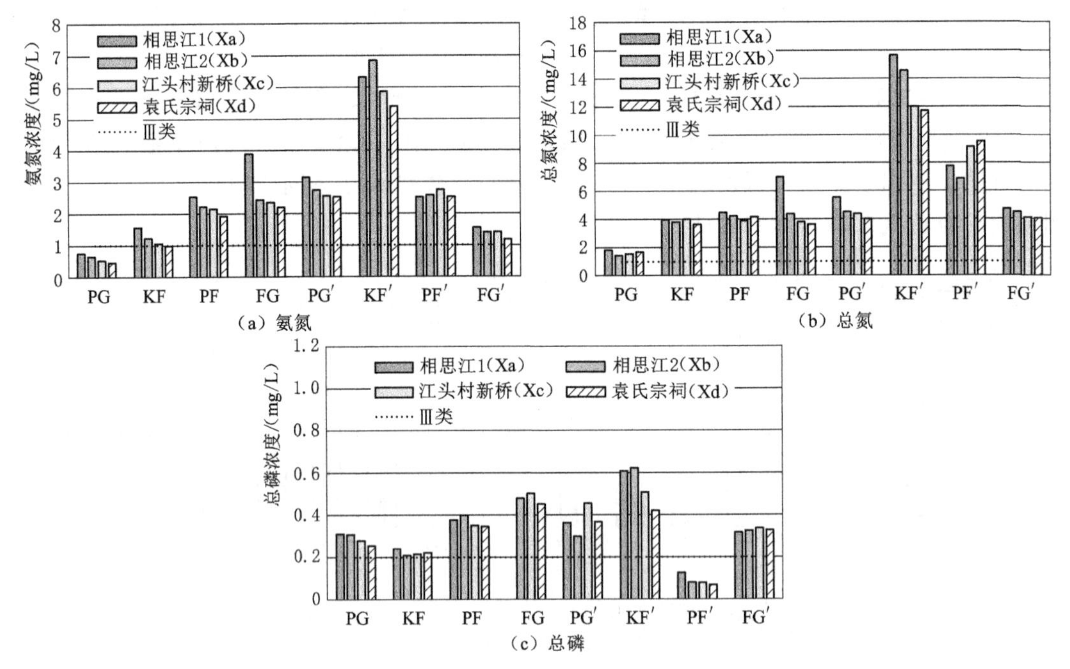

图5-6 相思江沿程氨氮、总氮、总磷浓度变化

在空间分布上，Xa点氨氮、总氮、总磷平均浓度分别为3.08mg/L、6.87mg/L、0.42mg/L；Xb点氨氮、总氮、总磷平均浓度分别为2.90mg/L、5.99mg/L、0.38mg/L；Xc点氨氮、总氮、总磷平均浓度分别为2.63mg/L、5.55mg/L、0.38mg/L；Xd点氨氮、总氮、总磷平均浓度分别为2.42mg/L、5.38mg/L、0.34mg/L。相思江氮磷浓度沿程呈逐渐下降趋势，原因是Xa点承接了上游污染物，导致该点氮磷浓度较高，而Xa点下游农田面积占比变化不大，污染物输出稳定，同时随着相思江各支流的汇入，相思江流量不断增加，污染物得到一定的稀释。

单因素分析结果见表5-3，相思江各污染物指标浓度与其他河流污染物浓度差异性较大（除灌溉期总磷外）。睦洞河氨氮、总氮、总磷浓度达标率均最高，分别达到55.26%、14.47%、47.37%；相思江氨氮、总氮、总磷浓度达标率最低，分别为19.74%、0%、6.58%，相思江水质最差。

表 5-3 会仙试区不同时期各水系氮磷浓度差异分析

指标	时期	灌溉期				非灌溉期			
	河流	睦洞河	古桂柳运河	会仙河	相思江	睦洞河	古桂柳运河	会仙河	相思江
氨氮	睦洞河	—	0.814	0.212	0.003	—	0.260	0.270	0
	古桂柳运河		—	0.148	0.002		—	0.980	0
	会仙河			—	0.025			—	0
	相思江				—				—
总氮	睦洞河	—	0.822	0.063	0.001	—	0.126	0.493	0
	古桂柳运河		—	0.09	0.002		—	0.352	0
	会仙河			—	0.026			—	0
	相思江				—				—
总磷	睦洞河	—	0.987	0.087	0.153	—	0.836	0.859	0.032
	古桂柳运河		—	0.089	0.157		—	0.977	0.045
	会仙河			—	0.718			—	0.043
	相思江				—				—

注 差异性显著水平大于0.05为不显著。

5.2.5 会仙试区氮磷排放浓度的年际变化

配对样本 T 检验法分析结果显示，2016-09—2017-07（PG＋KF＋PF＋FG）和 2017-08—2018-07（PG′＋KF′＋PF′＋FG′）年际降雨量和同时段不同河流各指标浓度均不存在显著差异（$P=0.404>0.05$）。图 5-7 展示了不同河流各指标浓度随着降雨量的变化趋势，由枯水期进入平水期后降雨量逐渐增加，在降雨冲刷下表层土壤氮磷发生迁移排入水体，由于此时河流径流量较少，污染物无法得到有效稀释，氮磷浓度有所升高。此外，受农田翻动及部分早稻种植影响，平水期＋非灌溉期（PF、PF′）总氮浓度出现一个高峰值。进入丰水期后，虽然降雨量、降雨强度较均有所增加，但由于该时期土地植被覆盖度较高，植被茎叶对降雨的截留作用、植被根系对土壤的固持作用和植被对径流阻滤作用，可有效地降低土壤侵蚀（窦培谦，2006），故丰水期氮磷浓度增幅较缓。由图 5-7 可知，氮磷浓度在降雨量增加到一定程度时达到峰值，继续增加降雨量，氮磷浓度增幅较缓或呈下降趋势，此规律也与李其林等（2010）开展的自然降雨对耕地氮磷流失的研究结果类似。

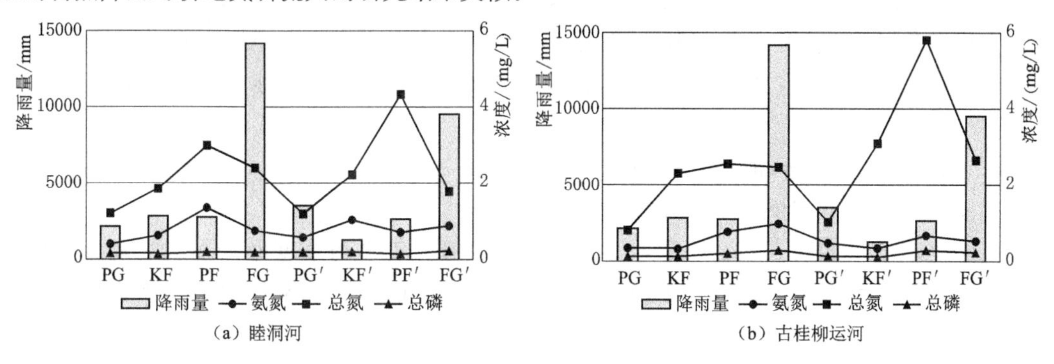

图 5-7（一） 会仙试区不同水系氮磷浓度年际变化

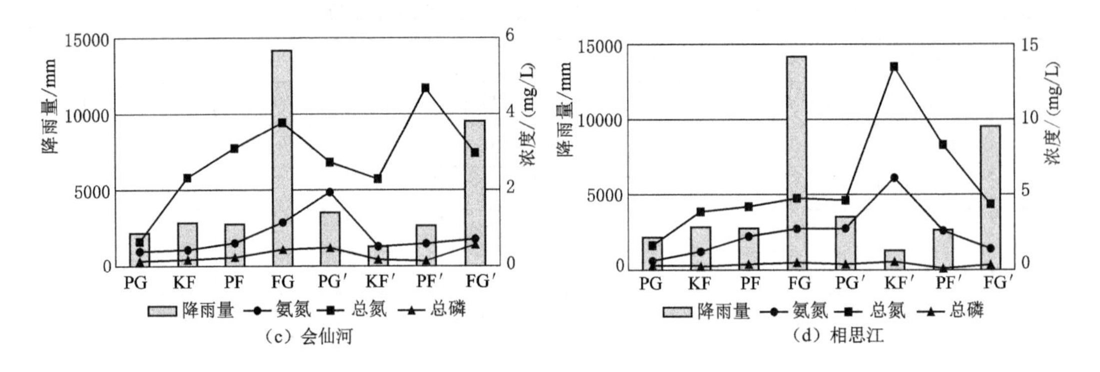

图 5-7（二）　会仙试区不同水系氮磷浓度年际变化

5.3　金龟河试区氮磷排放浓度时空变化

金龟河试区内以水稻、柑橘等种植业以及禽畜和水产等养殖业为主，农业面源污染排放形势严峻，对桃花江的水质产生影响，进而影响漓江水质。2017—2018 年开展野外定点监测和实验分析，分析金龟河试区的总氮（TN）、氨氮（NH_4^+—N）、硝态氮（NO_3^-—N）、总磷（TP）等指标，分析金龟河试区氮磷等污染物空间分布特点和季节差异性规律。

5.3.1　采样点布设

在综合考虑金龟河试区水系分布（图 5-8）以及不同土地利用类型等因素的基础上，结合野外实际情况和采样方便，在金龟河干流、上游西侧鱼塘支流以及下游东侧养殖场排水支流布设 15 个采样点（图 5-9）。金龟河干流布设 7 个采样点，上游至下游沿程编号为 G1～G7。以两条支流汇入断面作为分界，将干流分为上游 G1～G3，中游 G4～G6，下游 G7。其中，G1 为西干渠补给金龟河的入水口；G2 和 G3 周边主要为稻田；G4 和 G5 周边主要为柑橘树等果林；G6 至下游周边主要为稻田；G7 为流域总出水口。上游西侧鱼塘排水支流的采样点自上而下分别为鱼塘进水口 Y1、鱼塘水 Y2 和鱼塘出水口 Y3。下游东侧养殖场排水支流的采样点编号为 X1～X5，其中，X1 上游约 200m 处为以鸭子等为主的禽类养殖场；X2 位于人工沟渠，右侧为村庄，左侧为农田；X3 位于农田间灌溉沟渠，两侧皆为农田；X4 为水流汇合处，其下游约 250m 处为金龟河干流。X5 为养殖场西南侧约 200m 处的居民饮用压水井，地下水位埋深 3～4m，以监测养殖废水排放对饮用水质量的影响。

5.3.2　氮素浓度空间分布和差异分析

1. 金龟河氮素浓度的空间变化

两年监测结果如图 5-10 所示，金龟河干流总氮的年平均浓度沿程呈现波动上升的趋势，硝态氮的平均浓度沿程变化平稳，总氮平均浓度有随着氨氮平均浓度增加而增加的趋势。上游 G1～G3 总氮年平均浓度变化整体较为平稳，随着鱼塘排水的汇入，G4 总氮年平均浓度明显升高，2017 年和 2018 年分别升高了 25%和 64%。两年的数据显示，中游

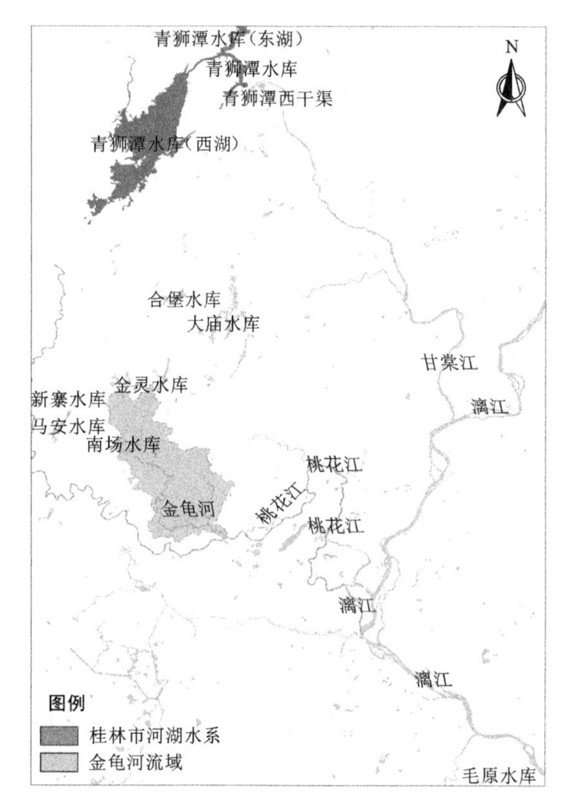

图 5-8 金龟河试区区位图

图 5-9 金龟河试区土地利用及采样点分布图

G4～G6 总氮年平均浓度整体沿程变化平稳，无明显升高趋势，在 2017 年还出现一定程度的降低。由于下游养殖场排水支流的汇入，下游从 G6 到 G7，是整个干流总氮平均浓度上升幅度最大的河段。

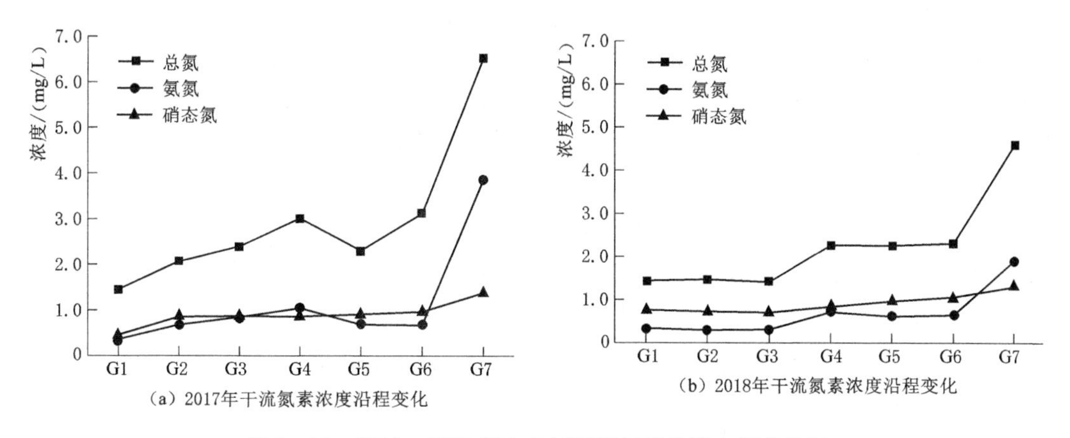

图 5-10 2017—2018 年金龟河试区氮素浓度空间变化图

2. 金龟河支流氮素浓度的空间变化

金龟河支流两年氮素平均浓度空间变化见图 5-11。上游鱼塘排水支流 Y2 总氮年平均浓度比 Y1 分别升高了 2.0 倍（2017 年）、2.6 倍（2018 年）。与 Y2 相比，2017 年 Y3

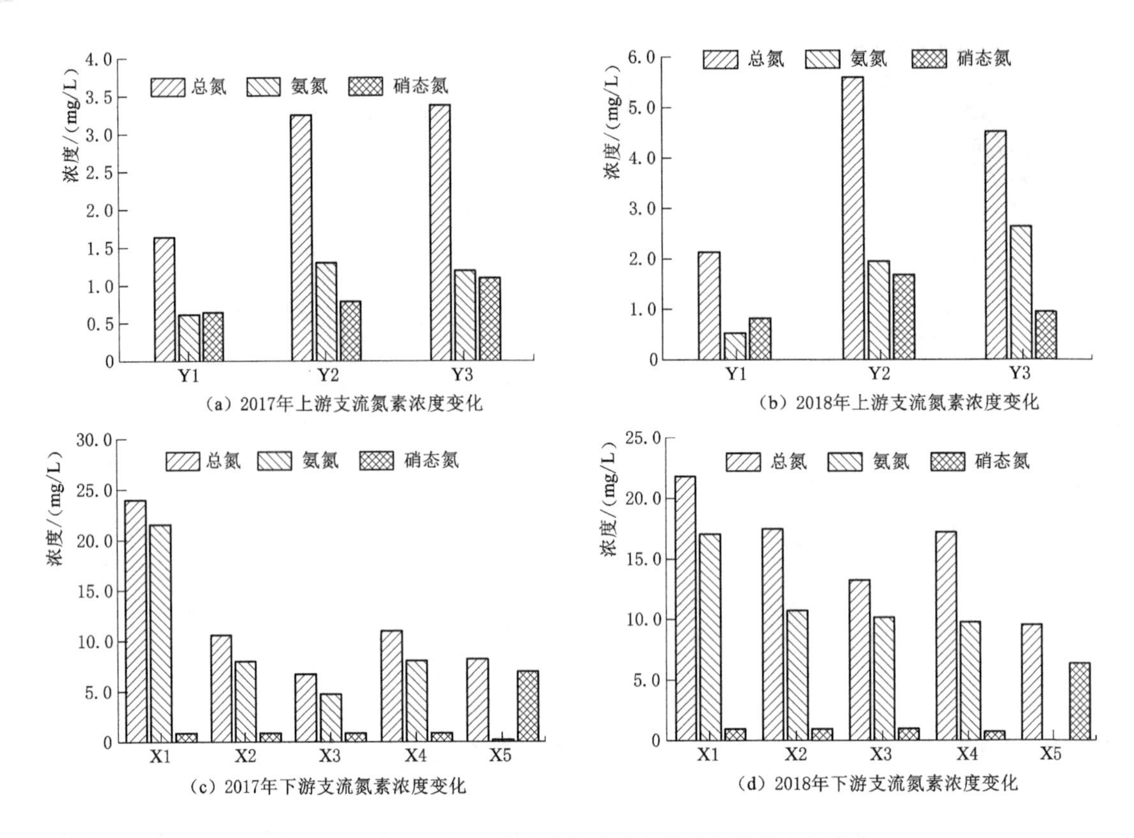

图5-11　2017—2018年金龟河支流氮素平均浓度空间变化

总氮年平均浓度无明显变化，2018年因鱼塘水总氮年平均浓度较高，出现一定程度的消减。

X1点因位于养殖场出水口，为整个流域氮磷污染最严重的监测点，2017年和2018年该点总氮年平均浓度分别为24.20mg/L和21.96mg/L，是整个研究区内所有监测点平均浓度的近十倍。从X1到X3，总氮年平均浓度整体呈消减趋势，2017年和2018年分别消减了72.0%和39.3%，消减程度不同主要受当年降雨量以及支流流量的影响（童晓霞 等，2010）。

3. 金龟河上、中、下游氮素浓度空间差异性分析

在SPSS中采用独立样本 T 检验方法，分析金龟河上、中、下游总氮、氨氮和硝态氮浓度空间差异性（王琼 等，2015），结果见表5-4。

表5-4　　金龟河上、中、下游氮素浓度的差异性分析

指标	河段（采样点）	平均值/(mg/L)	标准差	范围/(mg/L)	P（上&中）	P（中&下）	P（上&下）
TN	上（G1～G3）	1.74	0.80	0.79～3.17	0.019**	0.001**	0**
	中（G4～G6）	2.53	1.25	1.17～7.09			
	下（G7）	4.48	2.09	2.4～8.91			

续表

指标	河段（采样点）	平均值/(mg/L)	标准差	范围/(mg/L)	P（上&中）	P（中&下）	P（上&下）
NH_4^+-N	上（G1～G3）	0.46	0.39	0.10～1.84	0.034**	0.000**	0.000**
	中（G4～G6）	0.72	0.37	0.24～1.63			
	下（G7）	2.02	1.40	0.35～6.10			
NO_3^--N	上（G1～G3）	0.93	0.41	0.20～1.80	0.123	0.011**	0.074
	中（G4～G6）	0.73	0.42	0.08～1.66			
	下（G7）	1.34	0.93	0.10～3.10			

注　**表示在差异性显著水平P小于0.05，差异性显著。

从均值来看，金龟河总氮年平均浓度在上、中、下游均沿程升高，尤其在中游至下游河段上升更快，总氮和氨氮浓度在不同河段的差异性显著。硝态氮年平均浓度在上、中、下游均呈现沿程先降低、后增加的趋势，而且硝态氮浓度只在中游与下游之间存在显著性差异。

5.3.3 不同类型监测点氮素形态特点分析

选取4种不同土地利用类型下的监测点G3（稻田）、G6（果林）、X1（养殖场）、Y2（鱼塘）和地下水X5、总出水口G7两个特殊监测点为研究对象，分析这6个不同类型监测点氨氮、硝态氮与总氮相关性（卓泉龙 等，2018），分析结果见表5-5。

表5-5　不同类型监测点氨氮、硝态氮与总氮的相关系数

监测点	NH_4^+-N		NO_3^--N	
	相关系数	显著性（双尾）	相关系数	显著性（双尾）
G3（稻田）	0.551	0.010**	0.829	0**
G6（果林）	0.501	0.021**	0.232	0.312
X1（养殖场）	0.981	0**	0.107	0.644
Y2（鱼塘）	0.519	0.016**	0.342	0.129
X5（地下水）	−0.147	0.525	0.714	0**
G7（总出水口）	0.971	0**	0.125	0.588

注　**表示在相关性显著水平小于0.05，相关性显著。

G3、G6、X1、Y2 4种不同土地利用类型的监测点，氨氮与总氮显著相关性，总体表现为养殖场＞稻田＞鱼塘＞果林。G3硝态氮与总氮相关性极高，而果林、养殖场、鱼塘的硝态氮与总氮相关性不显著，说明在稻田区氨氮与硝态氮共同影响着总氮浓度（黄金良等，2012）。另外3种下垫面氮素形态以氨氮为主，硝态氮对总氮影响较小，尤其X1监测点总氮和氨氮相关系数0.981。在地下水中，硝态氮与总氮相关系数为0.714，相关性极显著，地下水中氮素主要以硝态氮形式存在（徐兵兵 等，2016）。流域总出水口的氨氮与总氮相关性极显著，说明在流域出水口仍受养殖场影响较大。养殖场禽类粪便中有机物极不稳定，排放大量氨氮，对下游地表水体产生严重影响，同时地表水氨氮进入地下水过程中转化成硝态氮。

5.3.4 总磷浓度空间分析和差异性分析

金龟河试区干支流总磷浓度时空变化如图5-12所示，总体上金龟河干流总磷年平均浓度沿程先上升后下降，分别在两条支流汇入后的G4和G7出现峰值点。上游从G1到G3段，主要受农田施肥等面源污染的影响，总磷浓度沿程稳定、平缓地上升。由于鱼塘支流的汇入，总磷浓度在G4点达到峰值，G4～G6段总磷浓度在两年有不同程度的消减。下游G6～G7段，是整个干流中总磷浓度最高的河段，两年分别上升了2倍和2.3倍。

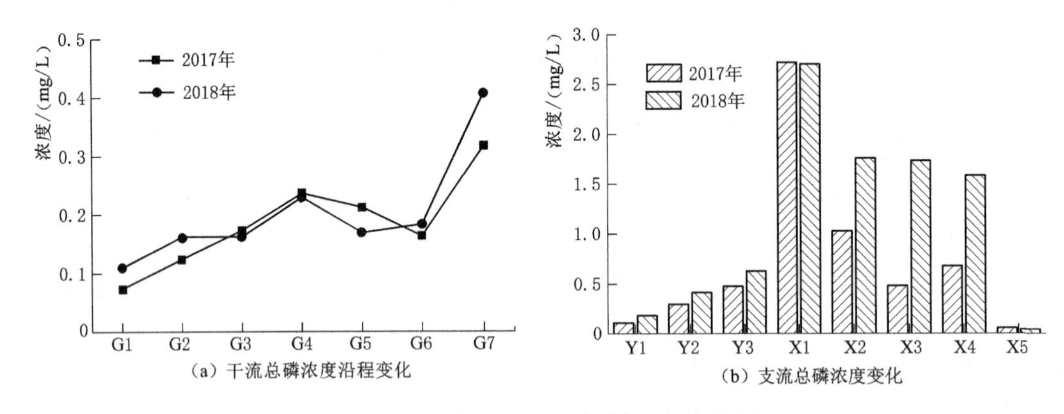

图5-12 金龟河试区总磷浓度空间变化图

上游鱼塘排水支流3个监测点的总磷浓度基本上呈直线上升趋势，且2018年鱼塘支流3个监测点浓度较2017年均有上升。下游支流养殖场出水口X1点总磷浓度非常高，是整个流域平均水平的近十倍。X1～X3河段总磷年平均浓度整体呈消减趋势。与地表水相比，地下水X5总磷含量明显较低。不同土地利用附近监测点总磷浓度表现为养殖场＞鱼塘＞种植（稻田和果林浓度差异较小）的规律。

上、中、下游总磷空间差异性分析结果见表5-6。

表5-6 金龟河上、中、下游总磷浓度空间差异性分析

指标	区间	平均值/mg	标准差	范围/(mg/L)	P（上&中）	P（中&下）	P（上&下）
TP	上（G1～G3）	0.13	0.09	0.03～0.47	0.044**	0.032**	0.000**
	中（G4～G6）	0.20	0.12	0.09～0.67			
	下（G7）	0.36	0.28	0.13～1.41			

注 **表示在相关性显著水平小于0.05，相关性显著。

从均值来看，干流总磷年平均浓度均沿程升高，但上游与中游之间总磷浓度不存在显著性差异；2017—2018年下游总磷平均浓度是上游的2.78倍。

5.3.5 金龟河试区氮磷浓度季节差异性分析

根据金龟河水稻种植灌溉时间和多年降雨量分布特点，将每年4—9月划分为雨季＋灌溉季，将当年10月至第二年3月划分为干季＋非灌溉季，具体划分结果见表5-7。

选取四种不同土地利用类型控制下的监测点G3（稻田）、G6（果林）、X1（养殖场）、Y2（鱼塘），和地下水X5以及总出水口G7两个特殊监测点为研究对象，分析这6个监测点总氮、氨氮、硝态氮和总磷浓度在不同季节的空间差异性。分析结果见图 5-13。

表 5-7　　金龟河试区季节划分

阶　　段	简称	时　　间
2017 年干季＋非灌溉季	GF	2017-01—2017-03；2017-10—2017-12
2017 年雨季＋灌溉季	YG	2017-04—2017-09；
2018 年干季＋非灌溉季	GF′	2018-01—2018-03；2018-10—2018-12
2018 年雨季＋灌溉季	YG′	2018-04—2018-09

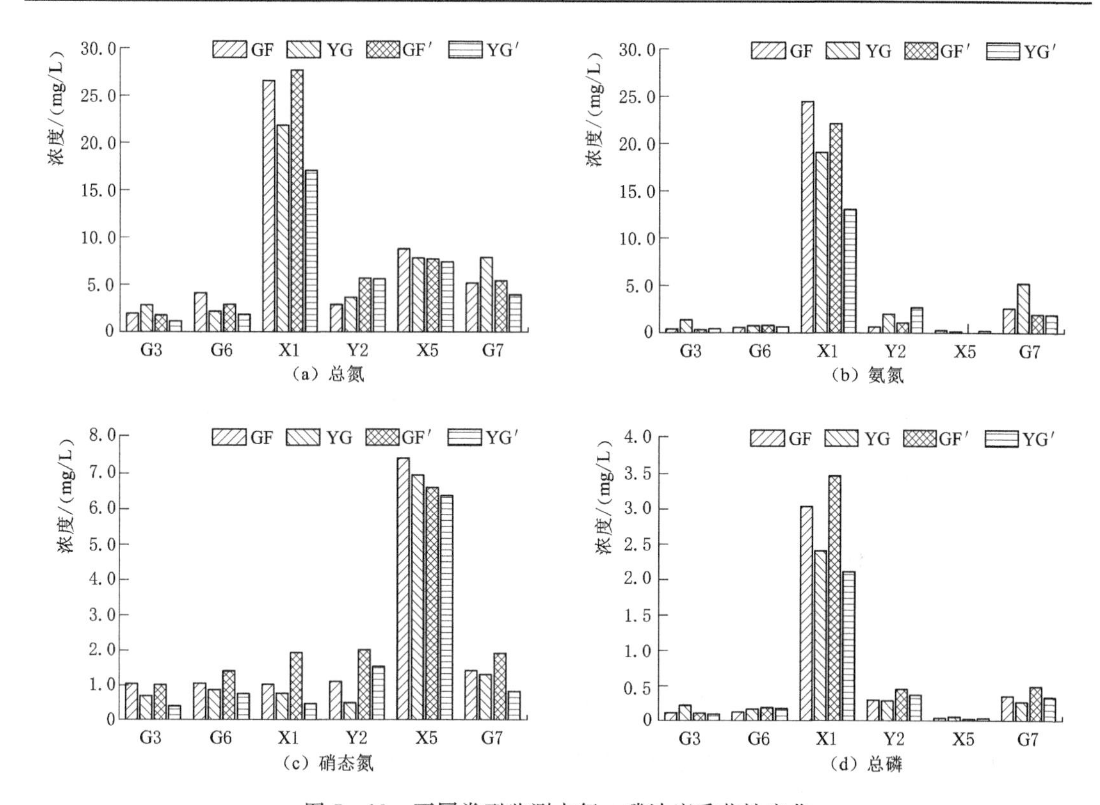

图 5-13　不同类型监测点氮、磷浓度季节性变化

造成氮磷浓度季节变化的主要因素有降雨、灌溉和施肥等，雨季降雨量较大以及水库补水灌溉，污染物浓度得到稀释而浓度降低；但雨季也是施肥季节，农田和果林施肥造成氮磷污染物浓度升高。因此，在降雨、灌溉和施肥等因素的共同影响下，不同监测点总氮、氨氮和总磷季节变化规律并不完全一致（图 5-13）。

值得关注的是，6 个监测点的硝态氮浓度季节变化表现出相同的规律，即干季大于雨季。受稻田和果林施肥影响，G3 和 G6 雨季氨氮浓度大于干季；同理，总磷浓度季节变化规律和氨氮相似。以养殖场为主要下垫面的监测点 X1 氮磷排放量较大，由于干季河道水流量较小，稀释能力较弱，氨氮和总磷浓度均表现为干季大于雨季。鱼塘水 Y2 干季氨氮和总磷浓度均表现为干季大于雨季。

地下水 X5 氮素中硝态氮占比高于其余 5 个地表水监测点，而氨氮占比和磷浓度都极低。地下水中总氮季节变化规律与硝态氮保持一致，且干季大于雨季。地下水流动缓慢，更新周期长，受养殖场的排污影响，经过长期硝化反应储存了大量硝态氮。硝酸盐可还原成亚硝酸盐，影响周围居民饮用水的质量和安全。

5.3.6 土地利用方式对氮磷排放的影响

按照地形地貌、水系、土地利用类型等因素，将金龟河试区划分为9个子流域（图5-14），子流域下垫面情况见表5-8。

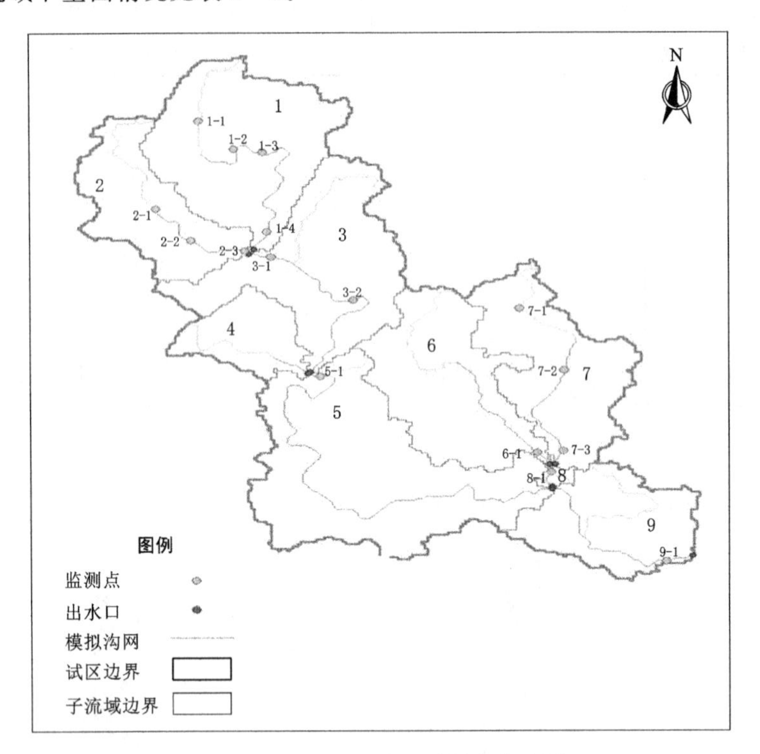

图5-14 金龟河试区采样点分布图

在子流域1、子流域2、子流域3、子流域7分别选取农田、鱼塘、果树、养殖业（养猪、养鸭）分析土地利用对氮磷输出的影响。

表5-8 子流域内不同下垫面下情况

土地利用	所在子流域	区域介绍
农田	子流域1	水稻种植面积为0.25km^2，种植中稻（5—10月）
鱼塘	子流域2	鱼塘面积为0.09km^2，成片存在
果树	子流域3	果树种植面积为1km^2，沿流域两侧山坡种植
养殖业	子流域7	沿河流养殖业发达，分别有养猪、养鸭，数量大且集中

5.3.6.1 不同下垫面氮磷输出及其影响因素

金龟河试区不同下垫面污染物排放浓度如图5-15所示，养殖下垫面的氨氮、总氮、总磷污染物排放量最高，平均浓度分别为12.68mg/L、19.39mg/L、0.89mg/L，超过V

类水标准限值；其次是鱼塘，其氨氮、总氮、总磷排放平均浓度分别为 1.13mg/L、2.62mg/L、0.26mg/L，总氮超过Ⅴ类水标准限值；农田和果树的氨氮、总氮、总磷排放均在标准限值之内，且硝态氮含量最高为 3.25mg/L，对水质影响较小。

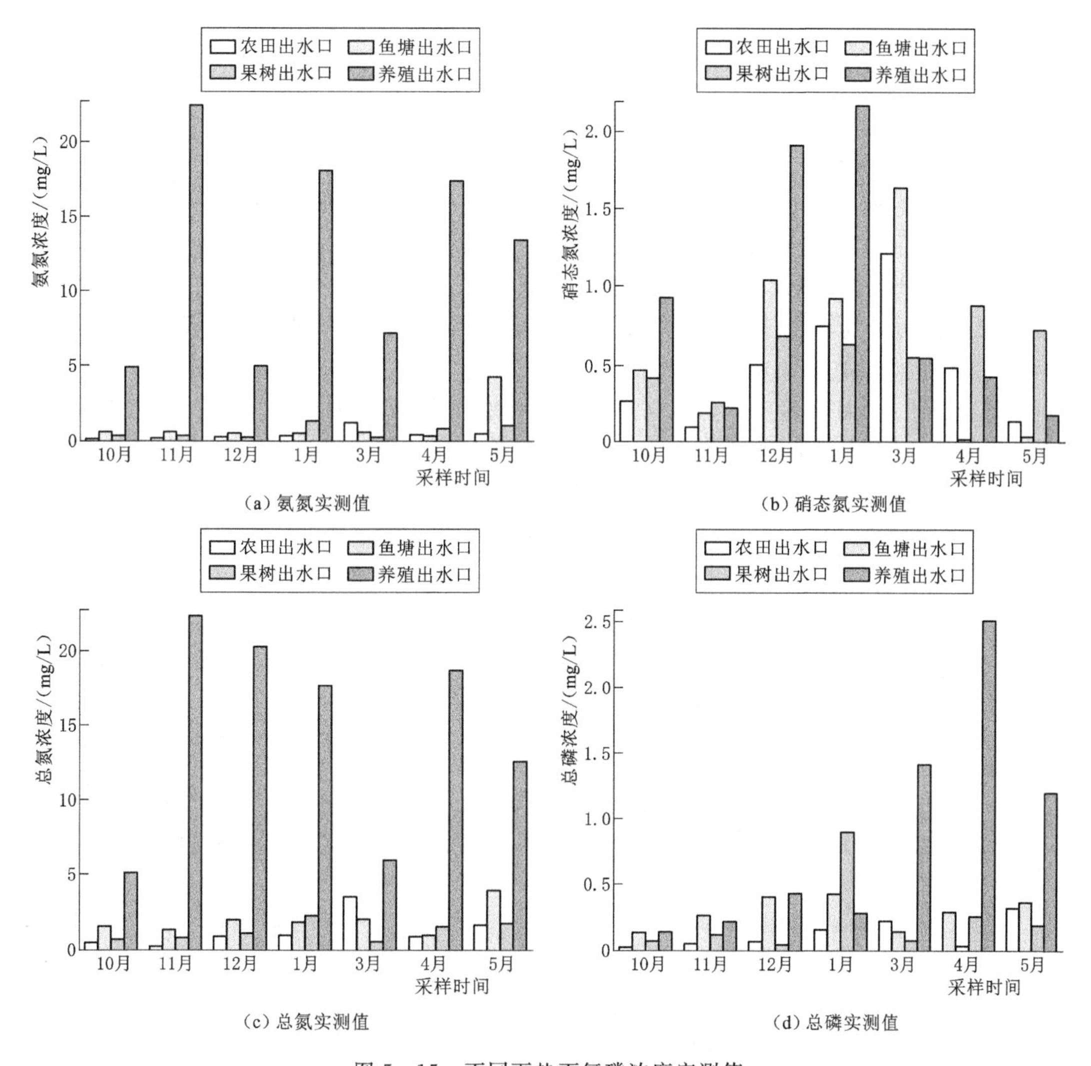

图 5-15　不同下垫面氮磷浓度实测值

主成分分析法是根据实际需求以具有一定相关性的污染物（如氨氮、硝态氮、总氮、总磷）变量重新组合，确定影响水质的主要成分（宇传华，2007），应用 SPSS23 对实测数据标准化后，得到相关矩阵、特征值和方差贡献率，从而确定不同下垫面污染物的主要贡献因子。金龟河试区水质主成分分析结果见表 5-9，影响金龟河试区水质的主要因子有 2 类，累积为全部水质影响因子的 97.56%。第一类主成分为氨氮、总氮、总磷，其累积贡献率为 70.43%，说明金龟河试区水质受氨氮、总氮、总磷影响较大；第二类主成分为硝态氮，贡献率为 27.13%，金龟河试区水质主要受第一主成分的影响，即氨氮、总氮、总磷为金龟河试区水质的主要污染物。

表 5-9　　金龟河试区水质主成分分析

影响因子	PC1	PC2
氨氮 NH_4^+—N	0.987	0.026
硝态氮 NO_3—N	−0.221	0.972
总氮 TN	0.922	0.348
总磷 TP	0.972	−0.136
特征值	2.817	1.085
累计贡献率/%	70.434	97.562

5.3.6.2　不同下垫面氮磷贡献率

根据主成分分析结果，选取不同下垫面条件的氨氮、总氮、总磷 3 个主要污染物，分析不同下垫面污染物对金龟河水质的影响。根据不同下垫面氮磷贡献量计算结果如图 5-16 所示，养殖业氨氮和总氮贡献量最大，月平均排放量达到 215.39kg 和 298.23kg。春季（3 月、4 月、5 月）养殖业氨氮和总氮排量相对于冬季（11 月、12 月、次年 1 月）明显增加，这是由于冬季养殖密度低，为保证居民生活和河流水质，限制试区周边养猪场废

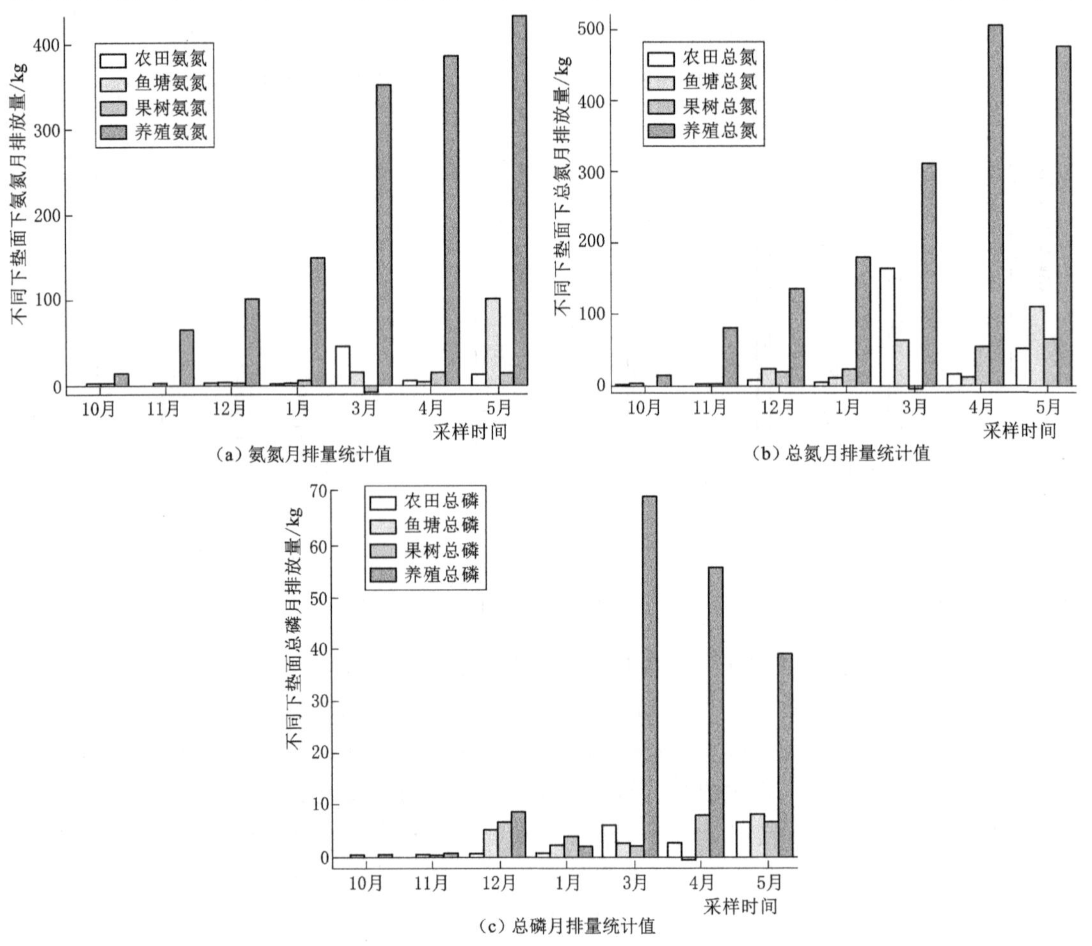

图 5-16　不同下垫面氮磷月排放量统计值

液排放；春季降雨较多，河流水量增大，养殖活动活跃，养殖废液排量增大，因此养殖业氨氮和总氮排量春季比冬季高。农田和鱼塘面积相对变化不大，但春季农田播种施肥使氨氮、总氮、总磷污染物排放有所提高，再加上雨水对颗粒态氮、磷的扰动，增加氮磷的排放量（蒋锐 等，2009）。农田氨氮、总氮、总磷月平均排量为9.94kg、35.65kg、2.42kg，其在3—5月氮磷排量均有大幅度增加，这是由于农田翻动及部分早稻种植影响。鱼塘氨氮、总氮、总磷月平均排量为18.61kg、32.63kg、2.69kg，其相对养殖业排量增加较小。果树是坡地种植，一般抽水灌溉灌水量较小，污染物排放较少，降雨对氨氮、总氮、总磷排量影响较大，所以对河流水质影响相对较小。综上，不同下垫面下氮磷污染物排量呈现养殖＞鱼塘＞农田＞果树。

5.3.6.3 不同下垫面污染物输出差异

为探讨不同下垫面下氨氮、总氮、总磷的污染特性差异，选取这3种污染物指标为因变量，4种不同下垫面为因子，取不同种下垫面的氨氮、总氮、总磷的月排量进行单因素方差分析，单因素方差分析（ANOVA）是用于两个及以上样本均数差别的显著性检验（孙夕涵 等，2016），分析结果见下表5-10。在ANOVA分析结果中，氨氮和总氮的显著性水平最高，其显著性水平值为0，而不同下垫面总磷的差异水平较小，其显著性水平值为0.019。分析得到不同下垫面之间差异显著的因子大于设定的0.05。结果表明，不同下垫面对同一种污染物的输出存在着差异，因此对河流污染的贡献也存在一定的差异。

表5-10　　不同下垫面下ANOVA分析

指标		平方和	df	均方	F	显著性
氨氮	组间	219752.874	3	73250.958	9.420	0
	组内	186633.255	24	7776.386		
	总数	406386.130	27			
总氮	组间	376759.583	3	125586.528	10.043	0
	组内	300125.034	24	12505.210		
	总数	676884.617	27			
总磷	组间	2664.692	3	888.231	4.021	0.019
	组内	5301.463	24	220.894		
	总数	7966.155	27			

注　差异性显著水平大于0.05为不显著。

由单因素方差分析得知，在不同下垫面下同种污染物排放存在显著差异。那对于两两下垫面间污染物排放的差异关系，通过LSD法分析对不同下垫面两两之间的污染物排放差异进行比较。基于下垫面的氨氮、总氮、总磷污染物月排量，对选定的四种下垫面进行两两比较，结果见表5-11。对比于显著性设定值0.05，养殖下垫面与其他3种下垫面差异性最大，其氨氮、总氮、总磷显著性水平均为0，而其他下垫面的污染物排放虽然存在差异，但两两下垫面之间显著性水平不高，农田和果树的氨氮显著性水平最小为0.914；农田和鱼塘的总氮及总磷显著性水平最小，分别为0.960，0.973。由此可知，养殖下垫面对比于其他3种下垫面差异性最大，污染物月排量对河流水质影响最为严重。

表 5-11　　不同下垫面下 LSD 分析

指标		农田	鱼塘	果树	养殖
氨氮	农田	—	0.856	0.914	0
	鱼塘		—	0.772	0
	果树			—	0
	养殖				—
总氮	农田	—	0.960	0.839	0
	鱼塘		—	0.878	0
	果树			—	0
	养殖				—
总磷	农田	—	0.973	0.934	0
	鱼塘		—	0.961	0
	果树			—	0
	养殖				—

注　差异性显著水平大于 0.05 为不显著。

5.4　农业试区不同空间尺度氮磷排放特征

5.4.1　空间尺度划分

面源污染排放研究的空间范围比较广泛，研究者根据所选研究尺度不同，得出的污染物排放结果可能存在一定差异。同时由于气候、地形地貌、土地利用方式、土壤类型和耕作方式等多种因素的影响，农业面源污染在不同地区之间也存在差异（邬建国，2000）。

通过 Google Earth 软件对试区的河流数字化生成河网数据，利用 ArcGIS 软件和 SWAT 模型，基于数字高程模型（DEM）数据，以河网水系为参考，对会仙试区和金龟河试区进行子流域划分，其中会仙试区 377.83km^2 内划分为 9 个子流域（图 5-17），金龟河试区 27.25km^2 重新划分为 5 个子流域（图 5-18）。

会仙试区和金龟河试区的土地利用如图 5-19 和图 5-20 所示。

为了分析氮磷污染物在不同空间尺度的排放特点和差异，在子流域划分后的会仙试区和金龟河试区内分布选取 7 个空间尺度和 5 个空间尺度，空间尺度与子流域的关系见表 5-12。根据各空间尺度面积，将研究尺度分为小、中、大 3 个尺度。

表 5-12　　会仙试区与金龟河试区的尺度划分

会仙试区/km^2					金龟河试区/km^2				
尺度	包含子流域	面积	尺度规模	河渠	尺度	包含子流域	面积	尺度规模	河渠
尺度 1	5	21.57	小	睦洞河	尺度 a	1	3.36	小	金龟河支渠
尺度 2	2，4，5	33.38			尺度 b	1～2	5.05		
尺度 3	9	97.78	中	会仙河	尺度 c	1～3	12.24		
尺度 4	8，9	126.59			尺度 d	1～4	15.55		
尺度 5	1	206.11		相思江	尺度 e	1～5	27.25		
尺度 6	1，3，6	212.87							
尺度 7	1～9	377.83	大						

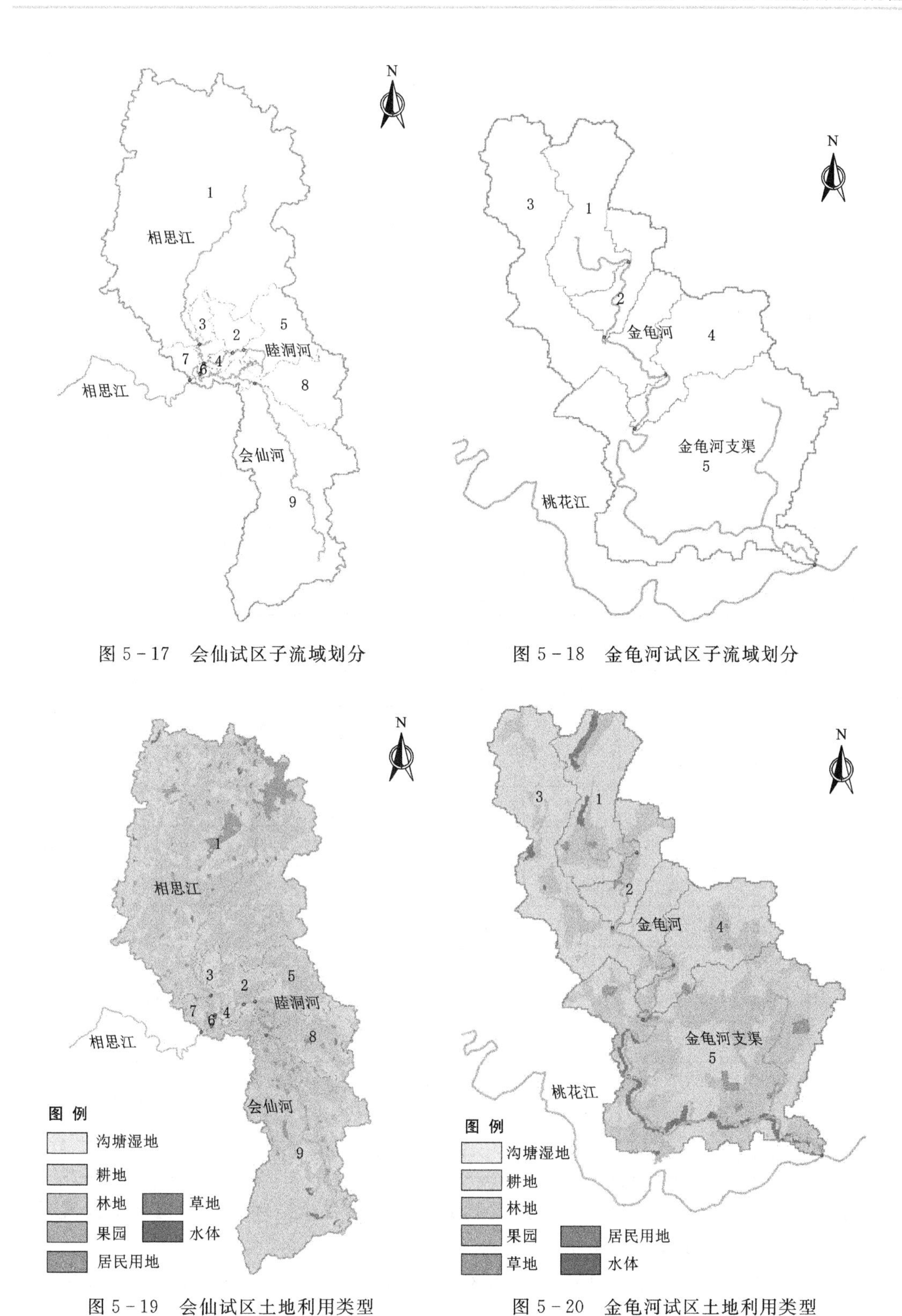

图 5-17 会仙试区子流域划分

图 5-18 金龟河试区子流域划分

图 5-19 会仙试区土地利用类型

图 5-20 金龟河试区土地利用类型

会仙试区和金龟河试区的不同尺度土地利用分布情况及其占试区面积比例，见表5－13和表5－14。

表5－13　研究区不同尺度土地利用面积　单位：km^2

试区	尺度	耕地	果园	林地	草地	居民用地	沟塘湿地	水域
会仙	尺度1	11.28	0.14	3.72	2.46	0.30	3.67	0
	尺度2	13.52	0.14	6.98	5.24	0.30	6.96	0.24
	尺度3	34.15	4.07	49.03	4.60	2.21	2.84	0.88
	尺度4	49.31	4.76	51.68	7.05	3.59	8.55	1.65
	尺度5	108.00	1.67	32.93	37.50	12.30	11.82	1.89
	尺度6	109.91	1.67	33.92	40.53	12.30	12.65	1.89
	尺度7	176.26	6.57	92.58	53.46	16.51	28.31	4.14
金龟河	尺度a	0.68	2.09	0	0	0.04	0.24	0.30
	尺度b	1.12	3.32	0	0	0.06	0.25	0.30
	尺度c	2.00	8.28	0.18	0.16	0.06	0.61	0.94
	尺度d	2.86	10.59	0.20	0.20	0.13	0.64	0.94
	尺度e	7.81	12.58	1.92	1.69	0.44	1.33	1.48

表5－14　不同尺度土地利用面积占试区面积的比例　%

试区	尺度	耕地	果园	林地	草地	居民用地	沟塘湿地	水域
会仙	尺度1	2.99	0.04	0.98	0.65	0.08	0.97	0
	尺度2	3.58	0.04	1.85	1.39	0.08	1.84	0.06
	尺度3	9.04	1.08	12.98	1.22	0.58	0.75	0.33
	尺度4	13.05	1.26	13.68	1.87	0.95	2.26	0.54
	尺度5	28.58	0.44	8.72	9.93	3.26	3.13	0.50
	尺度6	29.09	0.44	8.98	10.73	3.26	3.35	0.50
	尺度7	46.65	1.74	24.5	14.15	4.37	7.49	1.10
金龟河	尺度a	2.50	7.68	0	0	0.16	0.88	1.10
	尺度b	4.10	12.17	0	0	0.23	0.93	1.10
	尺度c	7.36	30.40	0.66	0.59	0.23	2.23	3.45
	尺度d	10.48	38.85	0.73	0.73	0.49	2.33	3.45
	尺度e	28.66	46.15	7.06	6.20	1.61	4.88	5.41

根据会仙试区和金龟河试区空间尺度划分结果，在各个空间尺度的出水口设置采样点，采样点所属流域及周边介绍见表5－15。

2016年10月—2018年9月对会仙试区、金龟河试区不同尺度出水口的水样进行采集，根据水稻灌溉时间和多年降雨量分布特点（黄琰 等，2014），将试验分为4个阶段（表5－16），两个试区农业管理措施见表5－17。

表 5-15　　各采样点位置及采样断面周边环境

序号	采样点	所属河流	采样断面周边环境
1	睦洞河上游	睦洞河	过水断面长，水位较浅，降雨较大时，水位会淹没桥面。周边主要为分散的菜地和水稻田。采样点上游为大面积水域，河面遍布以水葫芦为主的水生植物
2	睦洞河出水口	睦洞河	桥面失修多年，通行不利，周边有新修建的还未投入使用的渔产养殖场
3	会仙河出水口	会仙河	存有一座老式拱桥，桥中杂草盘生，周边主要是水田
4	四益村	会仙河	过水断面为多空拱桥，水中分布着较多的水葫芦，河岸边常年堆置垃圾
6	相思江 a	相思江	断面较为规则，常有鸭群游于水中
7	相思江 b	相思江	桥面较高，断面宽且流速快，周边遍布竹林和田地
8	相思江 c	相思江	监测点布设于袁氏宗祠旁，河两岸竹林较多
a	天华村桥头	金龟河	位于天华村附近，靠近西干渠，监测点周围主要是水田，存在散养鸭鹅
b	高架桥	金龟河	过水断面狭窄，流速较慢，河道内和周围存在较多水生植物，周边以稻田为主
c	果林	金龟河	位于天美农场附近，河道过水断面长，暴雨过后河水会漫过桥面，周边主要种植柑橘
d	阁楼	金龟河	监测点附近为农家乐，周边存在两个鱼塘，以种植柑橘蔬菜为主
e	出水口	金龟河	金龟河由此汇入桃花江，监测点为饮用水资源保护区

表 5-16　　会仙试区与金龟河试区试验阶段（季节）

会仙试区		金龟河试区	
阶段	时间	阶段	时间
干季+非灌溉	2016-10—2017-03	干季+非灌溉	2016-10—2017-03
雨季+灌溉	2017-04—2017-09	雨季+灌溉	2017-04—2017-09
干季+非灌溉	2017-10—2018-03	干季+非灌溉	2017-10—2018-03
雨季+灌溉	2018-04—2018-09	雨季+灌溉	2018-04—2018-09

注　会仙试区 3—6 种植早稻，6—10 月种植晚稻，金龟河试区 4—9 月种植单季稻。

表 5-17　　会仙试区与金龟河试区农业管理措施

农业管理措施	会仙试区	金龟河试区
多年平均降水量/mm	1894.4	1050
灌水量/(m^3/hm^2)	107	214
施肥量/(斤/亩)	62.5	46.3
灌水时间段	4—9 月	4—9 月
施肥次数	底肥 2 次，追肥 4 次	底肥 1 次，追肥 2 次

5.4.2 不同尺度径流排水量分析

2017 年 10 月—2018 年 9 月对会仙试区和金龟河试区各尺度子流域出水口断面及流速进行监测，求得各尺度出水口流量，并按不同阶段分类（表 5-18）。通过对两个试区不同尺度子流域出水口流量监测变化情况可知，在年内除会仙试区小尺度 1、小尺度 2 受农业活动如抽水灌溉的影响流量差异不明显外，各尺度灌溉季节流量显著大于非灌溉季节。

表 5-18　　试区各尺度不同阶段平均流量　　单位：m^3/s

尺度	会仙试区	干季+非灌溉	雨季+灌溉	月均流量	尺度	金龟河试区	干季+非灌溉	雨季+灌溉	月均流量
小	尺度1	1.88	1.62	1.74	小	尺度a	0.07	0.78	0.46
	尺度2	0.63	0.60	0.62		尺度b	0.06	0.68	0.43
中	尺度3	0.19	0.61	0.42		尺度c	0.30	1.17	0.77
	尺度4	0.15	0.57	0.38		尺度d	0.11	2.20	1.25
	尺度5	4.45	8.59	6.70		尺度e	0.34	0.31	0.32
	尺度6	6.95	13.02	10.26					
大	尺度7	7.42	13.65	10.82					

空间尺度上，两个试区在小尺度范围（1～33.37km^2）内呈现出流量先增后减的趋势，除中尺度3、中尺度4外，大中尺度范围5～7（98.16～377.83km^2），随尺度变大，集雨面积增加，河流流量逐渐升高，大尺度月均流量显著高于中小尺度，分别是中小尺度的2.44倍和9.18倍。小尺度范围的土地利用方式及其面积比例对产流产生较大影响，金龟河试区最能体现小尺度范围的流量变化规律，尺度a～尺度d（1～15.55km^2）主要土地利用方式以需水量较小的果园和林地为主，流量随尺度增加逐渐变大，但是尺度e的耕地和居民区面积较前一尺度分别提高了173%和238%，需水量陡增，河流流量减小。河渠的抽水灌溉等人类活动也对灌区产流产生较大的影响。会仙试区的中尺度3、中尺度4均位于会仙河，由于尺度内耕地、果园面积占比达38.84%和44.46%，且是上游小江水库补水，河道沿程多处设有抽水泵站和拦水设施，非灌溉季补水不便，灌溉季用水量大，导致中尺度3、中尺度4出水口流量成为会仙试区月均流量最低值0.42m^3/s、0.38m^3/s。

通过计算求得两个试区不同尺度单位面积的月均排水量（表5-19），发现在年内各尺度排水量除会仙试区小尺度1、小尺度2外，灌溉季排水量显著大于非灌溉季，小尺度1、小尺度2因农业抽水灌溉的影响导致差异不显著。

表 5-19　　试区不同尺度单位面积月均排水量　　单位：m^3/km^2

尺度	会仙试区	干季+非灌溉	雨季+灌溉	月均排水	尺度	金龟河试区	干季+非灌溉	雨季+灌溉	月均排水
小	尺度1	232667	199147	214384	小	尺度a	56836	608373	357674
	尺度2	50548	47416	48840		尺度b	37813	351604	208972
中	尺度3	5220	16597	11426		尺度c	69598	261740	174403
	尺度4	3119	11993	7959		尺度d	19672	385069	218979
	尺度5	57642	110096	86254		尺度e	32917	29902	31272
	尺度6	87037	161466	127635					
大	尺度7	52440	95417	75882					

两个试区月均排水量随尺度增加呈波动变化。两个试区内的年均排水由尺度1、尺度a的214384m^3/km^2和357674m^3/km^2减小到尺度4、尺度c的7959m^3/km^2和174403m^3/km^2，分别降低26.97倍和2.05倍，尺度1、尺度a紧邻睦洞湖和西干渠，补水量充足且尺度面积较小导致单位面积月均排水量最大，随着尺度面积增加，农田水的重复利用和河流自身流量较小等原因，排水量有所降低。然而，随着尺度的继续增加，受小尺度河流水

量汇集、中尺度集水面积增大以及因尺度面积增大引起的需水量增加等因素的影响，尺度5～尺度7（206.11～377.83km^2）和尺度d～尺度e（15.55～27.25km^2）单位面积月均排水量先增加后减小。

5.4.3 不同尺度氮磷浓度变化

5.4.3.1 会仙试区氮磷排放浓度变化

通过室内实验，对2016年10月—2018年9月会仙试区各尺度监测点水样氮磷浓度进行测定分析，氮磷浓度的季节和尺度面积变化见图5-21。

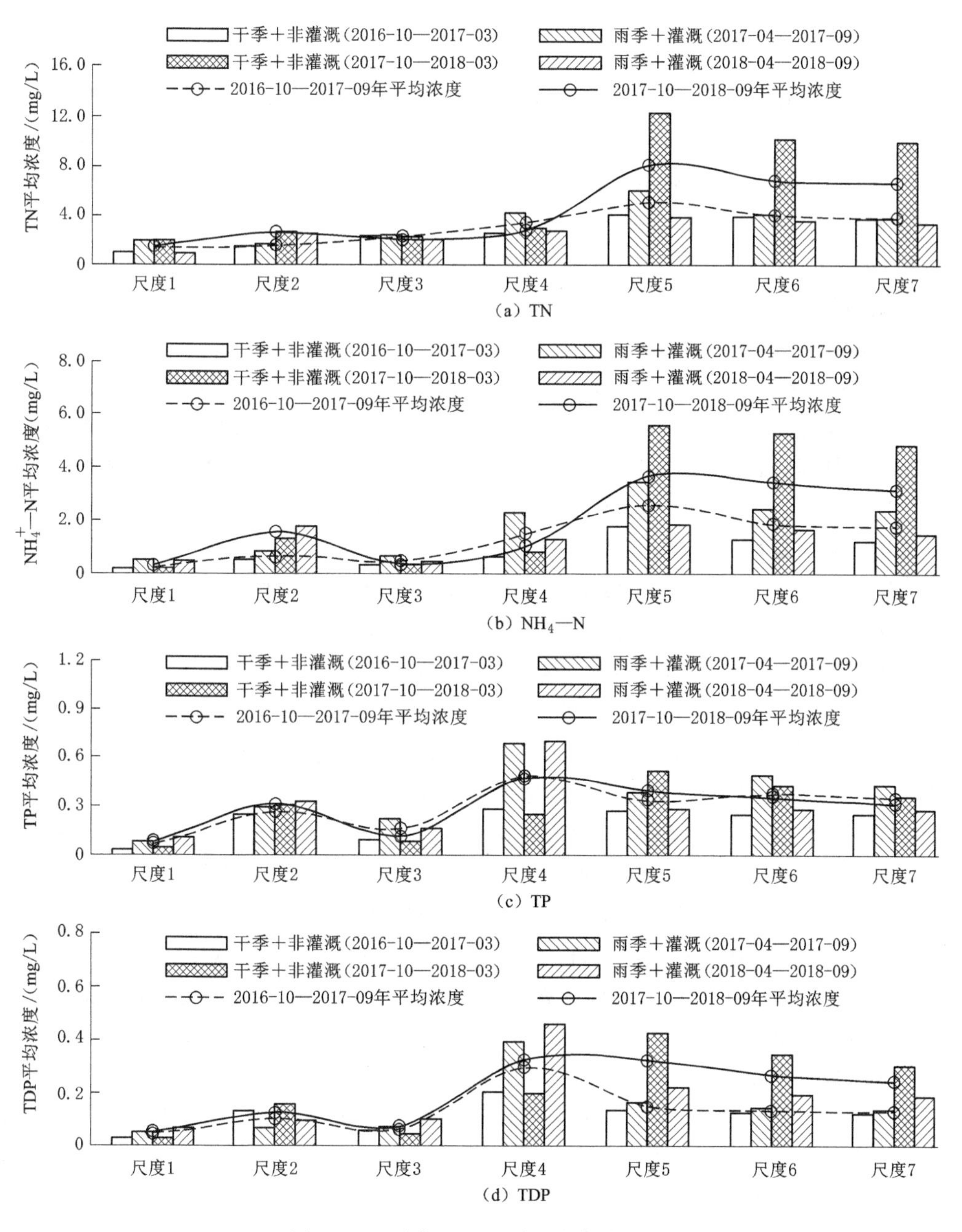

图5-21 会仙试区不同尺度氮磷浓度

会仙试区各尺度氮磷浓度不同季节变化规律发现，除个别年份和尺度的氮磷浓度异常外，总体上来说，试区雨季+灌溉季的氮磷排放平均浓度比干季+非灌溉季的氮磷浓度高44%，灌溉季农田施肥增加了土壤的氮磷负荷输入，多余的氮磷元素随径流排水流失；其次土壤颗粒态的氮磷含量受降雨溅蚀和径流侵蚀作用的影响，因此雨季氮磷流失得多。在干季+非灌溉季，农业活动、降雨、灌溉次数减少，氮磷元素缺少外界补给和迁移驱动作用，同时流速变缓导致水力停留时间增加，在好氧环境下 NH_4^+-N 发生硝化反应产生 NO_3^-，而磷素易与铁铝氧化物结合形成难溶物聚集在底泥，从而导致河流中浓度降低（何军 等，2010）。

由于年际雨量差异和工农业生产污染源的影响，会仙试区的氮磷排放在某些时间段存在异常。2017年10月—2018年9月，所有尺度干季+非灌溉季 TN 平均浓度比雨季+灌溉季浓度大117%，该年干季+非灌溉季累积降雨量与2016年10月—2017年9月相比小92.2%（225.5mm），雨量减小导致径流流速变慢，氮素聚集在河道内，造成浓度升高。同年内，尺度5～尺度7干季+非灌溉季的氮磷浓度明显异常，TN、NH_4^+—N、TP 和 TDP 平均浓度分别高于2016年10月—2017年9月172%、264%、65%和175%，尺度5、尺度6、尺度7采样点均位于相思江沿程，由于相思江上游临桂区及沿程养殖场可能出现不合理排放造成3个尺度氮磷浓度异常。

此外试区2017年10月—2018年9月 TN、NH_4^+—N 浓度分别高于2016年10月—2017年9月40%和47%，氮素污染持续加重。试区两年内 TP 浓度并无显著差异，TDP 主要来源于稻田肥料中的磷，降雨后的1～5d 内径流中的溶解磷会显著提高（Hua 等，2017），2017年10月—2018年9月67%的采样位于雨后1～3d，导致 TDP 浓度较2016年10月—2017年9月增加了53.85%。

2016年10月—2018年9月两年内受下垫面和水分重复利用等多因素的影响，会仙试区不同尺度 TN 和 NH_4^+—N 浓度总体上均呈先增后减的变化趋势。在中小尺度1～尺度5（1～206.09km^2）上，氮素（TN、NH_4^+—N）浓度随尺度面积增加不断积累聚集造成质量浓度增大，中尺度3～中尺度5的 TN、NH_4^+—N 平均浓度分别较小尺度1～小尺度2高118%和128%，而在大中尺度6～大中尺度7，随尺度增加支流汇入，流量相比尺度5分别增大52.91%、61.51%，氮素浓度被稀释，同时尺度6～尺度7内覆盖的沟渠塘堰相比尺度5分别增多7.02%和139.51%，部分氮素在运移过程中被吸附降解（牟军 等，2015）。在整个试区中，尺度5的 TN 和 NH_4^+—N 浓度达到最高值（6.57mg/L、3.15mg/L），这可能因为尺度5较尺度4耕地和居民用地在试区内的占比分别提高了15.53%和2.3%，农业活动和居民排污增加造成 TN 和 NH_4^+—N 浓度升高。

试区内 TP 和 TDP 浓度变化与氮素相似，浓度随尺度增加呈现先增后减的趋势。中小尺度1～中小尺度4（1～126.95km^2）的面积增加使得磷素（TP、TDP）聚集，中尺度3～中尺度4的 TP 和 TDP 平均浓度比小尺度1～小尺度2分别增加71%和146%。而在大中尺度5～大中尺度7内随尺度增加，沟塘湿地面积分别较尺度4提高38.6%、47.95%和231%，相比于氮素，河道以及沟塘湿地内的底泥对磷的吸附效果显著，在运移过程中磷也易被植物和微生物吸收降解。磷素的补给主要来源于农业活动，尺度2、尺度4分别汇集了睦洞河和会仙河沿程的磷素导致浓度较高，同时尺度4内耕地面积较尺度2

增加265%，农业施肥流失的磷素导致TP和TDP浓度最高（0.48mg/L、0.31mg/L）。

5.4.3.2 金龟河试区氮磷排放浓度变化

2016年10月—2018年9月金龟河试区各尺度氮磷浓度的季节变化见图5-22。

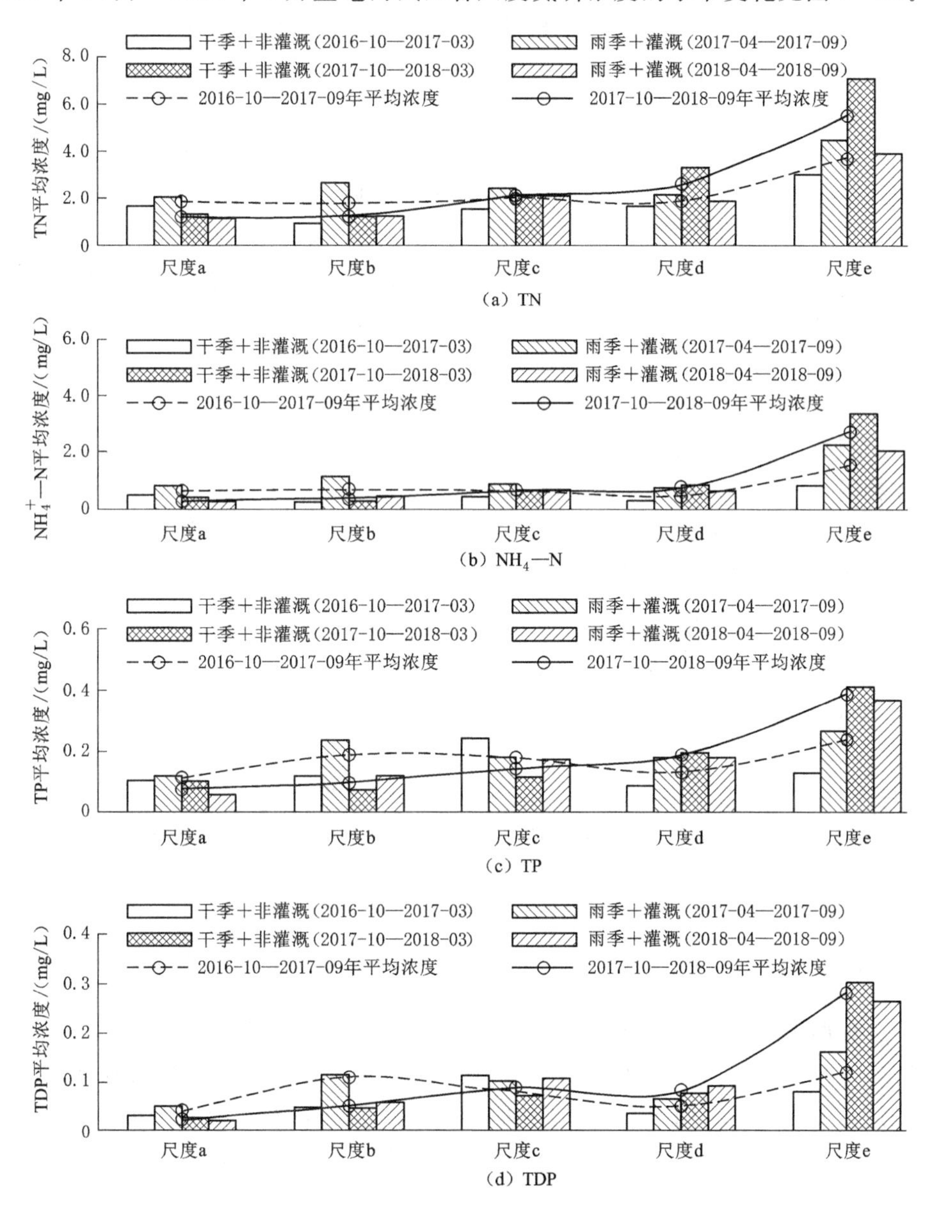

图5-22 金龟河试区不同尺度氮磷浓度

通过图5-22可发现，金龟河试区总体上雨季＋灌溉季TN、NH_4^+—N、TP、TDP平均浓度分别高于干季＋非灌溉季0.07%、29.36%、19.30%和23.88%。受农业活动施肥和稻田水耕熟化作用影响，农田土壤中氮磷元素累积较多，在雨季＋灌溉季，随着降雨和灌溉增多使得氮磷在径流的驱动下流失至水体中。试区两年内氮、磷元素浓度均无显著性差异。

金龟河试区氮磷浓度随尺度增加呈逐渐增大的变化趋势，试区氮磷浓度均先在尺度a～尺度d小幅波动，后在尺度e陡增。统计学分析显示，尺度a～尺度d氮素（TN、NH_4^+—N）浓度并无显著性差异，这可能是因为尺度a～尺度d（1～15.55km^2）中土地利用类型主要是果园，分别占尺度面积的62.38%、65.71%、67.69%和68.06%，果园是坡地种植，一般为抽水灌溉，灌水量和施肥量均较小，污染物排放也较少（肖峻 等，2012）。试区磷素（TP、TDP）在2016年10月—2017年9月呈波动增加，这可能与尺度b出水口上游存在一片鱼塘有关，该鱼塘占地面积约0.02km^2，2016年10月—2017年9月时段鱼塘不合理的污水排放导致出水口磷素浓度较高，2017年10月—2018年9月时段经过整治出水口磷素浓度大幅下降。尺度e（27.25km^2）作为试区最大尺度，不仅聚积了上游经河流冲刷的氮磷元素，而且尺度内子流域5耕地占试区总耕地面积的67%，随耕地面积增加，土壤氮素流失量也随之增大（司友斌和王慎强，2000），从而使得尺度e的TN、NH_4^+—N、TP、TDP浓度分别比其他尺度平均高164%、282%、126%、192%。

5.4.3.3　会仙试区和金龟河试区氮磷浓度变化的综合分析

一个流域内径流污染物浓度，受降雨量、降雨强度、降雨类型、下垫面以及沿程的沟塘洼地数量等多种因素的影响。由于流域内不同尺度间的水文要素、下垫面条件和沟塘洼地数量不同，不同尺度的污染物排放浓度也随之变化，表现出污染物排放的尺度效应。为了进一步分析氮磷排放浓度的尺度效应，将会仙试区与金龟河试区不同尺度的氮磷排放浓度进行综合对比（图5-23）。

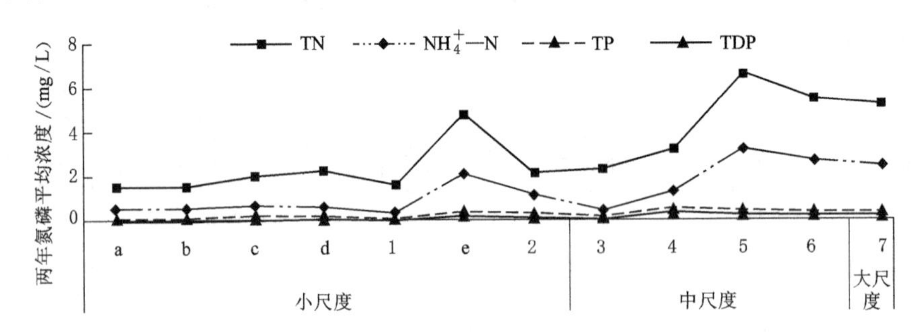

图5-23　2016年10月—2018年9月会仙试区与金龟河试区不同尺度氮磷浓度对比

对比分析两个试区不同灌溉阶段氮磷排放浓度情况（见表5-20），可以发现，两个试区2017年10月—2018年3月时段TN和NH_4^+—N受降雨减小或外源污水排放影响而导致氮磷排放浓度较高外，两个试区其余时段雨季＋灌溉氮磷平均浓度均大于干季＋非灌溉，两个试区内的氮磷元素更易在雨季＋灌溉时段从土壤流失进入径流中，从而造成面源污染。

通过对上述两个试区两年不同尺度的氮磷排放浓度均值比较，发现两个试区氮磷元素浓度变化表现出一定的尺度效应，氮、磷浓度均随尺度变大呈现出先波动增加后逐渐减小的趋势，但造成的原因却各不相同。在小尺度范围内（1～33.37km^2），尺度e作为金龟河试区流域出水口氮磷浓度较高；而大中尺度（98.16～377.83km^2）氮磷排放浓度先随尺度面积而增大，后因下垫面改变、沟渠池塘增多等因素导致氮磷浓度逐渐降低，这说明面源污染在流域产流和汇流的过程中，通过吸附、降解和过滤等流域生态系统营养盐调节功

表 5-20　　会仙试区与金龟河试区不同灌溉阶段氮磷平均浓度　　单位：mg/L

试区	指标	干季+非灌溉 2016-10—2017-03	雨季+灌溉 2017-04—2017-09	干季+非灌溉 2017-10—2018-03	雨季+灌溉 2018-04—2018-09
会仙	TN	2.80	3.48	6.04	2.78
	NH_4^+—N	0.87	1.77	2.60	1.27
	TP	0.20	0.37	0.28	0.30
	TDP	0.11	0.14	0.19	0.21
金龟河	TN	1.72	2.69	2.98	2.01
	NH_4^+—N	0.43	1.17	1.10	0.81
	TP	0.14	0.20	0.18	0.18
	TDP	0.06	0.10	0.11	0.11

能后径流中污染物浓度逐渐降低，李恒鹏等（2006）等通过对太湖不同尺度流域径流氮磷浓度的研究也得出相似结论。同时发现，试区内 TN 和 NH_4^+—N 随尺度变化波动性较大，而 TP 和 TDP 波动幅度较小，主要是因为研究区磷素主要来源于农业活动施用的复合肥，相比于氮素，磷素来源单一且施用量少，磷在土壤中迁移性较差，且随径流移动的过程中易被沟渠与河道中的底泥吸附，使得在不同尺度的河流中浓度和变化幅度较低。

为了进一步分析尺度空间变化对氮磷浓度的影响，选取 TN、NH_4^+—N、TP、TDP 作为因变量，大尺度、中尺度、小尺度作为因子，取不同尺度氮磷逐月平均浓度进行单因素方差分析（ANOVA），该方法是用于两个及以上多样本均数差别显著性检验，分析结果如表 5-21 所示。通过单因素方差分析结果可得出，不同尺度大小中 TP 和 TDP 浓度显著性水平最高分别为 0.001 和 0.002，NH_4^+—N 浓度显著性水平最差为 0.013，4 种氮磷浓度指标显著性均小于 0.05，这说明针对同一种氮磷浓度指标，大尺度、中尺度、小尺度内存在差异，尺度变化对氮磷浓度造成一定影响。

表 5-21　　不同空间尺度下氮磷浓度 ANOVA 分析

指标	平方和		df	均方	F	显著性
TN	组间	94.036	2	47.018	5.258	0.008
	组内	509.730	57	8.943		
	总数	603.766	59			
NH_4^+—N	组间	25.056	2	12.528	4.725	0.013
	组内	151.128	57	2.651		
	总数	176.184	59			
TP	组间	0.310	2	0.155	8.303	0.001
	组内	1.063	57	0.019		
	总数	1.373	59			
TDP	组间	0.139	2	0.069	7.282	0.002
	组内	0.544	57	0.010		
	总数	0.682	59			

注　差异性显著水平大于 0.05 为不显著。

在单因素方差分析的基础上，为了进一步分析两两尺度之间的氮磷浓度差异程度，通过LSD分析方法，利用不同尺度氮磷逐月平均浓度，对大尺度、中尺度、小尺度互相之间氮磷浓度差异进行比较，结果见表5-22。将显著性水平设置在0.05，可以发现小尺度氮磷浓度与大尺度、中尺度存在显著性差异，而大尺度、中尺度之间的氮磷浓度差异性不显著，其中小尺度TP和TDP浓度与大尺度、中尺度差异最明显，显著性均在0.01以下，这可能是因为磷易被土壤、底泥和植物吸附，受径流冲刷、侵蚀、淋溶影响小，且主要来源于农业活动，尺度增加农业活动面积增多，导致空间尺度对其影响更明显。

表5-22　不同空间尺度下氮磷浓度LSD分析

指标	尺度	小	中	大
TN	小	—	0.033	0.002
	中		—	0.334
	大			—
NH_4^+—N	小	—	0.075	0.003
	中		—	0.218
	大			—
TP	小	—	0.001	0.001
	中		—	0.736
	大			—
TDP	小	—	0.001	0.002
	中		—	0.812
	大			—

注　差异性显著水平大于0.05为不显著。

5.4.4　氮磷排放负荷随空间尺度变化规律

利用2017年10月—2018年9月会仙试区与金龟河试区各尺度出水口流量、氮磷浓度监测数据，计算各试区不同尺度逐月氮磷排放负荷，绘制两个试区不同形态氮磷排放负荷占比（图5-24）。

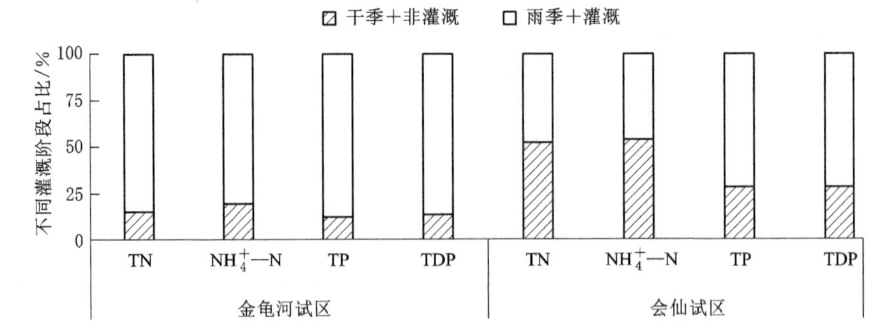

图5-24　2017年10月—2018年9月不同灌溉阶段试区总的氮磷排放负荷占比

通过图5-24可以发现，除会仙试区TN和NH_4^+—N外，2017年10月—2018年9月时间段两个试区雨季+灌溉季的氮磷排放负荷占比均显著大于干季+非灌溉。雨季降雨频繁，河渠径流量随之增大，雨水冲刷和农业灌溉作用下地表氮磷元素流失加剧，从而使得雨季氮磷排放负荷显著增大。

氮磷排放负荷一方面受径流排水量的影响；另一方面受氮磷排放浓度的影响。2017年10月—2018年9月会仙试区尺度5～7干季＋非灌溉阶段的TN和NH_4^+—N浓度分别高于2016年10月—2017年9月172%和264%，受浓度异常影响，试区干季＋非灌溉季TN、NH_4^+—N排放负荷占比略高于雨季＋灌溉季4.42%和6.88%。

通过对两个试区不同尺度氮磷排放负荷变化曲线分析发现，会仙试区内不同形态氮磷排放负荷变化趋势（图5-25）相似，随尺度增加呈波动变化。

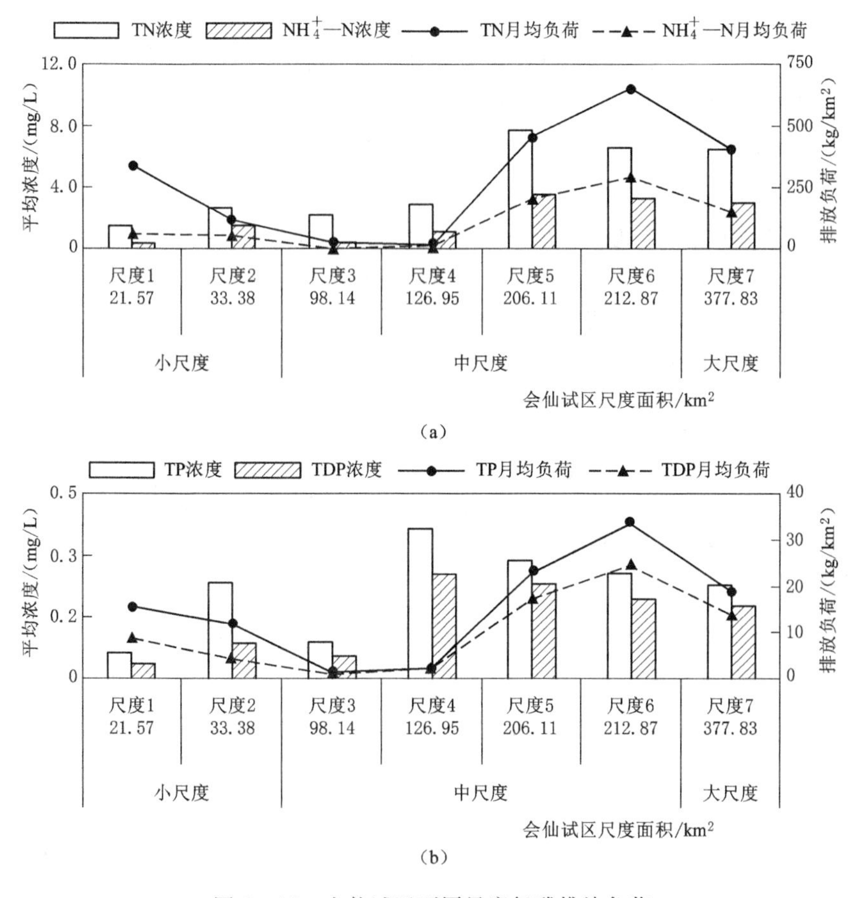

图5-25 会仙试区不同尺度氮磷排放负荷

试区TN、NH_4^+—N、TP、TDP排放负荷在尺度3、尺度4达最低值，其平均值分别为19.39kg/km²、4.90kg/km²、1.98kg/km²、1.71kg/km²。从尺度1～尺度4（1～126.95km²）氮磷元素平均浓度分别提高了168.08%和544.68%，但因尺度增加需水量增多以及尺度3、尺度4河流（会仙河）自身流量较低等因素的影响，单位面积年累积排水量相较尺度1、尺度2平均缩小了12.58倍，导致氮磷排放负荷随尺度增加逐渐减小。试区内尺度5～尺度7（206.11～377.83km²），随着尺度面积增加，氮磷排放负荷先增后减，尺度6较尺度4面积提高67.64%，尺度面积增加的同时集雨面积和农业及生活用地也随之增多，耕地和居民用地分别提高123%和222%，雨量汇集和氮磷污染排放增加导致排放负荷持续升高，造成尺度6的TN、NH_4^+—N、TP、TDP排放负荷达最高值1465.31kg/km²、726.17kg/km²、80.79kg/km²和60.62kg/km²。而尺度7由于面积最大，耕地和居民用地较尺度6下降4.98%、1.41%，而果园和草地上升9.52%、0.22%，氮磷排放源相对减少，同时大尺度内水分利用更为复杂，沟渠、塘堰对氮磷重复利用影响显著，在土地利用变化不大的情况下，随着尺度的增大氮磷排放负荷逐渐减小，这与陈曼雨等（2016）在浙江省金华市莲塘口流域的研究结论一致。

金龟河试区不同尺度氮磷负荷排放总体呈先增后减的趋势（图5-26），由于金龟河试区属于小尺度，排放负荷受土地利用方式的影响较大，尺度a～尺度d（1～15.55km²）果园面积占比达68.06%，氮磷排放量稳定且需水量小，河流携带氮磷在下游汇集，造成尺度d的TN、NH_4^+—N、TP、TDP排放负荷达到试区最高值，分别是1337.96kg/km²、421.51kg/km²、125.86kg/km²、66.32kg/km²。随尺度面积增大，尺度e（27.25km²）较尺度d各指标排放负荷平均降低139%和222%，尺度d～尺度e面积增加的同时需水量较多的耕地和居民用地随之提高173%和238%，需水量陡增和尺度面积变大使得尺度e内单位面积排水量较前尺度减少697%，而氮磷浓度仅平均提高193%和162%，单位排水量的大幅减少导致氮磷排放负荷降低。

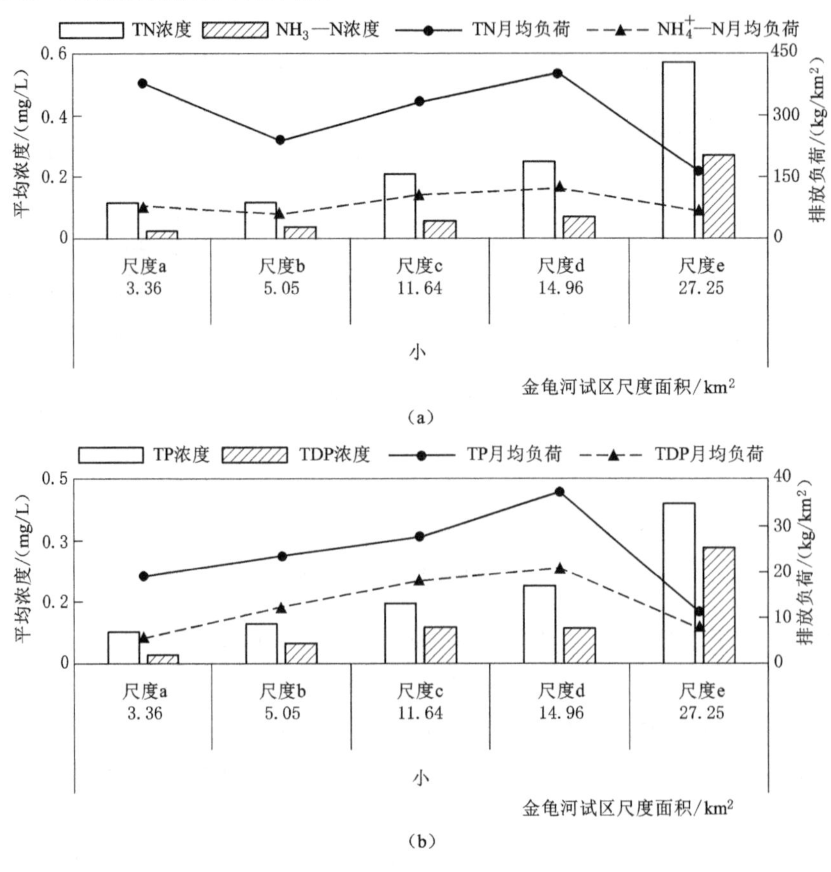

图5-26　金龟河试区不同尺度氮磷排放负荷

独立分析会仙试区与金龟河试区，其内氮磷排放负荷随着空间尺度变化总体上均呈现出先增后减的线性变化关系，而将两个试区不同尺度氮磷排放负荷综合分析（图 5-27），尺度 a～尺度 7 面积由 3.36km^2 逐渐增大至 377.83km^2，尺度呈现从小到大的关系，但试区的氮磷排放负荷并未随空间尺度变化而表现出较强的线性规律。

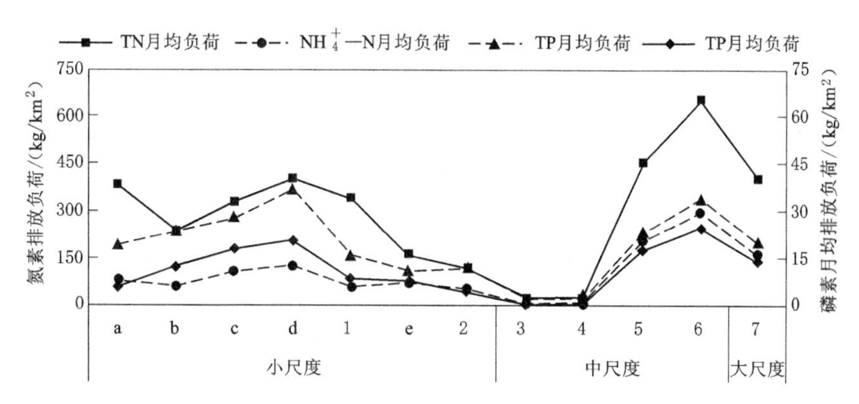

图 5-27　两个试区不同尺度氮磷排放负荷对比

选取 TN、NH$_4^+$—N、TP、TDP 排放负荷作为因变量，大尺度、中尺度、小尺度作为因子，取不同尺度氮磷逐月平均排放负荷进行单因素方差分析（表 5-23），氮磷排放负荷在大尺度、中尺度、小尺度变化间差异不显著（显著性大于 0.05）。会仙试区与金龟河试区虽均位于漓江流域上游，但两个试区位置距离较远（直线距离 20km），水力联系较弱，即使在各个试区内氮磷排放负荷随尺度变化呈现一定的规律性，但将两个试区综合考虑，氮磷排放负荷随空间尺度无线性变化规律且变化差异不显著，因此研究尺度效应时，应选择一个相对闭合且面积较大的区域。

表 5-23　不同空间尺度下氮磷排放负荷 ANOVA 分析

指　标		平方和	df	均方	F	显著性
TN 排放负荷	组间	106422.570	2	53211.285	0.65	0.53
	组内	2458323.097	30	81944.103		
	总数	2564745.666	32			
NH$_4^+$—N 排放负荷	组间	33904.961	2	16952.480	2.40	0.11
	组内	212217.338	30	7073.911		
	总数	246122.299	32			
TP 排放负荷	组间	185.034	2	92.517	0.48	0.63
	组内	5830.397	30	194.347		
	总数	6015.431	32			
TDP 排放负荷	组间	54.213	2	27.106	0.34	0.72
	组内	2405.160	30	80.172		
	总数	2459.373	32			

注　差异性显著水平大于 0.05 为不显著。

5.5 本章小结

本章在漓江流域选取会仙试区和金龟河试区为典型农业区域，分析漓江流域上游农业流域水系氮磷污染时空分布特征，进而将试区划分为多个空间尺度，探究不同空间尺度下漓江流域农业区域水系水环境质量及其影响因素。本章主要结论如下：

（1）会仙试区各水系氮磷浓度时空分布差异明显。①在时间分布上，各河流总磷浓度、古桂柳运河和会仙河灌氨氮浓度均表现出灌溉期高于非灌溉期的特点，而各河流总氮浓度、睦洞河和相思江氨氮浓度表现出相反的趋势。②在空间分布上，睦洞河沿程氮磷浓度呈现先递减后递增的趋势，会仙河、古桂柳运河氮磷浓度呈沿程增加趋势，古桂柳运河上、下游浓度差异不显著，相思江氮磷浓度沿程呈减小趋势。③以年为尺度进行分析时，会仙试区年际降雨量和氮磷排放浓度差异不显著，但降雨变化对氮磷的排放浓度有一定影响：由枯水期进入平水期，降雨量增加了约30%，期间氮磷浓度逐渐升高；进入丰水期后，虽然降雨量较上一时期增加了约3倍，但由于此时地表植被覆盖度较高，同时河流径流量增加，氮磷浓度增幅较缓或呈下降趋势。④会仙试区各水系水质评价结果显示，睦洞河沿程水质相对较好，水质在轻污染到重污染之间；其次是会仙河与古桂柳运河（西段），均出现过重污染与严重污染；相思江沿程氮磷污染最为严重。

（2）金龟河试区氮磷污染输出季节性差异较大，下垫面类型对试区氮磷输出具有重要影响。①金龟河试区上游鱼塘和下游养殖场排水汇入后，干流总氮、氨氮和总磷浓度明显升高；硝态氮沿程上升较为平缓，不同类型监测点中硝态氮浓度均表现为干季大于雨季。②不同监测点类型（农田、果树、鱼塘、养殖、地下水）氮磷浓度差异较大：农田和果树监测点总氮、总磷浓度表现为雨季大于干季，养殖场和鱼塘监测点氮磷浓度表现为干季大于雨季；4种典型下垫面下氨氮与总氮显著相关，硝态氮浓度在不同土地利用类型附近浓度差异较小；地下水氨氮和总磷含量很低，但硝态氮年平均浓度是地表水监测点的10倍左右。③4种典型下垫面（农田、果树、鱼塘和养殖）氮磷输出分析表明，金龟河流域主要水污染指标为氨氮、总氮、总磷，而且养殖污染物输出贡献最大，雨季污染物输出约为冬季最小排量的12倍，应采取有效的措施，控制金龟河试区养殖业污水排放。

（3）会仙试区和金龟河试区划分为小、中、大共计12个空间尺度（面积在3.36～377.83km^2），探究不同空间尺度农业流域氮磷流失规律。①两个试区雨季＋灌溉季氮磷浓度总体上大于干季＋非灌溉季，且大多尺度下雨季＋灌溉季的氮磷排放负荷占比均显著大于干季＋非灌溉。②会仙试区TN、NH_4^+-N浓度在中尺度5分别达到最高值6.57mg/L和3.15mg/L，TP、TDP浓度在中尺度4分别达到最高值0.48mg/L和0.31mg/L；金龟河试区平均氮磷浓度在出水口尺度e最高，分别为其他尺度的1.64倍、2.82倍、1.26倍、1.92倍。③方差分析和LSD检验结果显示，小尺度氮磷浓度与大尺度、中尺度差异显著，其中TP和TDP浓度与大尺度、中尺度差异最明显，而大尺度、中尺度氮磷浓度差异不显著；会仙试区与金龟河试区氮磷排放负荷均随空间尺度呈现出先增后减的变化，但受地理位置距离和水力联系的影响，两个试区综合氮磷排放负荷随空间尺度变化规律不明显，而且氮磷排放负荷在大尺度、中尺度、小尺度变化间差异不显著。

参 考 文 献

[1] 符娜，刘小刚，张岩，等. 西南地区水稻灌溉需水量变化规律 [J]. 生态学杂志，2014，33 (7)：1895 - 1901.

[2] 蒙世欢. 广西水稻施肥现状和特征 [J]. 广西农学报，2007，6：50 - 52.

[3] 李贞宇. 我国不同生态区小麦、玉米和水稻施肥的生命周期评价 [D]. 保定：河北农业大学，2010.

[4] 蒋宝琼. 桂林市农业面源污染现状及治理对策 [J]. 现代农业科技，2012，2：282，295.

[5] 袁晓燕，余志敏，施卫明. 大清河流域典型村镇生活污水排放规律和污染负荷研究 [J]. 农业环境科学学报，2010，29 (8)：1547 - 1557.

[6] 周新伟，沈明星，金梅娟，等. 不同水葫芦覆盖度对富营养水体氮、磷的去除效果 [J]. 江苏农业学报，2016，32 (1)：97 - 105.

[7] 蔡德所. 会仙岩溶湿地生态系统研究 [M]. 北京：地质出版社，2012.

[8] 窦培谦. 密云水库上游流域特征与氮磷流失规律关系研究 [D]. 北京：首都师范大学，2006.

[9] 李其林，魏朝富，曾祥燕，等. 自然降雨对紫色土坡耕地氮磷流失的影响 [J]. 灌溉排水学报，2010，29 (2)：76 - 80.

[10] 童晓霞，崔远来，史伟达. 降雨对灌区农业面源污染影响规律的分布式模拟 [J]. 中国农村水利水电，2010 (9)：33 - 35.

[11] 王琼，姜德娟，于靖. 小清河流域氮磷时空特征及影响因素的空间与多元统计分析 [J]. 生态与农村环境学报，2015，31 (2)：137 - 145.

[12] 卓泉龙，林罗敏，王进. 广州流溪河氮磷浓度的季节变化和空间分布特征 [J]. 生态学杂志，2018，37 (10)：235 - 244.

[13] 黄金良，黄亚玲，李青生. 流域水质时空分布特征及其影响因素初析 [J]. 环境科学，2012，33 (4)：1098 - 1110.

[14] 徐兵兵，卢峰，黄清辉. 东苕溪水体氮、磷形态分析及其空间差异性 [J]. 中国环境科学，2016，36 (4)：1181 - 1188.

[15] 宇传华. SPSS与统计分析 [M]. 北京：电子工业出版社，2007.

[16] 蒋锐，朱波，唐家良. 紫色丘陵区典型小流域暴雨径流氮磷迁移过程与通量 [J]. 水利学报，2009，40 (6)：659 - 666.

[17] 孙夕涵，刘硕，万鲁河，等. 哈尔滨主城区不同下垫面融雪径流污染特性 [J]. 环境科学，2016，37 (7)：2556 - 2562.

[18] 邬建国. 景观生态学——概念与理论 [J]. 生态学杂志，2000，19 (1)：42 - 52.

[19] 黄琰，张人禾，龚志强，等. 中国雨季的一种客观定量划分 [J]. 气象学报，2014，6：1186 -1204.

[20] 何军，崔远来，王建鹏，等. 不同尺度稻田氮磷排放规律试验 [J]. 农业工程学报，2010，26 (10)：56 - 62.

[21] Hua L，Liu J，Zhai L，et al. Risks of phosphorus runoff losses from five Chinese paddy soils under conventional management practices [J]. Agriculture Ecosystems & Environment，2017，245：112 - 123.

[22] 牟军，崔远来，赵树君，等. 塘堰湿地对农田排水氮磷净化效果的影响研究 [J]. 灌溉排水学报，2015，34 (8)：27 - 31.

[23] 肖峻，宗良纲，曹丹，等. 宜兴地区不同利用方式下土壤氮、磷含量分布特性研究 [J]. 土壤通报，2012，43 (2)：347 - 352.

[24] 司友斌，王慎强. 农田氮、磷的流失与水体富营养化 [J]. 土壤，2000，32 (4)：188 - 193.

[25] 李恒鹏，杨桂山，黄文钰，等. 不同尺度流域地表径流氮、磷浓度比较 [J]. 湖泊科学，2006 (4)：377 - 386.

[26] 陈曼雨，崔远来，郑世宗，等. 基于 SWAT 模型的农业面源污染尺度效应研究 [J]. 中国农村水利水电，2016，57 (9)：187 - 191.

第6章

漓江上游农业试区氮磷排放对变化环境的响应

6.1 基于SWAT模型的会仙试区氮磷排放模拟

6.1.1 会仙试区SWAT模型数据库的建立

人类活动和气候变化对农业区域氮磷排放影响较大，分布式水文水质模型是有效的计算工具，有助于分析变化环境对氮磷排放的影响。SWAT（Soil and Water Assessment Tool）模型是具有较强物理机制的分布式流域水文模型，基于GIS软件将流域离散成水文响应单元（HRU），以HRU为基本单位，通过水量平衡和汇流演算模拟流域内的产汇流、产沙和污染物的运移过程。

本章选取会仙试区（377.83km^2）为研究区域，进行氮磷面源污染的模拟，采用ArcGIS10.2的扩展模块ArcSWAT2012，依据会仙试区内土地利用、土壤理化性质、植被分布、气候条件、农业现状等情况，建立适合会仙试区的模型运行参数数据库，模拟会仙试区的水文过程和污染物运移。

SWAT模型数据库的输入主要分为空间数据库和属性数据库两类（韦朝鸿 等，2015）。空间数据库包括各类空间图，比如数字高程模型图、土地利用类型图、土壤类型分布图等；而属性数据库主要包括用于模型建立和校准验证的土壤物理化学属性、气象条件和河流水文水质数据。主要数据、参数及其来源见表6-1。

表6-1　　SWAT模型数据库建立所需参数表

数据类型		格式	数据项	来源	备注
空间数据	数字高程模型	GRID	高程、坡度、坡长等	地理空间数据网站	GDEMV2 30M分辨率
	土地利用类型	GRID	土地利用类型、植被类型	遥感图像解译和现场调研	桂林市30m×30m遥感图像
	土壤类型	GRID	土壤分布类型	中国科学院南京土壤研究所	1：100万数据
属性数据	气象数据	dBase表	日降雨量、最高最低气温、日辐射、风速、相对湿度等	中国气象数据网	数据年限：2010—2018年
	水文数据	dBase表	月径流	当地水文站及实地监测	数据年限：2012—2018年

续表

数据类型		格式	数据项	来源	备注
属性数据	水质数据	dBase 表	河流内的氮磷浓度	实地监测	数据年限：2017—2018 年
	土壤数据		土壤水文特性、孔隙度、容重和各类理化性质	中国土壤数据库	数据年限：1998—2010 年 SPAW 软件计算
	管理措施		种植模式及施肥用量和时间	现场调研及相关统计年鉴	数据年限：2016—2018 年

6.1.1.1　空间数据库

（1）地图投影变换。建立试区 SWAT 模型时，模型要求输入的所有栅格数据必须有相同的投影方式和地理坐标，因此所有输入模型的栅格数据需要进行统一的地图投影变换，采用的投影坐标系统参数见表 6-2。

表 6-2　　栅格数据投影方式和地理坐标系统参数

参数名称	参数详情
Projected Coordinate System（投影坐标系）	WGS_1984_UTM_Zone_49N
Projection（投影）	Transverse_Mercator
False_Easting（假东）	500000.00
False_Northing（假西）	0.00
Central_Meridian（中央经线）	111.00
Scale_Factor（比例因子）	1.00
Latitude_Of_Origin（起始纬度）	0.00
Linear Unit（距离单位）	Meter（1.0）
Geographic Coordinate System（地理坐标系）	GCS_WGS_1984
Angular Unit（角度单位）	Degree（—0.0174532925199433）
Prime Meridian（本初子午线）	Greenwich（0.0）
Datum（椭球体）	D_WGS_1984
Semimajor Axis（长半轴）	6378137.00
Semiminor Axis（短半轴）	6356752.31
Inverse Flattening（扁率）	1/298.257223563

（2）数字高程模型 DEM 获取与处理。数字高程模型（DEM）是一种地形地貌的数字表达形式，是 SWAT 模型模拟计算所需的研究区地形、地貌和水文特征等基础数据。利用 DEM 可以识别和计算试区内地面数据和流域集水面积（刘智勇，2012）。DEM 的分辨率对流域河网提取和径流模拟的影响，国内外学者说法不一，但普遍认为只要 DEM 的分辨率达到 20～150m，模型运行就能取得较好的模拟结果（Wise 等，2015；赵韦，2017；邱临静 等，2012；孙龙 等，2014；吴江 等，2016）。本书使用分辨率为 30m×30m 的数字高程模型（DEM），来源于地理空间数据云。为了减少模型不必要的计算，提高模型模拟效率，考虑会仙试区相思江及其支流睦洞河、会仙河、古桂柳运河等水系，通过裁剪镶嵌获得试区范围的 DEM 数据。

(3) 土地利用数据。不同的土地利用类型可以直接影响模型的水量再分配，从而影响试区污染物产出，是SWAT模型模拟流域面源污染的重要影响因素（李丹，2012；冯珍珍 等，2015；丁飞和潘剑君，2007）。模型创建需要输入试区内各类土地利用的空间分布情况、植被种类和覆盖情况并与模型内自带的土地利用和植被数据库建立联系。由于SWAT模型自带的土地利用数据库，与中国土地利用类型编制有一定差异，需对试区土地利用二次分类，使每种土地利用类型与模型自带数据库对应，建立土地利用类型在空间和属性上的连接。利用2013年桂林市土地利用类型的遥感数据，根据实际情况和模型数据库对试区土地利用数据进行重分类（表6-3）。

表6-3　　会仙试区土地利用类型重分类对应表

国内二调编码	名称	SWAT编码	名称	说　明	面积/km^2	占比/%
11	水田	RICE	水田	有水源保证和灌溉设施的农业耕地	158.61	41.98
12	旱地	AGRR	旱地	无灌溉水源及设施的旱作耕地	17.66	4.68
21	有林地	FRST	林地	郁闭度＞10%的天然林和人工林	53.48	14.15
23	疏林地					
22	灌木林	RNGB	灌木林	郁闭度＞40%、高度2m以下的矮林地和灌丛林地	39.1	10.35
24	果园	ORCD	果园	未成林造林地、迹地、苗圃及各类园地（果园、茶园等）	6.56	1.74
31	高覆盖草地	PAST	草地	覆盖＞20%的天然草地、改良草地和割草地	53.47	14.15
32	中覆盖草地					
43	水库坑塘	WATR	水域	天然陆地水域和水利设施用地	31.51	8.34
51	城镇用地	UCOM	城镇用地	大、中、小城市及县镇以上建成用地	9	2.38
52	农村居民点	URBN	居民点	独立于城镇以外的农村居民点	7.5	1.98
53	其他建设用地	UIDU	其他用地	指交通道路、矿场、采石场	0.94	0.25

土地利用类型重分类后，利用ArcGIS将其调整与DEM统一的地理坐标系D_WGS_1984，并转化为分辨率为30m×30m的Grid格式。根据重分类的土地利用类型和自带数据库进行赋值，最终得到适用于SWAT模型的土地利用类型数据（图6-1）。

对会仙试区土地利用类型重新分类后，试区内共有10种土地利用类型，面积最大的土地利用类型依次为水田、草地和林地，面积分别为158.61km^2、53.47km^2和53.48km^2。其中水田和草地主要分布在会仙试区的中上游，林地集中分布在试区下游，这3种土地利用类型占试区总面积的70.28%，其他7种仅占29.72%。

(4) 土壤类型图。土壤类型图反映出试区土壤的空间分布情况，土壤类型图精度选取应该考虑试区面积大小（Quinn et al.，2005），当流域面积较小时，需要精度较高的土壤类型图，才能获得较为准确的模型模拟结果，而当流域面积大于10km^2时，输入较为粗糙的土壤类型图，也可以获得较好的模拟结果（李润奎 等，2011）。本书采用中国科学院南京土壤研究所1∶100万的土壤类型图，会仙试区土壤类型分布见图6-2。

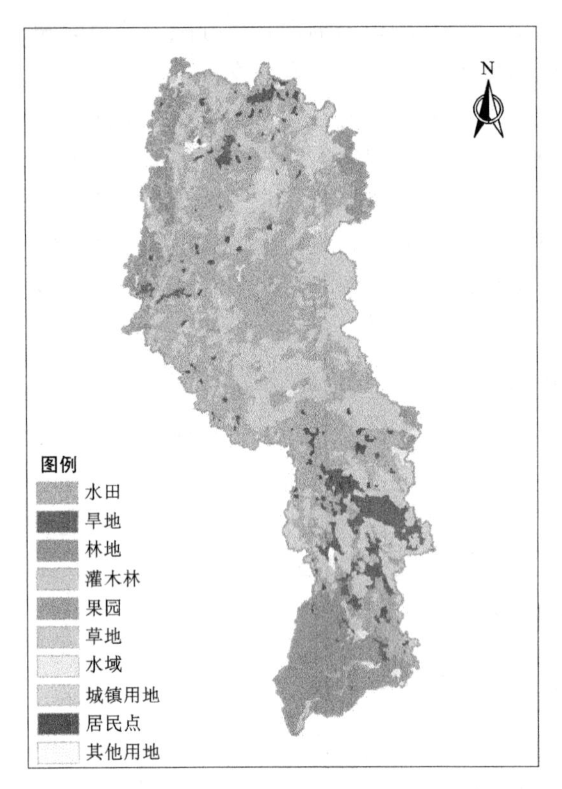

图 6-1 会仙试区土地利用类型图

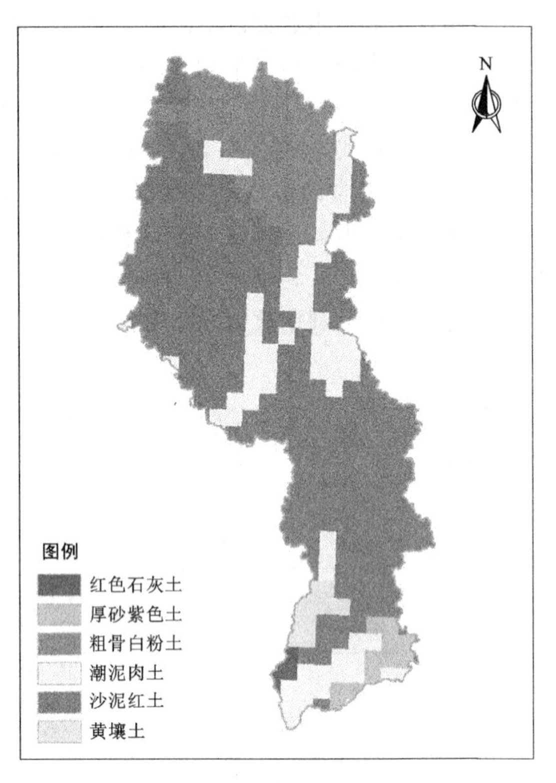

图 6-2 会仙试区土壤类型图

6.1.1.2 属性数据库

(1) 土壤属性数据库。土壤数据会直接影响试区产流、蒸发、下渗等重要环节，土壤属性数据质量直接影响模型模拟结果的准确度。本书的土壤物理属性主要源于中国第二次土壤普查结果，然后结合收集的资料和 SPAW (Soil Plant Atmosphere Water Field &Pond Hydrology) 软件计算，获取试区的土壤数据库，主要土壤参数见表 6-4。

表 6-4 土壤物理属性参数获取表

模型参数代码	模型参数定义	获取途径
SNAME	土壤名称	自定义
NLAYERS	土壤分层数	中国土壤数据库
HYDGRP	土壤水文学分组，共 A、B、C、D 4 类	根据土壤渗透属性判别
SOL_ZMX	土壤剖面最大根系深度/mm	中国土壤数据库
ANION_EXCL	阴离子交换孔隙度	模型默认值
SOL_CRK	土壤最大可压缩量	模型默认值
TEXTURE	土壤层的结构	SPAW 计算
SOL_Z	土壤表层到土壤底层的深度/mm	中国土壤数据库
SOL_BD	土壤湿密度/(mg/m^3)	SPAW 计算
SOL_AWC	土壤层有效持水量/(mm/mm)	SPAW 计算

续表

模型参数代码	模型参数定义	获取途径
SOL_K	饱和导水率/饱和水力传导系数/(mm/h)	SPAW计算
SOK_CBN	土壤层中有机碳含量/%	中国土壤数据库
CLAY	黏土含量/%	中国土壤数据库
SILT	壤土含量/%	中国土壤数据库
SAND	砂土含量/%	中国土壤数据库
ROCK	砾石含量/%	中国土壤数据库
SOL_ALB	地表反射率	模型默认值
USLE_K	USLE方程中土壤侵蚀力因子	土壤可侵蚀因子方程估算
SOL_EC	土壤电导率/(dS/m)	模型默认值

将国际土壤粒径标准转化为美国土壤粒径标准（表6－5），需要通过3次样条插值法，另外土壤容重（Bulk Density）、有效田间持水量（Available Field Capacity）和饱和导水率（Saturated Hydraulic Conductivity）由美国USDA发布的土壤特性软件SPAW计算（图6－3）。SWAT模型针对土壤水文学分组（HYDGRP），主要依据土壤饱和导水率分为A、B、C、D 4组。采用1990年Wilianmes研究的EPIC（Erosion－Productivity Impact Calculator）侵蚀-生产力评价模型，结合土壤的颗粒和有机质含量估算土壤侵蚀力因子 K（Williams J R.，1990）。

表6－5　SWAT模型土壤粒径分级标准对比

美国制标准		国际制标准	
名称	分级标准	名称	分级标准
黏粒（Clay）	<0.002	黏粒	<0.002
粉粒（Silt）	0.002～0.05	粉沙粒	0.002～0.02
沙粒（Sand）	0.05～2	细砂粒	0.02～0.2
石砾（Rock）	>2	粗砂粒	0.2～2
		石砾	>2

土壤的化学属性主要用于给模型模拟中的氮、磷浓度赋初始值，其决定着土壤肥力的高低和植物的可利用性，对于流域营养物循环和面源污染的模拟起到重要作用，可结合实际情况和需求确定参数范围（李泽利 等，2015）。

根据土壤分布情况和土壤普查数据，会仙试区土壤类型可划分为红色石灰土、厚砂紫色土、粗骨白粉土、潮泥肉土、沙泥红土和黄壤土6种，在会仙试区的面积占比分别为2.04%、2.63%、16.36%、16.52%、61.81%和0.65%。

（2）气象数据。SWAT模型输入的气象数据包括旬日的最高气温、最低气温、降雨量、平均风速、太阳辐射以及天气发生器，对水文循环、植物生长、营养物质循环的模拟具有直接或者间接的影响，其中降雨和气温是驱动水文模型最重要的变量。实测气温数据一方面用来构建天气发生器；另一方面作为输入数据，而天气发生器的作用主要用来自动补充缺失的实测气象数据，具体参数见表6－6。

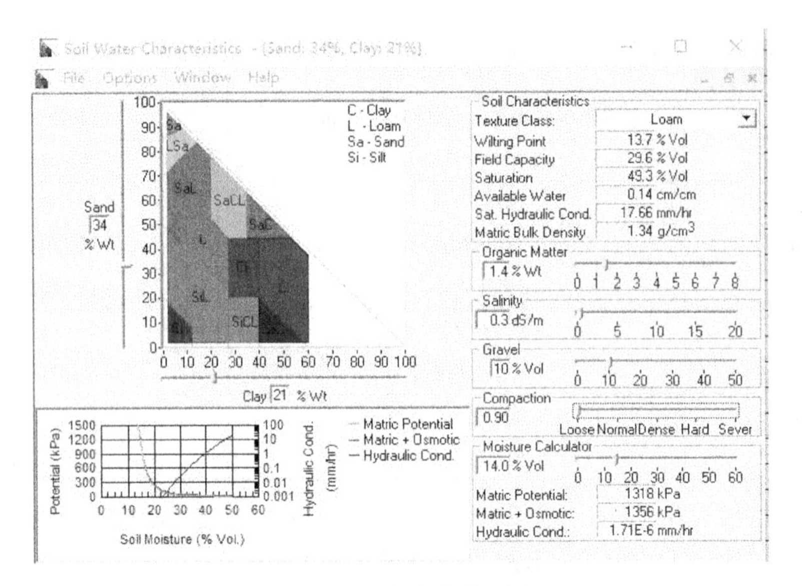

图 6-3　SPAW 软件使用界面

表 6-6　　SWAT 用户自定义气象模拟数据库

字段名	名　称	单位	说　明
TMPMX	日最高气温	℃	来源于日气温监测数据
TMPMN	日最低气温	℃	来源于日气温监测数据
TMPSTDMX	日最高气温的标准偏差	—	来源于日气温监测数据
TMPSTDMN	日最低气温的标准偏差	—	来源于日气温监测数据
PCPMM	月平均降水量	mm	来源于日气温监测数据
PCPSTD	月平均降水量的标准偏差	—	来源于日气温监测数据
PPSKW	日降水斜交系数	—	来源于日气温监测数据
PR_W1	每月降水日后干旱日的概率	—	降水日降水量大于 0mm，干旱日降水量等于 0mm
PR_W2	每月中连续降水日的概率	—	降水日降水量大于 0mm，干旱日降水量等于 0mm
PCPD	月平均降水天数	—	来源于日降雨监测数据，按月平均计算
RAINHHMX	月最大半小时降水量	mm	降雨记录数据中半小时最大降雨量
SOLARAV	日平均太阳辐射量	MJ/(m^2·d)	来源于日照监测数据
DEWPT	日平均露点温度	℃	来源于日相对湿度监测数据
WNDAY	日平均风速	m/s	来源于日风速监测数据

6.1.1.3　子流域和水文响应单元划分

SWAT 模型的子流域划分主要依据河网分布和子流域集水面积阈值，会仙试区是典型的岩溶区，试区内分布着较多峰林平原和峰丛洼地，模型单独识别 DEM 并不能生成与实际情况符合的河网分布，试区河网的识别和输入是模型实现正确划分子流域的基础。本书基于DEM数据，同时结合在Google Earth中获取的水系数据进行子流域划分。经过模型填洼和流向计算，确定推荐的子流域面积，不断改变子流域集水面积阈值生成与实际情况最为符合的河网。大量研究表明，子流域集水面积阈值设定在合理范围内，才能获得与实际情况最为符合的模拟结果。阈值过高或者过低会出现河网识别不全或“伪河网”，影响模型模拟精度。根据实际情况，多次尝试，反复对比生成河网与实际河网的差别，确定当集水面积阈值为500ha时，生成河网与实际最相符。同时，为提高模型模拟精度，手动删除实际河网中不存在的出水口，模型最终将会仙试区划分成11个子流域，如图6-4所示。

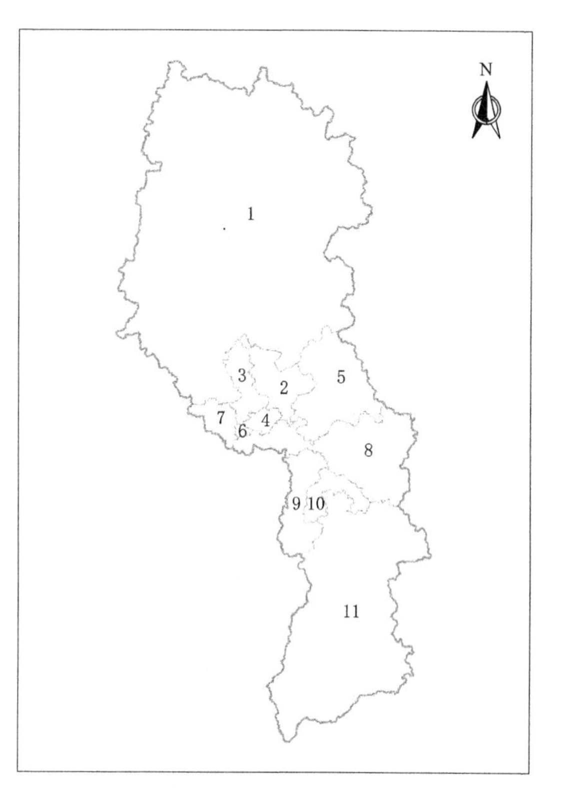

图6-4 基于SWAT 模型模拟的会仙试区子流域划分

SWAT模型划分HRU（Hydrologic Response Unit）是为了实现流域的空间离散化，是流域模拟重要环节。模型根据生成的子流域、土地利用及土壤的空间和属性数据组合，将流域划分为地理因子相对统一的水文响应单元HRU，作为模型计算基础单位。为了避免存在一些较小的水文响应单元，影响模型的运行功耗和精度，在流域内土地利用、土壤和坡度划分没有较大改变的前提下，将土地利用类型、土壤类型和坡度划分的阈值均设定为5%。在此基础上，会仙试区共被划分为165个水文响应单元（图6-4）。

6.1.2 SWAT模型适用性分析

6.1.2.1 参数敏感性分析

SWAT模型初步建立后，需要对模型参数进行校准和验证，提高模型模拟精度。SWAT模型采用了大量的数学公式和经验方程，包含数量众多的参数，实际模拟中若针对每个参数都进行调整，工作量太大，而且模拟输出结果对不同参数的敏感性差别很大，因此需要对模型参数进行敏感性分析，确定关键参数，降低工作量。通过不断调整这些高敏感性参数，更易获得较好模拟结果。本书利用SWAT模型中SWAT-CUP软件，对模型参数进行敏感性分析（寇丽敏 等，2016），分析过程中参数t-stat的绝对值越大参数越敏感，p-value越接近0参数敏感性越显著。依据前人研究，选择54个与径流模拟和氮磷循环有关的参数，通过全局分析法（Global Sensitivity Analysis）和局部分析法（One-atatime Sensitivity Analysis）对参数进行不少于300次的迭代模拟，从得到的敏感性分析报告中选择出$p<0.5$和$|t|>0.5$的参数，见表6-7。

表 6-7 会仙试区模型敏感性参数及其属性

序号	定　　义	参数	p-value	t-stat
1	主河道曼宁系数	CH_N_2	0.21	1.26
2	基流退水常数	ALPHA_BNK	0.21	1.26
3	河道侵蚀因子	CH_COV1	0.14	1.48
4	浅层地下水径流系数	GWQMN	0.17	1.36
5	地下水再蒸发系数	GW_REVAP	0.01	2.62
6	基流 α 因子	ALPHA_BF	0.09	−1.72
7	地下水发含水阈值	REVAPMN	0.16	1.39
8	深层含水层渗透系数	RCHRG_DP	0.00	3.06
9	浅层含水层中硝酸盐的初始浓度	SHALLST_N	0.00	−4.32
10	浅层含水层中硝酸盐的半衰期	HLIFE_NGW	−0.96	0.34
11	土壤侵蚀因子 K	USLE _ K	0.36	0.92
12	饱和渗透系数	SOL_K	0.05	1.95
13	湿土的反照率	SOL_ALB	0.18	−1.33
14	土壤蒸发补偿参数	ESCO	0.11	1.58
15	最大覆盖度参数	CANMX	0.12	−1.54
16	平均坡度	HRU_SLP	0.00	33.81
17	地表径流滞后系数	SURLAG	0.14	1.49
18	固氮系数	FIXCO	−0.91	0.36
19	日最大固氮量	NFIXMX	1.58	0.11
20	降水中的硝酸盐浓度	RCN_SUB_BSN	0.67	0.50
21	从 NO_2 到 NO_3 的生物氧化速率常数	BC_2_BSN	−1.60	0.11
22	藻体氮占藻类生物量的比值	AI1	1.11	0.27
23	氮的 Michaelis-Menton 半饱和常数	K_N	−0.71	0.48
24	20℃时河段中沉积物提供铵态氮的速率	RS_3	−1.26	0.21
25	SCS 径流曲线参数	CN_2	0.00	2.94

6.1.2.2 模型校准与模型评价

SWAT 模型运行初期较多变量为零，为了降低误差（戴露莹，2012），选取 2～3 年实测数据用于模型预热期。参数校准的过程中，时间上先校准年后校准月，空间上先校准上游后校准下游，校准对象上先校准径流、泥沙后校准污染物，通过在 SWAT-CUP 软件中反复调整参数和多次迭代运算，参数校准结果见表 6-8。

本书采用确定性系数 R^2（coefficient of determination）和纳什系数 E_{ns}（Nash-Sutcliffe efficiency coefficient），判断模型参数校准和验证结果精度。确定性系数 R^2 反映了模型模拟值和实测值的相关性，R^2 越大说明模拟值与实测值越一致；纳什系数 E_{ns} 表征模型模拟的总体效率，该值越接近于 1，模型适用性越好。通常情况，模型参数校准的准确度需要同时考虑 R^2 和 E_{ns}，见表 6-9，当 R^2 和 E_{ns} 任意一个高而另外一个较低时，模型的适用性较为低（蔡孟林，2013）。一般认为，只要同时满足 $R^2>0.6$ 和 $E_{ns}>0.5$，即可认为模型适用于试区，模拟结果可以接受（张召喜，2013）。

表6-8 参数校准结果

序号	参数	最小值	最大值	最优值
1	CH_N_2	−0.01	0.3	0.16
2	ALPHA_BNK	0	1	0.06
3	CH_COV1	−0.05	0.6	0.02
4	GWQMN	0	5000	4826.01
5	GW_REVAP	0.02	0.2	0.17
6	ALPHA_BF	0	1	0.43
7	REVAPMN	0	500	12.25
8	RCHRG_DP	0	1	0.22
9	SHALLST_N	0	1000	396.46
10	HLIFE_NGW	0	200	99.88
11	USLE_K	0	0.65	0.36
12	SOL_K	0	2000	1722.82
13	SOL_ALB	0	0.25	0.22
14	ESCO	0	1	0.13
15	CANMX	0	100	13.82
16	HRU_SLP	0	1	0.00
17	SURLAG	0.05	24	12.96
18	FIXCO	0	1	0.18
19	NFIXMX	1	20	12.57
20	RCN_SUB_BSN	0	2	1.54
21	BC_2_BSN	0.2	2	1.44
22	AI1	0.07	0.09	0.08
23	K_N	0.01	0.3	0.14
24	RS_3	0	1	0.41
25	CN_2	35	98	54.19

表6-9 模型参数适用性评价

E_{ns}	R^2		
	0.6	0.6～0.8	0.8～1
0.5	完全不适用	低	低
0.5～0.7	低	中	中
0.7～0.9	低	中	高
0.9～1	低	中	完全适用

6.1.2.3　模型校准和验证结果

选取会仙试区2010—2012年为模型预热期，试区2012—2016年月径流数据和2017年河流总氮、总磷数据用于模型校正，2017—2018年月径流量数据和2018年河流总氮、总磷数据用于模型验证。会仙试区径流、河流总氮和总磷的校正期和验证期结果如图6-5～图6-7所示。

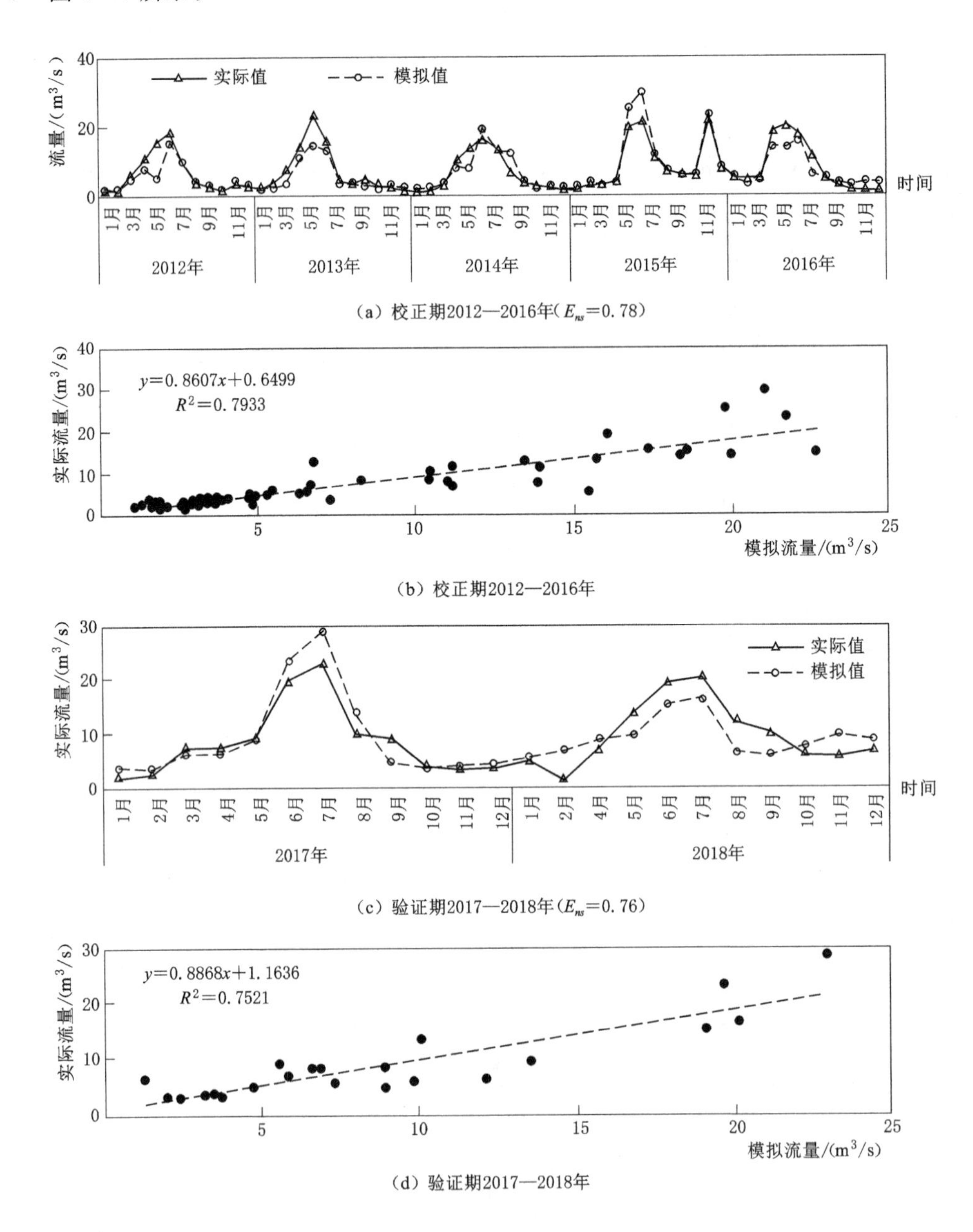

图6-5　会仙试区径流模拟校正和验证

校正期和验证期的确定性系数 R^2 和纳什系数 E_{ns} 见表6-10。

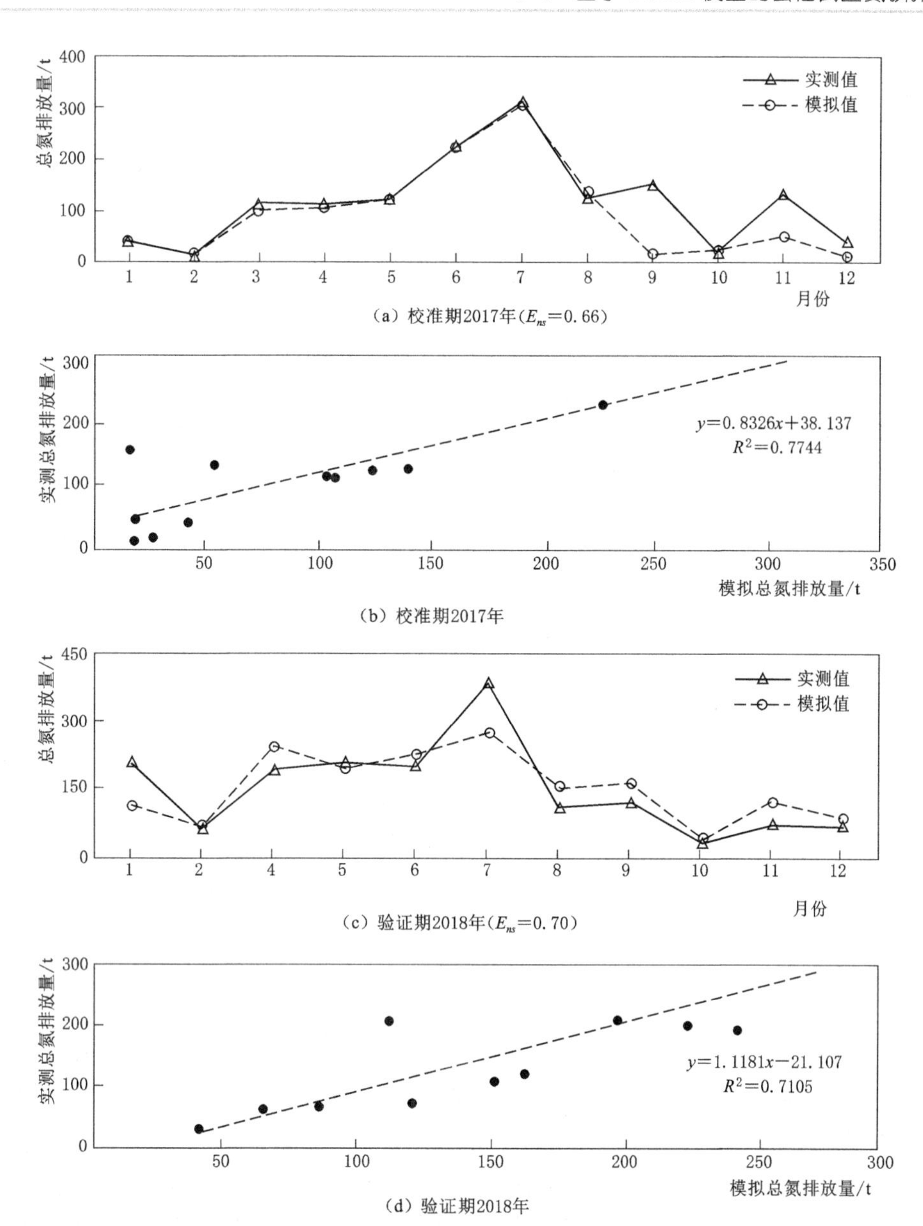

图 6-6 会仙试区河流总氮模拟校正和验证

表 6-10 **模型模拟试区的结果评估**

时期		R^2	E_{ns}
径流	校准期(2012—2016年)	0.79	0.78
	验证期(2017—2018年)	0.75	0.76
总氮	校准期(2017年)	0.77	0.66
	验证期(2018年)	0.71	0.70
总磷	校准期(2017年)	0.74	0.63
	验证期(2018年)	0.78	0.75

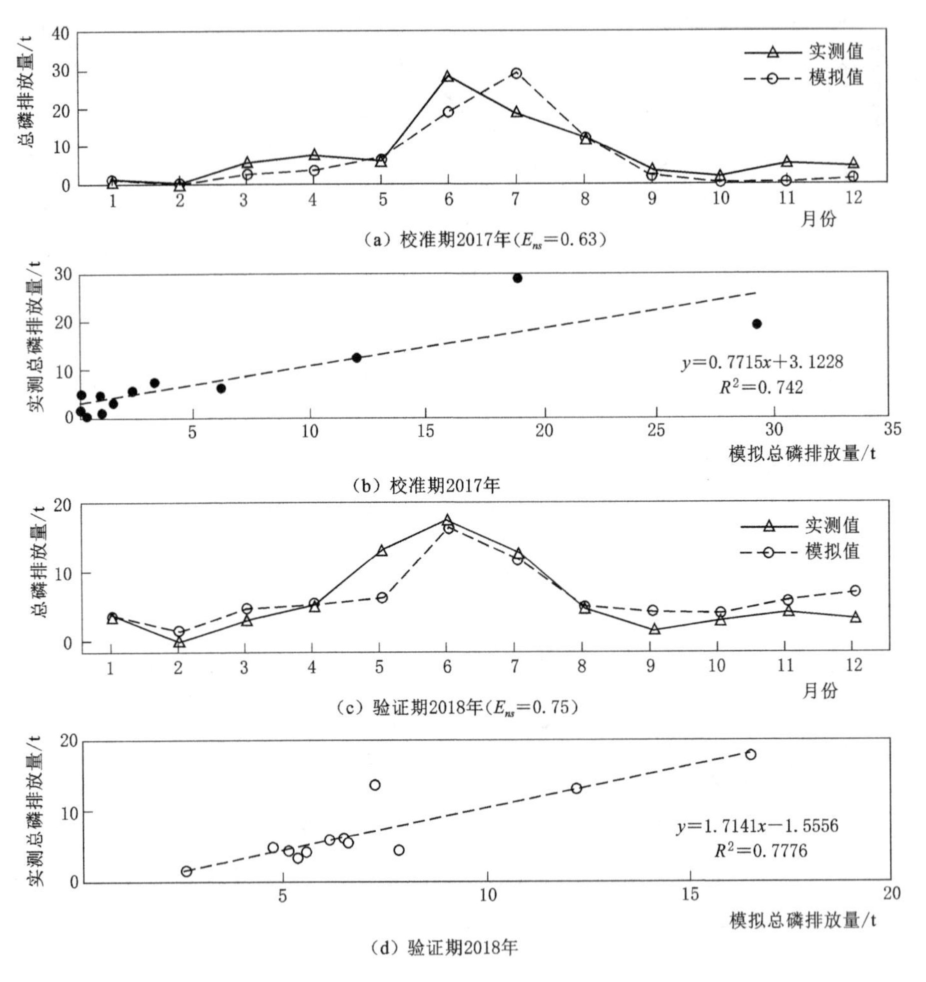

图 6-7　会仙试区河流总磷模拟校正和验证

校正期和验证期的径流、总氮和总磷模拟结果与观测值吻合度高，SWAT 模型在校准期和验证期确定性系数 R^2 均在 0.7 以上，纳什系数 E_{ns} 均在 0.65 以上，处于中等适用水平。总氮、总磷模拟值和实测值的纳什系数较低，可能是因为对于水质的监测一个月只进行一次，监测频率较低未能全面反映会仙水质变化所致。综上所述，建立的 SWAT 模型满足模型运行的精度要求（$R^2>0.6$，$E_{ns}>0.5$），适用于会仙试区。

6.1.3　不同土地利用对氮磷排放的贡献率

根据 30m×30m 精度的遥感图像，将会仙试区土地利用分为水田、旱地、林地、灌木林、果园、草地、水域、城镇用地、居民点和其他用地 10 种类型。结合子流域划分情况，试区内各个子流域土地利用分布情况见表 6-11。会仙试区总面积为 377.83km²，以农业用地为主，其中水田面积最大，占试区总面积的 41.98%，其次为草地、林地、灌木林和水域，分别占试区总面积的 14.15%、14.15%、10.35%和 8.34%，旱地和果园占比较低，分别占试区总面积的 4.68%和 1.74%，城镇用地、居民点和其他用地共计 17.44km²，仅占试区总面积的 4.62%。

表6-11　　会仙试区各子流域土地利用面积分布　　单位：km²

子流域	水田	旱地	林地	灌木林	果园	草地	水域	城镇用地	居民点	其他用地
1	104.87	3.13	18.98	13.95	1.67	37.50	13.17	9.00	3.30	0.54
2	2.01	—	—	2.75	—	1.27	3.49	—	—	—
3	1.50	—	—	0.99	—	2.87	0.83	—	—	—
4	0.23	—	—	0.51	—	1.51	0.04	—	—	—
5	11.28	—	—	3.72	0.14	2.46	3.67	—	0.30	—
6	0.41	—	—	—	—	0.16	—	—	—	—
7	3.52	—	—	—	—	0.64	0.15	—	0.32	—
8	15.14	0.02	1.02	1.63	0.69	2.45	6.48	—	1.38	—
9	6.60	0.12	—	3.02	0.04	0.02	0.64	—	0.46	—
10	1.84	1.93	—	1.20	—	0.02	0.25	—	0.58	—
11	11.20	12.46	33.48	11.33	4.03	4.56	2.79	—	1.17	0.40
总计	158.61	17.66	53.48	39.10	6.57	53.47	31.51	9.00	7.50	0.94

在SWAT模型中基于土地利用类型划分HRU时，阈值设为5%，并将10种土地利用类型整合为水田、旱地、林地、灌木林、草地、水域、居民点，分别占试区总面积的45.63%、4.21%、15.37%、11.18%、15.31%、8.05%和0.25%，整合后各子流域土地利用类型分布情况见表6-12。

表6-12　　会仙试区HRU划分后各子流域土地利用面积分布　　单位：km²

子流域	水田	旱地	林地	灌木林	草地	水域	居民点
1	114.68	—	20.75	15.26	41.01	14.40	—
2	2.01	—	—	2.75	1.27	3.49	—
3	1.50	—	—	0.99	2.87	0.83	—
4	0.23	—	—	0.52	1.54	—	—
5	11.52	—	—	3.79	2.51	3.75	—
6	0.41	—	—	—	0.16	—	—
7	3.64	—	—	—	0.66	—	0.33
8	16.97	—	—	1.82	2.75	7.26	—
9	7.02	—	—	3.20	—	0.68	—
10	1.93	2.02	—	1.26	—	—	0.61
11	12.49	13.89	37.33	12.64	5.09	—	—
总计	172.40	15.91	58.08	42.24	57.85	30.41	0.94

根据SWAT模型模拟结果，2017—2018年7种土地利用类型多年平均总氮和总磷排放负荷及排放量统计结果见表6-13，并依据统计结果，绘制试区不同土地利用类型总氮和总磷的贡献率直观图（图6-8）。

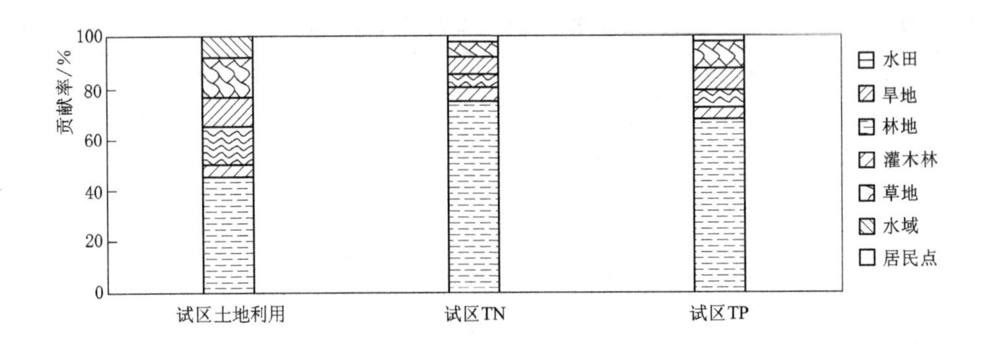

图6-8　会仙试区不同土地利用类型贡献率

表6-13　会仙试区2017—2018年不同土地利用总氮、总磷多年平均排放负荷

土地利用类型	面积 /km²	总　氮		总　磷	
		排放量 /(t/a)	排放负荷 /(t/km²)	排放量 /(t/a)	排放负荷 /(t/km²)
旱地	15.91	74.94	4.71	3.20	0.20
居民点	0.94	25.82	27.46	1.63	1.73
林地	58.08	77.53	1.33	5.71	0.10
草地	57.85	92.71	1.60	8.50	0.15
水田	172.40	1068.36	6.20	55.71	0.32
灌木林	42.24	90.74	2.15	6.86	0.16
水域	30.41	0	0	0	0

试区内不同土地利用类型总氮、总磷排放负荷分别为1.33～27.46t/km²和0.10～1.73t/km²，氮磷排放负荷在不同土地利用类型间相似，排放负荷均在居民点最高，其次为水田、旱地、灌木林、草地和林地。居民点虽仅占试区总面积0.25%，但因生活污水、工业废水等造成氮磷排放负荷最高，而试区内林地多位于岩溶石山附近，最接近于自然原始状态，氮磷产出量较少且排放负荷最低。试区内水田及旱地氮磷排放负荷分别为6.20t/km²、4.71t/km²、0.32t/km²、0.20t/km²，分别是林地的4.64倍、3.53倍、3.29倍和2.04倍。

农业耕地（水田和旱地）对试区TN、TP多年平均排放总量贡献最多，其次为草地、灌木林、林地和居民点。其中，农业耕地TN、TP多年平均排放量分别为1068.36t/a、55.71 t/a，分别占试区氮磷多年平均排放总量的79.95%和72.19%；林地TN、TP排放量分别为77.53t/a、5.71t/a，分别仅占试区氮磷排放总量的5.42%和7.00%；居民点虽然氮磷排放负荷最高，但排放总量仅占试区的5.24%和3.91%，主要由于其总面积较小导致。

6.2　基于SWAT模型的氮磷排放对变化环境的响应模拟

6.2.1　水肥管理对氮磷排放的影响

会仙试区的面源污染主要来自于耕地（水田和旱地），农业过量施肥导致耕地土壤中化肥、有机污染物和农药过剩，在不合理的灌溉、降雨和径流冲刷下，土壤中的氮磷元素随农田径流汇入水体，造成严重的面源污染。因此，理清试区氮磷排放与施肥量和灌溉水量的关系，制定更合理有效的施肥和灌溉方法，对于防治试区农业面源污染至关重要。

6.2.1.1 施肥水平对试区面源污染的影响

实地调查发现，试区早、晚稻施氮磷肥总量分别为 41101kg/km^2 和 5941kg/km^2，分3次施肥，其中基肥氮磷总量分别为 10275kg/km^2 和 1485kg/km^2，2次追肥氮磷总量均分别为 15413kg/km^2 和 2228kg/km^2。针对试区耕地和施肥状况，设置7种施肥情景（表6-14），探究施肥量与氮磷排放量的关系。

表6-14 试区不同氮磷肥料施用情景

情景	施肥情况	情景	施肥情况
N_1P_1	农民现状模式	N_1P_1	农民现状模式
N_2P_1	磷肥施用量不变，氮肥施用量减少10%	N_1P_2	氮肥施用量不变，磷肥施用量减少10%
N_3P_1	磷肥施用量不变，氮肥施用量减少30%	N_1P_3	氮肥施用量不变，磷肥施用量减少30%
N_4P_1	磷肥施用量不变，氮肥施用量减少50%	N_1P_4	氮肥施用量不变，磷肥施用量减少50%

不同施肥情景下氮磷排放量SWAT模型模拟结果见表6-15。结果发现，化肥施入量减少30%时，试区出水口2017—2018年平均TN、TP排放量下降11.45%、8.98%；化肥施入量减少50%，出水口TN、TP排放量下降19.18%、14.21%，可见化肥施入量的减少会降低试区出水口氮磷排放量，而且随着化肥施入的减少，氮磷排放量下降明显。由此说明，减少施肥量对削减水稻田氮磷排放作用显著，但施肥量减少可能会影响水稻产量，需要综合考虑农民的经济效益进行排污控制。此外，总氮排放量对化肥施用量减少更敏感，这是由于施入的磷素进入土壤中后，多以颗粒态的形式被土壤颗粒或胶体吸附，虽然磷素施入量减少，但土壤颗粒会逐渐释放吸附的磷素，抵消磷素的削减效果。

表6-15 试区不同施肥情景下的氮磷排放量变化情况

TN			TP		
情景	排放量/(t/a)	变化率/%	情景	排放量/(t/a)	变化率/%
N_1P_1	1430.08	—	N_1P_1	81.60	—
N_2P_1	1377.31	−3.69	N_1P_2	78.98	−3.21
N_3P_1	1219.61	−11.45	N_1P_3	71.89	−8.98
N_4P_1	985.69	−19.18	N_1P_4	61.67	−14.21

6.2.1.2 灌溉水量对试区面源污染的影响

调整农业施肥量可减少氮磷的输入，防止多余氮磷在土壤中累积，达到减少面源污染的目的。水稻种植过程中施肥和灌溉强度大，不合理的灌溉，在浪费水资源的同时增加氮磷流失，因此水稻种植需要采用节水灌溉，提高用水效率，控制面源污染。

实地调查发现，试区内水稻种植一般采用淹水漫灌和“浅、薄、湿、晒”的灌溉方式。通过优化原有节水灌溉技术或使用新型灌溉技术（湿润灌溉、干湿交替灌溉、旱种旱管等）可以比常规淹灌节水10%～30%（姚林 等，2014）。根据现场调查，试区内农民灌溉习惯为水稻育秧期保持田间水深30mm，拔节孕穗保持水深20～30mm，其余生育期保持田间水深10～20mm。在当地灌溉习惯的基础上，设置了4种灌溉用水量，研究试区内不同灌溉水量对面源污染的影响（表6-16）。

表6-16　　试区不同灌溉用水量情景

情景	灌溉情况	情景	灌溉情况
G_1	农民经验灌溉用水量	G_3	农民经验灌溉用水量的基础上减少20%
G_2	农民经验灌溉用水量的基础上减少10%	G_4	农民经验灌溉用水量的基础上减少30%

不同灌溉用水量情景下，2017—2018年试区出水口平均氮磷排放量SWAT模型模拟结果见表6-17。模拟结果显示出水口氮磷排放量随灌溉用水量成比例减少。灌溉水量减少10%，试区出水口总氮、总磷2017—2018年平均排放量分别下降2.46%和1.86%；灌溉水量减少30%，试区出水口氮磷排放量分别下降7.79%和5.81%。化肥施用量和灌溉水量减少对TN排放量的影响略强于TP，这是因为相对于氮素，磷素常以颗粒态或磷酸根离子的形式存在，易被中上层土壤颗粒或胶体吸附，富集在表层土壤（Sharpley，1995；Cox and Hendricks，2000；Soinne et al.，2014）。虽然磷肥施入量减少，但土壤颗粒吸附的磷素会在径流冲刷下逐渐释放，进入附近的水体中，从而部分抵消了总磷排放量的削减效果。

表6-17　　试区不同灌溉水量情景下的氮磷排放量变化情况

情景	TN		TP	
	排放量/(t/a)	变化率/%	排放量/(t/a)	变化率/%
G_1	1430.08	—	81.60	—
G_2	1394.91	2.46	80.08	1.86
G_3	1358.71	4.99	78.52	3.78
G_4	1318.64	7.79	76.86	5.81

6.2.1.3　氮磷排放削减策略

上述研究表明，减少化肥施用量和灌溉用水量可有效减少试区氮磷排放。为高效地控制试区面源污染，需要进一步调节氮磷施肥量，使试区排水达到桂林市水功能区划要求。

2016年9月—2018年12月试区出水口水质监测结果见表6-18。

表6-18　　试区出水口总氮、总磷多年月平均浓度

月份	1	2	3	4	5	6	7	8	9	10	11	12
总氮/(mg/L)	11.27	2.46	6.83	5.32	3.35	2.76	3.90	2.65	3.73	1.80	9.96	4.89
总磷/(mg/L)	0.31	0.09	0.21	0.42	0.37	0.46	0.28	0.32	0.20	0.20	0.43	0.48

根据《地表水环境质量标准》（GB 3838—2002）和桂林市水功能区划，试区出水口水质必须达到Ⅲ类水标准（总氮≤1.0mg/L，总磷≤0.2mg/L）。2016年9月—2018年12月试区出水口总氮月均浓度全部超过1.0mg/L，最高达到11.27mg/L，总磷月均浓度仅在2月、9月和10月满足Ⅲ类水标准，说明会仙试区排水会对漓江支流水质造成不利影响，需要改变试区水土管理现状。

若使试区出水口氮磷浓度均符合Ⅲ类水标准，总氮和总磷排放量至少需分别减少73%

和26%。模型模拟结果发现，不施用化肥试区出水口总氮、总磷浓度下降48.13%、28.64%，总氮仍然无法达到Ⅲ类水标准。以上结果说明，仅靠减少稻田施肥量和灌溉水量不能满足当地氮磷浓度控制要求，还需要综合考虑试区水产畜禽养殖、果树、蔬菜、农村污水排放等对氮磷排放的影响，进一步挖掘研究区内部沟塘湿地的生态减污潜力（张平等，2010；唐达方 等，2010），这一结果与张召喜（2013）的研究一致。另外，研究区岩溶发育程度等下垫面条件也会对氮磷输出产生影响，需要进一步研究。

6.2.2 下垫面属性对氮磷排放量的影响

受人类活动、地形地势、植被覆盖、土壤属性等多重因素的影响，不同下垫面氮磷流失及其迁移过程存在较大差异。会仙试区属于岩溶湿地，试区内存在湿地和岩溶地貌两种特殊的下垫面类型。湿地具有涵养水源、调蓄洪水、吸附或沉降氮磷、净化水质的作用，湿地面积的大小会直接影响试区氮磷的迁移和排放过程。不同的岩溶发育程度下，土层厚度、导水率以及土壤易侵蚀程度等均有明显差别，岩溶地貌越发育，其土壤氮磷更易随水流淋失和流失，造成更为严重的地下水和地表水污染。因此，研究会仙试区湿地和岩溶地貌两种下垫面属性对氮磷排放量的影响，能为会仙岩溶湿地生态系统修复提供参考。

6.2.2.1 沟塘湿地对试区氮磷排放量的影响

1969—2006年会仙试区130km²的核心区中，各类湿地由1969年的42.00km²下降至1997年的18.83km²，到2006年仅剩14.57km²，已减少65.31%（27.43km²），平均每年减少0.69km²。近40年内湿地构成类型也发生了巨大变化，1969年各类湿地中沼泽湿地35.20km²，占总湿地的82%，人工湿地只有约1.00km²。到2006年，沼泽湿地缩小为8.67km²，人工湿地中的鱼塘和养殖塘增加至11.87km²，这两者分别占湿地总面积的32%和43%。随着地区经济活动加速，岩溶沼泽和岩溶湖泊面积明显减少，水田、鱼塘及养殖场面积急剧增加，加剧了对湿地生态环境的破坏。

湿地通过土壤吸附、植物吸收、生物降解等一系列作用，降低进入水体中的氮、磷含量，是截留和转化农业面源污染的关键场所（Bose S，2011；晏维金和孙濮，1999），而且天然沟渠、水塘相互连通形成多水塘系统，能够有效截留降雨径流，减少流域面源污染物输出（姜翠玲 等，2005；翟丽华 等，2008）。

自2006年开展会仙岩溶湿地水系统修复工程以来，通过蓄水、保水、补水、调水等手段，湿地水系统逐渐恢复。结合会仙试区实地调查和Google Earth遥感图像，当前会仙试区共有沟塘湿地28.31km²，湿地平均水深1m，最深处达2～3m。会仙试区沟塘湿地分布见图6-9。

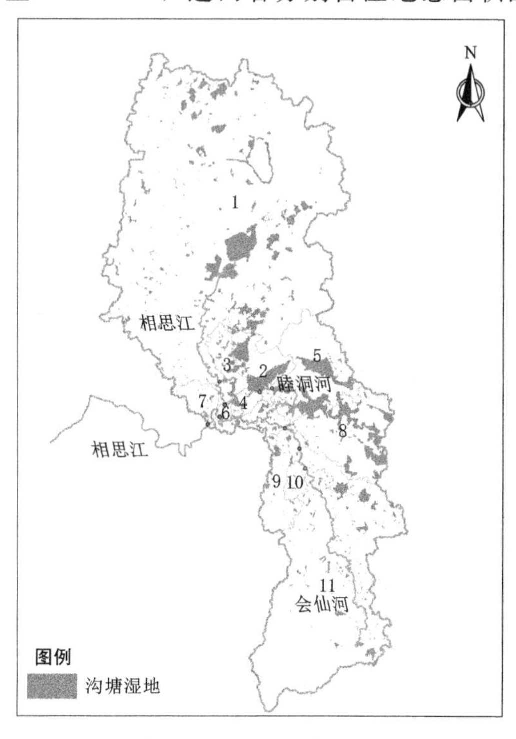

图6-9 会仙试区各子流域沟塘湿地分布图

会仙试区各子流域沟塘湿地分布情况见表 6－19。

表 6－19　　会仙试区各子流域内沟塘湿地属性

子流域	流域面积 /km^2	湿地面积 /km^2	湿地个数	湿地占比 /%	湿地平均水面积 /ha	湿地蓄水量 /($10^7 m^3$)
1	206.10	11.82	238	5.74	4.97	1.18
2	9.76	3.25	16	33.25	20.28	0.32
3	6.20	0.83	17	13.38	4.88	0.08
4	2.06	0.04	9	2.07	0.47	0.004
5	21.56	3.67	27	17.03	13.59	0.37
6	0.57	0.0016	2	0.278	0.08	0.0002
7	4.52	0.15	23	3.26	0.64	0.01
8	28.80	5.71	46	19.82	12.41	0.57
9	10.52	0.60	40	5.74	1.51	0.06
10	6.21	0.29	21	4.61	1.37	0.03
11	81.43	1.95	201	2.4	0.97	0.2
合计	377.83	28.31	640	7.49	0.04	2.82

为研究试区湿地属性对出水口氮磷排放量的影响，根据试区湿地现状，保持其他因子不变，在模型中构建湿地面积和蓄水量 13 种模拟情景，见表 6－20。

表 6－20　　试区内不同湿地属性变化情景

属　性	情景	湿地变化情况
湿地面积＋蓄水量	$A_{0.5}$	各子流域湿地面积和蓄水量缩小 50%
	$A_{0.8}$	各子流域湿地面积和蓄水量缩小 20%
	A_1	湿地现状保持不变
	$A_{1.2}$	各子流域湿地面积和蓄水量扩大 20%
	$A_{1.5}$	各子流域湿地面积和蓄水量扩大 50%
湿地蓄水量	$V_{0.5}$	各子流域湿地蓄水量缩小 50%
	$V_{0.8}$	各子流域湿地蓄水量缩小 20%
	A_1	湿地现状保持不变
	$V_{1.2}$	各子流域湿地蓄水量扩大 20%
	$V_{1.5}$	各子流域湿地蓄水量扩大 50%
湿地面积	$W_{0.5}$	各子流域湿地面积缩小 50%
	$W_{0.8}$	各子流域湿地面积缩小 20%
	A_1	湿地现状保持不变
	$W_{1.2}$	各子流域湿地面积扩大 20%
	$W_{1.5}$	各子流域湿地面积扩大 50%

不同湿地面积和蓄水量变化情景下，试区出水口 2017—2018 年平均氮磷排放量情景

模拟结果见表6-21。结果表明，试区年均流量和氮磷排放量均随着湿地面积/蓄水量的增减而相应地降低和升高。湿地面积缩小50%，试区出水口氮磷排放量分别增加7.38%、4.62%；湿地面积扩大50%，出水口氮磷排放量分别减少7.29%、3.86%。湿地蓄水量缩小20%，氮磷排放量分别仅增加1.20%和0.67%；蓄水量增加20%，氮磷排放量分别仅减少1.06%和0.69%，说明改变湿地蓄水量对试区氮磷排放量影响有限。相同变化范围内（-50%~50%），湿地面积变化对试区氮磷排放量影响显著强于仅改变湿地蓄水量，这主要是因为湿地面积变化直接改变各子流域中湿地占比，从而影响接纳的排水。

表6-21　试区内不同湿地属性情景下的氮磷排放量变化情况表

属性	情景	年平均流量/(m^3/s)	变化率/%	TN排放量/(t/a)	变化率/%	TP排放量/(t/a)	变化率/%
湿地面积+蓄水量	$A_{0.5}$	9.05	1.06	1598.16	11.75	90.55	10.97
	$A_{0.8}$	9.01	0.60	1494.88	4.53	85.13	4.32
	A_1	8.96	—	1430.08	—	81.60	—
	$A_{1.2}$	8.90	-0.62	1359.69	-4.92	77.85	-4.60
	$A_{1.5}$	8.86	-1.10	1252.79	-12.40	73.08	-10.44
湿地蓄水量	$V_{0.5}$	8.99	0.37	1473.83	3.06	82.93	1.63
	$V_{0.8}$	8.97	0.16	1447.18	1.20	82.14	0.67
	A_1	8.96	—	1430.08	—	81.60	—
	$V_{1.2}$	8.95	-0.09	1414.95	-1.06	81.04	-0.69
	$V_{1.5}$	8.94	-0.21	1382.72	-3.31	79.87	-2.12
湿地面积	$W_{0.5}$	9.00	0.48	1535.66	7.38	85.37	4.62
	$W_{0.8}$	8.98	0.25	1471.85	2.92	83.12	1.86
	A_1	8.96	—	1430.08	—	81.60	—
	$W_{1.2}$	8.94	-0.28	1381.07	-3.43	79.87	-2.12
	$W_{1.5}$	8.91	-0.51	1325.81	-7.29	78.45	-3.86

相对于较单一的改变湿地某一属性，同时改变湿地的面积和蓄水量对试区氮磷排放量的影响最为显著。若湿地面积和蓄水量同时缩小或扩大50%（$A_{0.5}$、$A_{1.5}$），试区氮磷排放量变幅为10%以上，大于单独改变湿地面积或蓄水容量效果的叠加，说明两者对氮磷排放的影响存在相互促进的作用。受湿地汇流作用的影响，湿地属性的改变也会对出水口流量造成一定的影响，根据模拟结果发现，试区出水口流量的变化趋势与湿地面积和蓄水量增减趋势相反，但由于湿地所占试区面积较小（仅占试区7.49%），导致湿地属性变化对流量影响不明显，流量变化范围在-0.04~0.04m^3/s。

6.2.2.2 岩溶地貌对试区氮磷排放量的影响

青狮潭灌区岩溶和非岩溶地貌共存，在岩溶区，由于岩溶含水介质内在结构不均一，土壤总量少、土层浅薄、储水能力差、裂隙发育程度高、渗漏性强，地表水和其携带的氮磷污染物易通过岩溶裂隙进入地下河导致地下水污染。由于岩溶区土层浅薄，植被退化，地表水污染物缺乏过滤、吸附及离子交换等的时空条件，岩溶区生态环境的自净能力差。

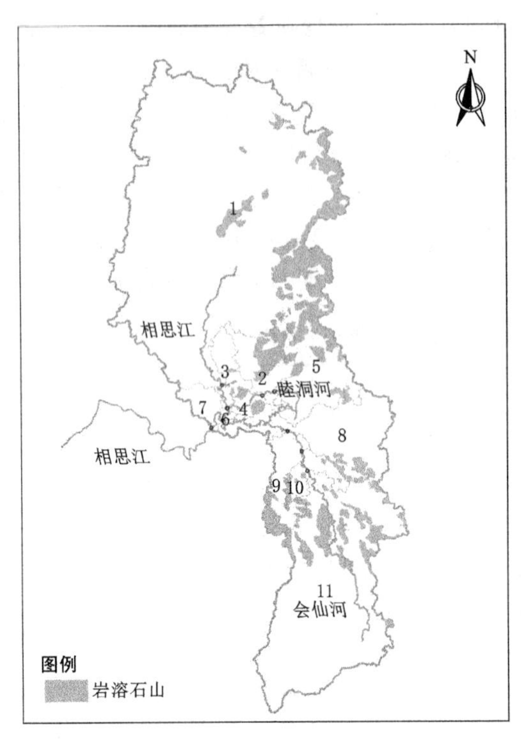

图 6-10 会仙试区各子流域岩溶石山分布图

为进一步研究岩溶发育对试区地表水环境的影响，利用 SWAT 模型模拟试区内典型岩溶区不同发育情况下，出水口氮磷排放量的变化情况，为试区生态修复和环境治理提供基础支撑。

会仙试区属于峰林平原、峰丛洼地岩溶发育地区，岩溶石山分布见图 6-10。

会仙试区各个子流域内的岩溶石山面积统计结果见表 6-22。

选择岩溶石山占比高，且具有水力联系的子流域 2、子流域 4、子流域 5 作为典型岩溶区，模拟计算岩溶属性变化对氮磷排放的影响。子流域 2、子流域 4、子流域 5 均位于睦洞河流域，岩溶石山占比分别为 29.07%、17.14%和 18.63%，分布着以岩溶石山为代表的峰丛（洼）谷地，还存在岛状峰丛、峰林平原（湿地）以及少部分低丘垄岗，岩溶地貌种类丰富，而且基本涵盖了试区内主要的农业活动方式（稻田、旱地、菜地、渔场），代表性良好。

表 6-22　　会仙试区各子流域内岩溶石山信息表

子流域	流域面积/km^2	岩溶石山面积/km^2	岩溶石山占比/%
1	206.10	22.96	11.14
2	9.76	2.84	29.07
3	6.20	0.40	6.50
4	2.06	0.35	17.14
5	21.56	4.02	18.63
6	0.57	0	0
7	4.52	0	0
8	28.8	2.88	10.00
9	10.52	3.00	28.48
10	6.21	3.44	55.35
11	81.43	10.78	13.24
共计	377.83	50.67	13.41

SWAT 模型处理岩溶地貌特殊地形（如岩溶裂隙、溶洞、地下河等）的能力有限，因此本研究通过调整土壤参数反映不同岩溶发育情况。根据岩溶强发育区土层浅薄、岩溶裂隙多、土壤渗透系数高、土壤含水率低和持水能力差等特点，选择土层厚度（Z， mm)、饱和渗透系数（K，mm/h）、土壤有效含水量（AWC，mm/mm）、土壤溶重（POR，g/cm^3）4个参数来表征岩溶发育程度（彭佩钦 等，2005；张川 等，2014）。其他与岩溶发育无关因子保持不变，构建以下12种岩溶发育情景，见表6-23。

表6-23 试区不同岩溶发育属性变化情景

情景	变化情况	情景	变化情况
$Z_{0.8}$	土层厚度降低20%	$AWC_{0.8}$	土壤有效含水量降低20%
Z_1	保持原有土层厚度不变	AWC_1	保持原有土壤有效含水量不变
$Z_{1.2}$	土层厚度升高20%	$AWC_{1.2}$	土壤有效含水量升高20%
$POR_{0.8}$	土壤容重降低20%	$K_{0.8}$	饱和渗透系数降低20%
POR_1	保持原有土层容重不变	K_1	保持原有饱和渗透系数不变
$POR_{1.2}$	土壤容重升高20%	$K_{1.2}$	饱和渗透系数升高20%

利用模型对构建的12种岩溶发育情景进行模拟，各子流域出水口氮磷排放量模拟结果按睦洞河流向顺序排列（子流域5、子流域2、子流域4）（图6-11）。不同岩溶发育情景下，子流域5、子流域2、子流域4（按睦洞河流向排列）氮磷排放量模拟结果如图6-11所示。结果显示，同一岩溶发育参数变化对3个子流域径流量和氮磷排放的影响方向一致，而不同参数的影响程度有所差异。由图6-11（a）可知，子流域径流量与土壤厚度（Z）和土壤容重（POR）正相关，与有效含水量（AWC）和饱和渗透系数（K）负相关。这是因为土层变薄，降雨径流下渗路径缩短，补给地下水增加，导致径流量变小；土壤容重降低，土壤孔隙度变大，增大了土壤渗透性，相同降雨条件下，壤中流发生时间提前且强度增加，减少产流量。反之，增加径流量。土壤有效含水量降低，降低了土壤蓄水能力，从而增加地表径流量；饱和渗透系数降低，土壤渗透性变小，土壤入渗量降低从而增大径流量。反之，减小径流量。土壤厚度（Z）、土壤容重（POR）、有效含水量（AWC）和饱和渗透系数（K）不同变化倍数下，子流域年均径流量变化曲线的斜率分别为0.092m^3/s、0.028m^3/s、−0.082m^3/s和−0.010m^3/s，年均流量对土壤厚度和有效含水量的敏感性显著高于土壤容重和饱和渗透系数，土壤厚度和有效含水量的变化直接影响土壤涵养降雨的能力，能够显著改变流域水量分布，从而对径流量的作用更大。

典型子流域TN、TP排放量情景模拟结果表明，子流域出水口氮磷排放量对岩溶发育参数变化的响应趋势与径流量一致，见图6-11（b）和图6-11（c）。相同变化倍数下，土壤厚度（Z）和土壤容重（POR）对氮磷排放量的影响最大。不同土壤厚度（Z）和土壤容重（POR）变化倍数下，子流域TN排放量变化平均变化梯度分别为89.71t/a和115.34t/a，TP排放量变化平均变化梯度分别为2.27t/a和1.42t/a。这是因为土层厚度（Z）和土壤容重（POR）直接影响土壤的持水能力和吸附、过滤氮磷物质的能力。当两者较小时，地表产流降低，氮磷易淋溶下渗进入地下水，从而削减地表氮磷排放；反之，土壤储存的氮磷含量增多，在更大的地表径流量冲刷下，氮磷更易进入地表水（Tang et al.，2008）。饱和渗透系数（K）的变化对各子流域总氮排放影响显著高于土壤有效含水量（AWC）（平均变化梯度分别为−74.01t/a和−7.81t/a），而两者对总磷排放影响差别不大（平均变化梯度分别为−1.06t/a和−0.92t/a）。土壤中氮素主要以溶解态

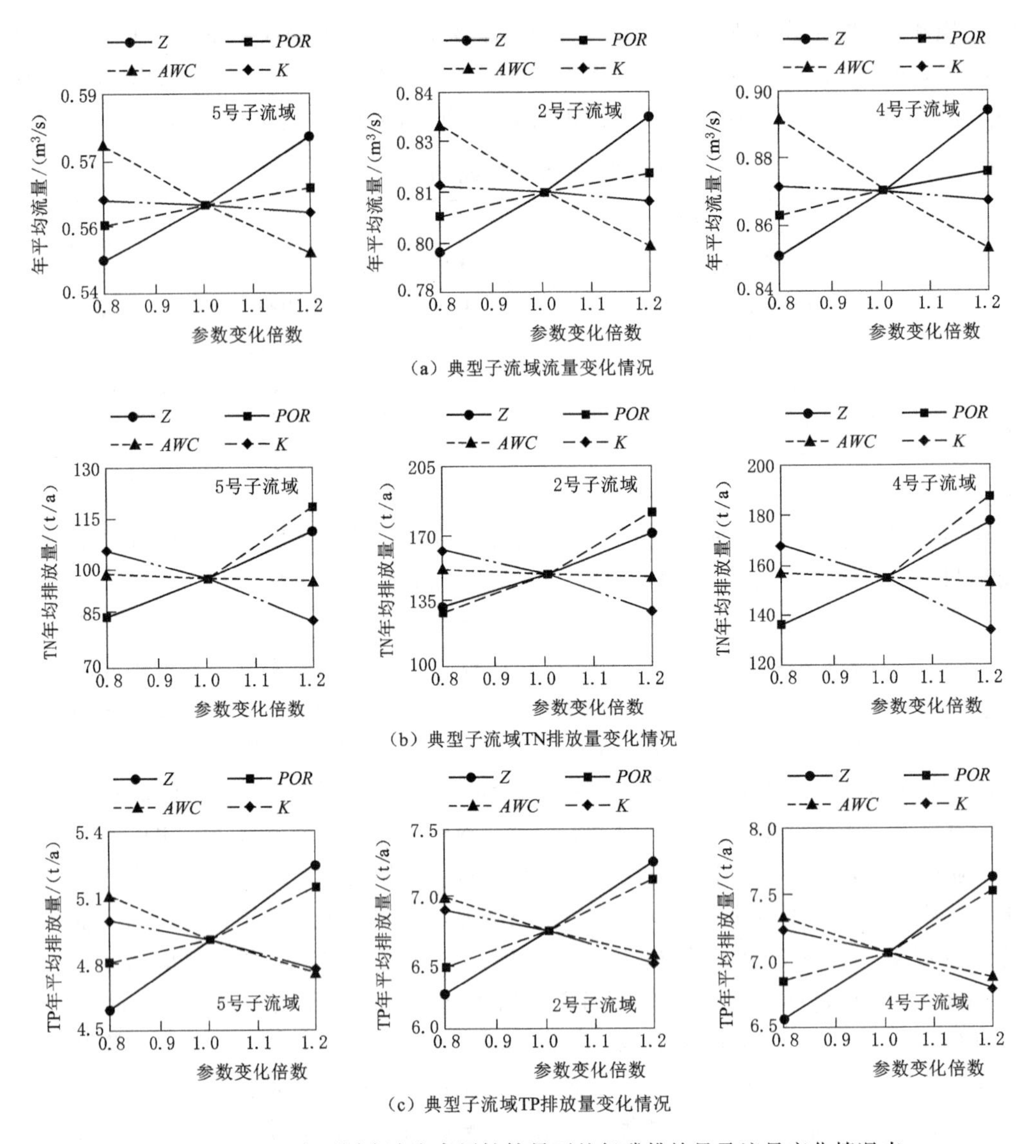

(a) 典型子流域流量变化情况

(b) 典型子流域TN排放量变化情况

(c) 典型子流域TP排放量变化情况

图6-11 试区内不同岩溶发育属性情景下的氮磷排放量及流量变化情况表

随着水分迁移（鲜青松等，2017），因此饱和渗透系数变化影响较大；土壤中磷的扩散系数随土壤含水量增多而变大（王辉等，2008），土壤有效含水量的改变，从而增强了对磷排放的影响。

6.2.3 气候变化对氮磷排放的影响

IPCC第五次报告指出，1880—2012年全球地表温度升温0.85℃，且在2016—2035年仍将上升0.3～0.7℃，全球地表温度将持续升高。全球气候变化会直接影响水循环过程，从而导致水资源在时空上重新分配，可能会引发区域异常情况，影响水资源可持续利用和社会经济发展。气候变暖对湿地水资源面积以及湿地生态系统结构和功能的影响较为剧烈，尤其近年来会仙试区内强烈的人为活动导致湿地面积减少，进一步强化了气候变化对试区湿地内水循环过程的影响，因此，研究未来气候变化下对试区水资源以及面源污染的影响尤为重要，对指导防灾减灾和生态环境保护具有重要意义。

根据桂林站气象站1955—2018年气象监测数据，分析会仙试区气温与降水变化趋势。结果显示，会仙试区地表温度呈持续上升趋势（图6-12），平均每8年升温0.36℃；同时会仙试区多年降水量在年际间波动变化显著，最大波动达到58.36%，但其总体变化趋势不明显（图6-13）。

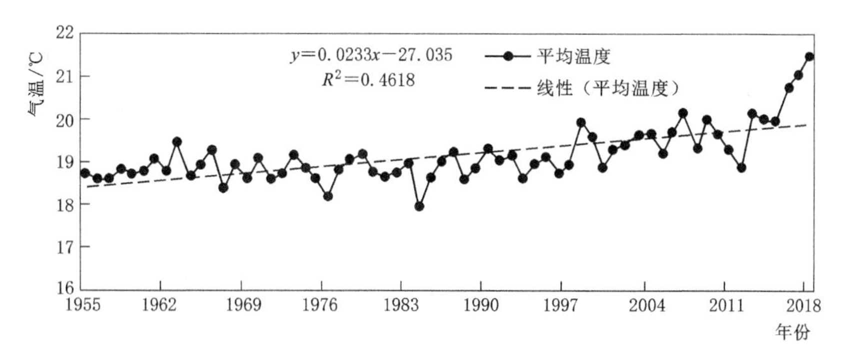

图6-12 会仙试区年平均温度变化趋势

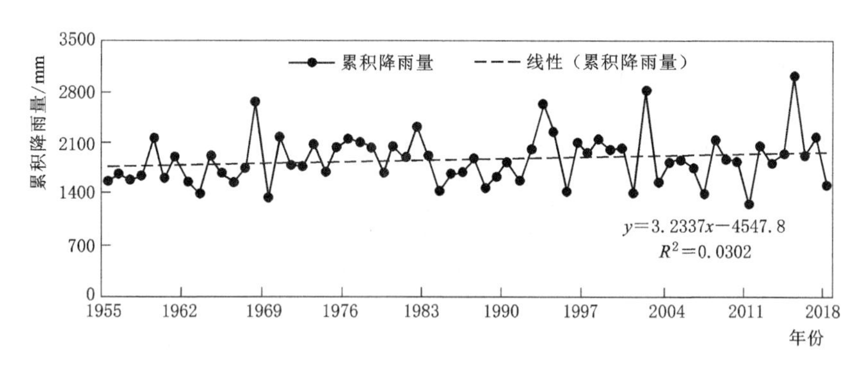

图6-13 会仙试区多年累积降水量变化趋势

6.2.3.1 会仙试区气候变化情景构建

依据试区现状构建合适的气候变化情景，有助于研究未来气候变化时空分布。构建气候变化情景常用方法有假设气候情景法和利用大气环流模型（GCMs）（Jiang等，2011）。其中大气环流模型可以预测未来气候变化条件下水文循环过程，而假设气候情景法则是依据长时间气候数据资料，判断流域气候变化趋势，再通过假设气候和降雨变化量研究气候变化对水文循环的影响，此方法操作简单、易于理解。本研究采用假设气候情景法设置不同温度和降水量，研究气候变化条件对会仙试区水文循环以及面源污染的影响。

依据研究区域气温和降水量的变化趋势以及2015年《巴黎协定》调整温度的目标（将全球增温控制在2℃之内，努力追求1.5℃以内的增温），其他因素不变，相对于现状设定气候变化情景：气温增加0、0.5℃、1.5℃、2℃，年降雨量±0%、±25%、±50%，气温和降雨量变化情况相互组合共形成19个气候变化情景（表6-24）。以试区2018年为基准年，根据前述建立的模型，模拟不同气候变化情景试区年径流、氮磷排放量，并计算其变化率。

表 6-24 会仙试区不同气候变化情景

气温变化/℃	降雨量变化/mm				
	R	R+25%	R+50%	R−25%	R−50%
T	P0	P1	P2	P3	P4
T+0.5	P5	P6	P7	P8	P9
T+1.5	P10	P11	P12	P13	P14
T+2	P15	P16	P17	P18	P19

6.2.3.2 气候变化情景对年平均流量的影响

不同气候情景下 SWAT 模型模拟年平均流量如图 6-14 所示，地表径流变化率见表 6-25。

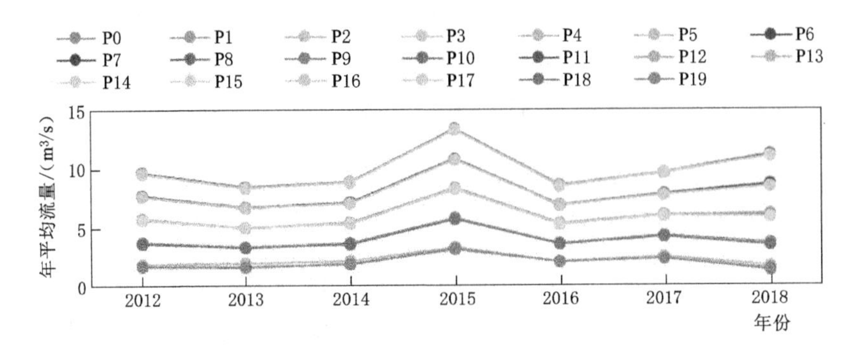

图 6-14 会仙试区不同气候情景下年平均流量模拟结果

表 6-25 试区不同气候情景下地表径流量变化率 %

降雨量 温度	R	变化率	R+25%	变化率	R+50%	变化率	R−25%	变化率	R−50%	变化率
T	P0	0.00	P1	42.82	P2	85.27	P3	−40.09	P4	−72.50
T+0.5	P5	−1.28	P6	41.69	P7	84.08	P8	−41.45	P9	−78.00
T+1.5	P10	−2.36	P11	40.10	P12	82.59	P13	−42.33	P14	−78.62
T+2	P15	−3.57	P16	38.88	P17	81.43	P18	−43.28	P19	−79.14

结果发现温度和降雨量的变化均会影响试区年平均流量，温度上升导致地表年平均流量减小，但是减幅较低，地表年平均流量变化率与温度负相关。相同降雨条件下，温度上升 0.5℃、1.5℃和 2℃年平均流量分别平均减小 2.09%、3.22%和 4.24%，并且在降雨量减小 50%的情景下（P4、P9、P14、P19）年平均流量随温度升高的减幅相比其他情景更显著，年平均流量分别减小 5.50%、6.12%、6.64%。在全球升温的背景条件下，降雨量大幅减少会显著降低地表径流量。在温度不变的情况下，降雨量增加 50%地表年平均流量最大增幅为 85.27%，达到 11.19m^3/s，而当降雨量减小 50%且温度升温 2℃，地表年平均流量最大减幅为 79.14%，达到 1.26m^3/s。

综合分析，试区在不同气象情景下地表年平均径流主要受降雨量变化的影响，温度影响较小。

6.2.3.3 气候变化情景对面源污染的影响

不同气候情景下总氮、总磷排放量模拟结果如图 6-15、图 6-16 所示。

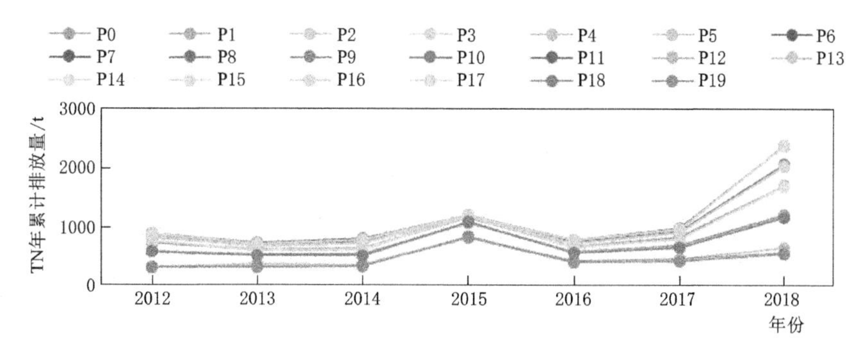

图6-15 会仙试区不同气候情景下TN排放量模拟结果

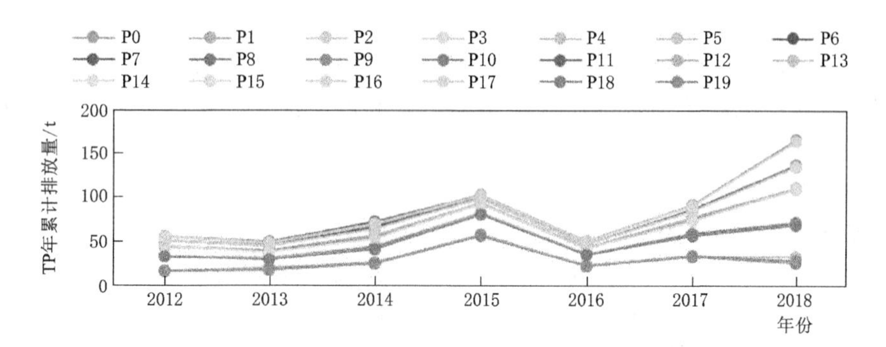

图6-16 会仙试区不同气候情景下TP排放量模拟结果

不同气候情景下总氮、总磷排放量变化率见表6-26所示。

结果显示，试区总氮、总磷排放量变化规律与年平均流量类似，受降雨量变化的显著影响。在温度不变的情况下，降雨量增加50%试区年均总氮、总磷排放量最大增幅分别为39.74%和50.10%，分别达到1227.95t/a和98.41t/a；当降雨量减少50%且温度升高2℃，试区年均总氮、总磷排放量最大减幅为69.49%和77.97%，分别达到268.1t/a和14.44t/a。试区总磷排放量受降雨量变化更明显，这可能是因为磷在土壤中的迁移性差，易被土壤和底泥胶体吸附，随着降雨量大幅增加，雨水冲刷效果加剧，浅层土壤磷素更易随雨水进入附近水体，同时降雨量增加导致河流流速变快、水力停留时间缩短，底泥对磷素的吸附效果减弱。

试区总氮、总磷排放量与温度呈负相关，降雨量不变的情况下，升温2℃试区总氮、总磷排放量分别平均减小2.81%和3.42%。

表6-26 试区不同气象情景下总氮、总磷排放量变化率 %

指标	温度	R	变化率	R+25%	变化率	R+50%	变化率	R-25%	变化率	R-50%	变化率
总氮	T	P0	0.00	P1	20.51	P2	39.74	P3	-29.66	P4	-62.22
	T+0.5	P5	-0.74	P6	19.69	P7	38.79	P8	-30.84	P9	-68.40
	T+1.5	P10	-1.53	P11	19.28	P12	39.41	P13	-31.85	P14	-68.93
	T+2	P15	-1.86	P16	18.97	P17	39.15	P18	-32.44	P19	-69.49

续表

指标	温度	R	变化率	R+25%	变化率	R+50%	变化率	R−25%	变化率	R−50%	变化率
总磷	T	P0	0.00	P1	23.66	P2	50.10	P3	−34.87	P4	−70.71
	T+0.5	P5	−0.89	P6	22.25	P7	48.48	P8	−36.40	P9	−75.60
	T+1.5	P10	−1.39	P11	21.13	P12	47.09	P13	−37.96	P14	−77.47
	T+2	P15	−1.11	P16	21.28	P17	47.23	P18	−38.36	P19	−77.97

注　T为温度，R为降雨量。

6.3　本章小结

本章基于SWAT模型建立了会仙试区径流和总氮、总磷排放的模拟模型，并采用会仙试区径流和水质氮磷数据校准验证模型，模型取得了良好的模拟效果。基于建成的模型，分析了会仙试区不同农业管理措施、下垫面属性和气候变化等多种情景下，试区径流量和氮磷面源污染排放的变化规律，主要结论如下。

（1）基于SWAT模型的会仙湿地氮磷排放模拟及贡献分析。

结合会仙试区DEM、土地利用、土壤类型、气象等数据建立SWAT模型，利用2010—2018年会仙试区径流和水质数据校准和验证模型，流量校准期和验证期确定性系数R^2为0.79、0.75，纳什系数E_{ns}分布为0.78、0.76；总氮校准期和验证期R^2分别为0.77、0.71，E_{ns}分别为0.66、0.70；总磷校准期和验证期R^2分别为0.74、0.78，E_{ns}分别为0.63、0.75，说明建立的模型运行精度较高，适用于会仙湿地面源污染排放模拟。利用校准验证后的SWAT模型，模拟分析了会仙试区不同土地利用氮磷排放贡献率，会仙试区内不同土地利用类型TN、TP排放负荷分别在1.33～27.46t/km^2和0.1～1.73t/km^2；农业耕地（水田和旱地）对TN、TP排放总量贡献最大，多年平均排放量分别为1068.36t/a、55.71t/a，分别占试区氮磷多年平均排放总量的79.95%和72.19%，其他依次为草地、灌木林、林地和居民点。

（2）会仙试区氮磷排放对变化环境的响应。

以SWAT模型为计算工具，设置不同肥料施用和灌溉情景，模拟结果显示化肥施入量和灌溉用水量的减少导致试区出口氮磷负荷排放量的下降，而且随着化肥施入和灌溉用水减少程度的增加，试区氮磷排放量下降越显著。化肥施入量和灌溉用水量分别减少30%时，试区出水口多年平均TN、TP排放量分别下降11.45%和8.98%、7.79%和5.81%。但计算表明，仅靠减少施肥和灌溉水量，无法使试区出口水质满足水功能区要求，还要减少畜牧养殖、村镇生活污水及工业园区的污水排放。

不同湿地属性情景模拟结果显示，改变湿地面积或者蓄水容量都对试区氮磷排放产生影响，相同变化范围内（−50%～50%）湿地面积变化对试区氮磷排放量的影响明显强于对湿地蓄水容量的影响。相对于改变湿地的一个属性，同时改变湿地的面积和蓄水容量对试区氮磷排放量的影响更为显著。若同时缩小湿地面积和蓄水量的50%，试区氮磷排放量会增加11.75%、10.97%，同时扩大湿地面积和蓄水量的50%，试区出水口氮磷排放量则会削减12.40%和10.44%。

不同岩溶发育情景模拟结果显示，子流域径流量随着土壤厚度（*Z*）和土壤容重（*POR*）的减小而降低，随着有效含水量（*AWC*）和饱和渗透系数（*K*）参数减小而升高。上述4个参数不同倍数变化下，年均流量变化曲线的平均斜率分别为0.092m^3/s、0.028m^3/s、$-0.082m^3/s$和$-0.010m^3/s$。子流域出水口氮磷排放量对岩溶发育参数的响应与径流量的趋势一致。总氮排放量对土壤容重（*POR*）、土壤厚度（*Z*）、渗透系数（*K*）和土壤有效含水量（*AWC*）的敏感性依次降低；总磷排放量对土壤容重（*POR*）、土壤厚度（*Z*）、土壤有效含水量（*AWC*）和渗透系数（*K*）的敏感性依次降低。

不同气候变化情景模拟结果表明，试区地表径流主要受降雨量变化的影响，温度影响较小。在温度不变的情况下，降雨量增加50%地表年平均流量增加85.27%，而当降雨量减小50%且温度升温2℃，地表年平均流量减少79.14%。相同降雨条件下温度上升0.5℃、1.5℃和2℃年平均流量分别平均减小2.09%、3.22%和4.24%。试区TN、TP排放量与年平均流量类似，在温度不变的情况下，降雨量增加50%试区TN、TP排放量分别增加20.51%和23.66%；当降雨量减少50%且温度升高2℃，试区TN、TP排放量分别减少69.49%和77.97%。

根据模型模拟结果，针对青狮潭灌区防控农业面源污染，建议合理施用化肥，尽量选用环境友好新型环保化肥或采取降污平衡施肥，开展测土配方施肥，提高单位面积肥料利用率，推广免耕、少耕、桔梗覆盖等耕作技术。灌区内水稻种植，应大力推广节水灌溉，重视畜禽养殖污染控制。同时要注意灌区内湿地保护和修复，通过增加湿地面积、蓄水量，提高氮磷排放削减能力。

参 考 文 献

[1] 韦朝鸿，何泽锋，朱海彬．基于SWAT模型的喀斯特地区流域径流模拟研究——以赤水河流域上游为例［J］．绵阳师范学院学报，2015，34（2）：98-102.

[2] 刘智勇．基于SWAT-SUFI模型的黄土高原典型流域径流模拟及水资源管理系统的开发［D］．杨凌：西北农林科技大学，2012.

[3] Wise S，Brooks S M，Mcdonnell R A. Assessing the quality for hydrological applications of digital elevation models derived from contours［J］．Hydrological Processes，2015，14（11-12）：1909-1929.

[4] 赵韦．输入数据不确定性对水文模型模拟结果的影响研究［D］．北京：中国地质大学，2017.

[5] 邱临静，郑粉莉，Runsheng Y. DEM栅格分辨率和子流域划分对杏子河流域水文模拟的影响［J］．生态学报，2012，32（12）：3754-3763.

[6] 孙龙，臧文斌，黄诗峰．DEM空间分辨率对流域水文特征信息提取及径流模拟影响研究［J］．水文，2014，34（6）：21-25.

[7] 吴江，胡胜．DEM分辨率对SWAT模型水文模拟的影响研究［J］．灌溉排水学报，2016，35（11）：18-23.

[8] 李丹．基于SWAT模型安吉县非点源污染模拟［D］．杭州：浙江大学，2012.

[9] 冯珍珍，马孝义，樊琨，等．基于GIS的SWAT模型空间数据库的建立［J］．人民黄河，2015，37（7）：27-30.

[10] 丁飞，潘剑君. 分布式水文模型 SWAT 的发展与研究动态 [J]. 水土保持研究，2007，14 (1)：33-37.

[11] Quinn T，Zhu A X，Burt J E. Effects of detailed soil spatial information on watershed modeling across different modelscales [J]. International Journal of Applied Earth Observation and Geoinformation，2005，7 (4)：324-338.

[12] 李润奎，朱阿兴，李宝林，等. 流域水文模型对土壤数据响应的多尺度分析 [J]. 地理科学进展，2011，30 (1)：80-86.

[13] Williams J R. EPIC：the Erosion - Productivity ImpactCalculator [J]. Technical Bulletin - United States Department of Agriculture，1990，4 (4)：206-207.

[14] 李泽利，吕志峰，赵越，等. 新安江上游流域 SWAT 模型的构建及适用性评价 [J]. 水资源与水工程学报，2015，26 (1)：25-31.

[15] 寇丽敏，刘建卫，张慧哲，等. 基于 SWAT 模型的洮儿河流域气候变化的水文响应 [J]. 水电能源科学，2016，28 (2)：12-16.

[16] 戴露莹. 基于 SWAT 模型的典型小流域非点源污染控制研究 [D]. 杭州：浙江大学，2012.

[17] 蔡孟林. SWAT 模型在茫溪河流域非点源污染研究中的应用 [D]. 成都：西南交通大学，2013.

[18] 张召喜. 基于 SWAT 模型的凤羽河流域农业面源污染特征研究 [D]. 北京：中国农业科学研究院，2013.

[19] 姚林，郑华斌，刘建霞，等. 中国水稻节水灌溉技术的现状及发展趋势 [J]. 生态学杂志，2014，33 (5)：1381-1387.

[20] Sharpley A N. Dependence of runoff phosphorus on extractable soil phosphorus [J]. Journal of Environmental Quality，1995，24 (5)：920-926.

[21] Cox F R，Hendricks S E. Soil test phosphorus and clay content effects on runoff water quality [J]. Journal of Environmental Quality，2000，29 (5)：1582-1586.

[22] Soinne H，Hovi J，Tammeorg P，et al. Effect of biochar on phosphorus sorption and clay soil aggregate stability [J]. Geoderma，2014，219：162-167.

[23] 张平，刘云慧，宇振荣，等. 基于 SWAT 模型的密云水库沿湖区氮磷流失养分控制策略研究 [J]. 陕西师范大学学报（自然科学版)，2010，38 (6)：82-88.

[24] 唐达方，刘薇，王翠文. SWAT 模型在丘陵地区的非点源污染模拟研究 [J]. 水利科技与经济，2010，16 (11)：1267-1270.

[25] Bose S. Using FGD gypsum to remove soluble phosphorus from agricultural drainage waters [J]. 2011.

[26] 晏维金，孙濮. 磷氮在水田湿地中的迁移转化及径流流失过程 [J]. 应用生态学报，1999，10 (3)：312-316.

[27] 姜翠玲，范晓秋，章亦兵. 非点源污染物在沟渠湿地中的累积和植物吸收净化 [J]. 应用生态学报，2005，16 (7)：1351-1354.

[28] 翟丽华，刘鸿亮，席北斗，等. 沟渠系统氮、磷输出特征研究 [J]. 环境科学研究，2008，21 (2)：35-39.

[29] 彭佩钦，张文菊，童成立，等. 洞庭湖湿地土壤碳、氮、磷及其与土壤物理性状的关系 [J]. 应用生态学报，2005，16 (10)：1872-1878.

[30] 张川，陈洪松，张伟，等. 喀斯特坡面表层土壤含水量、容重和饱和导水率的空间变异特征 [J]. 应用生态学报，2014，25 (6)：1585-1591.

[31] Tang J L，Zhang B，Gao C，et al. Hydrological pathway and source area of nutrient losses identified by a multi - scale monitoring in an agricultural catchment [J]. Catena，2008，72 (3)：374-385.

[32] 鲜青松，唐翔宇，朱波. 坡耕地薄层紫色土-岩石系统中氮磷的迁移特征 [J]. 环境科学，2017，

38 (7): 2843 - 2849.

[33] 王辉，王全九，邵明安. 前期土壤含水量对黄土坡面氮磷流失的影响及最优含水量的确定 [J]. 环境科学学报，2008，28 (8): 85 - 92.

[34] Jiang D, Wang K, Li Z, et al. Variability of extreme summer precipitation over Circum - Bohai - Sea region during 1961 - 2008 [J]. Theoretical and Applied Climatology, 2011, 104 (3 - 4): 501 - 50.